本书获广西高校卓越人才资助

光明社科文库
GUANGMING DAILY PRESS:
A SOCIAL SCIENCE SERIES

·政治与哲学书系·

中国西部生态文明建设研究

——以资源哲学为视野

肖安宝 | 著

光明日报出版社

图书在版编目（CIP）数据

中国西部生态文明建设研究：以资源哲学为视野 /
肖安宝著 . -- 北京：光明日报出版社，2021.4
ISBN 978 - 7 - 5194 - 5886 - 7

Ⅰ.①中… Ⅱ.①肖… Ⅲ.①生态环境建设—研究—
西南地区②生态环境建设—研究—西北地区 Ⅳ.
①X321.2

中国版本图书馆 CIP 数据核字（2021）第 056950 号

中国西部生态文明建设研究：以资源哲学为视野
ZHONGGUO XIBU SHENGTAI WENMING JIANSHE YANJIU:
YI ZIYUAN ZHEXUE WEI SHIYE

著　　者：肖安宝

责任编辑：黄　莺　　　　　　　责任校对：姚　红
封面设计：中联华文　　　　　　责任印制：曹　净

出版发行：光明日报出版社
地　　址：北京市西城区永安路 106 号，100050
电　　话：010 - 63169890（咨询），63131930（邮购）
传　　真：010 - 63131930
网　　址：http：//book. gmw. cn
E - mail：huangying@ gmw. cn
法律顾问：北京德恒律师事务所龚柳方律师

印　　刷：三河市华东印刷有限公司
装　　订：三河市华东印刷有限公司
本书如有破损、缺页、装订错误，请与本社联系调换，电话：010 - 63131930

开　　本：170mm×240mm
字　　数：228 千字　　　　　　　　印　张：16
版　　次：2021 年 4 月第 1 版　　　印　次：2021 年 4 月第 1 次印刷
书　　号：ISBN 978 - 7 - 5194 - 5886 - 7
定　　价：95.00 元

目 录
CONTENTS

导论　生态文明及其建设 ·················· 1

一、生态文明是对工业文明的辩证否定 ·················· 2

二、生态文明建设的历史进程 ·················· 4

三、研究方法 ·················· 15

第一章　资源哲学与生态文明建设 ·················· 17

第一节　资源哲学：资源生成的理论 ·················· 17

一、资源及其种类 ·················· 17

二、资源配置的哲学考量 ·················· 26

三、资本主导下资源开放利用考察 ·················· 30

四、资源粗放利用方式的相关因素研究 ·················· 36

第二节　资源哲学：生态文明建设的理论基础 ·················· 41

一、生态文明是当代人类在生态系统阈值范围内活动的文明形态 ··· 41

二、资源生成与建设生态文明的路径 ·················· 50

第二章　基于资源哲学的西部生态建设现状透视 ·················· 67

第一节　西部生态文明建设的优势 ·················· 67

一、西部地区资源特色与优势 ·················· 68

二、制度与政策优势 ·················· 76

三、"绿水青山"向"金山银山"转化具有一定的物质和技术

基础 …………………………………………………… 80

第二节　西部建设生态文明劣势 ………………………………… 86

一、生态系统脆弱，公共成本投入加大 ………………… 86

二、经济社会方面人才储备不足 ………………………… 88

三、西部地区人们生态观念总体上滞后 ………………… 91

四、西部地区科学技术发展滞后 ………………………… 93

五、"绿水青山就是金山银山"的体制机制有待进一步理顺 … 96

第三章　基于生态系统稳定的资源效率研究 ………………… **100**

第一节　保护生态环境：保护生产力 …………………………… 100

一、生态系统与环境 ……………………………………… 101

二、提高生态环境质量需遵循的原则 …………………… 112

第二节　改善生态环境：发展生产力 …………………………… 119

一、人力资源：人尽其才，才尽其用 …………………… 120

二、发展科学技术，推动自然资源高效率利用 ………… 123

三、文化资源：文化事业与文化产业互相促进 ………… 127

第四章　西部地区推动资源资本化　促进经济与生态共发展 … **131**

第一节　政府创造资源资本化的条件 …………………………… 131

一、政府对资源产权作出安排 …………………………… 132

二、政府创造市场竞争的环境，推动市场主体有序竞争 … 136

第二节　资源、资产变资本的途径 ……………………………… 140

一、建立资源产权交易中心，推动资源市场化 ………… 140

二、组建农业产业化联合体，盘活各类资源 …………… 144

三、成立股份公司，推动资源资本化 …………………… 147

第三节　废弃物资源化的制度安排 ……………………………… 150

一、明晰废弃物排放的责任主体 ······························· 150

二、废弃物资源化的路径 ····································· 152

三、通过制度创新，鼓励减少废弃物的排放 ················· 154

第五章　推动西部资源生成的制度分析 ····················· 157

第一节　西部资源生成原则 ··································· 157

一、以人为本的原则 ··· 157

二、效率与公平相统一原则 ··································· 162

三、节约与创造并重原则 ····································· 166

第二节　西部资源生成的制度保障 ····························· 170

一、营造建设生态文明的社会环境 ··························· 171

二、建立健全建设生态文明的法规 ··························· 177

第六章　西部打造"绿水青山就是金山银山"路径（上）·········· 186

第一节　转变经济发展方式，走新型工业化道路 ············· 186

一、利用现代科技和信息技术，推动新型工业化 ············· 187

二、发展循环经济 ··· 193

三、发展低碳经济 ··· 200

四、走垃圾资源化之路，即坚持绿色发展 ··················· 203

第二节　积极发展生态农业 ··································· 210

一、发展生态农业，演绎"一村一品""一村一景" ············· 210

二、延长农业产业链，推进现代农村建设 ··················· 215

第七章　西部打造"绿水青山就是金山银山"的路径（下）········ 221

第一节　积极发展旅游产业 ··································· 221

一、因地制宜发展壮大旅游业 ······························· 222

二、进一步推进广西旅游业发展的条件 ····················· 225

第二节　推进城乡基本公共服务均等化 ……………………… 228

一、推进解决农村基本公共服务薄弱问题 ………………… 229

二、增强西部地区可持续发展空间，加大致富能力供给 ………… 231

结束语 ………………………………………………………… **241**

参考文献 ……………………………………………………… **243**

导论　生态文明及其建设

改革开放以来，尤其是党的十八大以来，中国经济社会发生了翻天覆地的变化，取得了令世人瞩目的成就——社会主要矛盾已由人民日益增长的物质文化生活需要同落后的社会生产力之间的矛盾转化为人民日益增长的美好生活需要和不平衡不充分的发展之间的矛盾。中国特色社会主义进入新时代。

新时代要解决"不平衡""不充分"的问题。前者不仅指东部、中部与西部地区发展，城市与农村发展的差异，还指政治、经济、文化、社会与生态发展的不平衡；后者指虽然生产力以及由此决定的其他方面取得很大发展，但与人们所期望的还有较大的差距。

也就是说，随着人们的物质生活水平的不断提高，其对文化生活、政治生活以及生态要求等公共品的要求越来越多——"良好生态环境是最公平的公共产品，是最普惠的民生福祉"①。为此，在党的十七大提出生态文明建设的基础上，党的十八大将生态文明建设纳入中国特色社会主义事业"五位一体"总体布局，党的十九大更进一步地把"美丽"与"富强、民主、文明、和谐"一起列为21世纪中叶社会主义现代化强国的奋斗目标。换言之，"以对人民群众、对子孙后代高度负责的态度和责任，真正下决心把环境污染治理好、把生态环境建设好"②，创造更多物质财富和精神财富以满足人

---

① 转引自：蓝天保卫战　你我加油干［N］．人民日报，2017－03－17.
② 转引自：新时代生态文明建设的有力思想武器［N］．人民日报，2018－04－24.

民日益增长的美好生活需要，也要提供更多优质生态产品以满足人民日益增长的优美生态环境需要，即建设人与自然和谐共生的现代化。也就是说，"建设生态文明是关系人民福祉、关系民族未来的大计。中国要实现工业化、城镇化、信息化、农业现代化，必须要走出一条新的发展道路"。① 简言之，生态文明建设功在当代、利在千秋。

一、生态文明是对工业文明的辩证否定

人类提出生态文明，进而进行生态文明建设，是对既有的工业文明的辩证否定。既有的工业文明，借用马克思恩格斯在《共产党宣言》中的一段话："自然力的征服，机器的采用，化学在工业和农业中的应用，轮船的行驶，铁路的通行，电报的使用，整个大陆的开垦，河川的通航，仿佛用法术从地下呼唤出来的大量人口，过去哪一个世纪料想到在社会劳动里蕴藏有这样的生产力呢?"② 也就是说，工业文明在继农业文明之后，使得生产力获得巨大发展——农业社会的发展是在吃自然的"利息"故而财富积累很缓慢，而工业社会则是人们在吃自然的"老本"，即利用地球上几千万年乃至上亿年积累起来的太阳能，财富积累很快。这一发展，不仅使得科学技术突飞猛进，而且使人类进入现代社会，发生翻天覆地的变化。

然而，这一财富的取得或积累，是建立在破坏人类自身的生存与发展根基之上的。换言之，工业化的推进与经济的快速增长，也带来了资源浪费、环境污染、生态恶化和社会财富分配不公等严重问题，资源环境的制约也更加明显，种种状况若加重或延续下去，可影响人类的生存与发展。尽管人们现在为了生存而采取某些措施阻止行为发生，但是，由于工业文明的内在局限，它不可能从根本上解决全球性的生态危机。为此，人们着手探索一条新

---

① 转引自：中共中央文献研究室. 习近平关于社会主义生态文明建设论述摘编 [M]. 北京：中央文献出版社，2017：7.

② 马克思，恩格斯. 马克思恩格斯选集：第 1 卷 [M]. 北京：人民出版社，1995：277.

的路径：既不损害人类自身的生存与发展根基，又能促进人的自由全面发展。

也就是说，生态文明是一种高于工业文明的新型文明形态。虽然工业文明带来环境污染、资源浪费、贫富差距扩大等问题，但它却是一个不可或缺的阶段。换言之，工业文明也为人类进入生态文明创造物质和技术条件。这是因为，工业文明是一个生产力水平不断发展的过程，是人在全面发展进程中所必经的阶段。因而，虽然知道走这条路会带来诸多痛苦——西方国家的工业化实践，但今天的我们也必须走社会主义市场经济道路，关键是我们能吸取西方国家的经验教训，使自己尽可能少走弯路，减少苦难。具体而言，工业化的道路之所以不可避免，有四个主要原因。

一是工业化过程中积累了大量社会财富。由于人们为了避免在竞争中失败，千方百计地发展科学技术，力图把更多的客观存在物转化为财富，由此必然带来财富的不断增长。财富的增长一旦停滞，工业社会就失去了存在的合理性与合法性。为此，只有不断地创造新知识，推动知识的不停步积累，进而转化为社会财富；也只有社会财富的不断积累，才能增加社会进步的厚度。

二是工业化扬弃了人的主体性和创造性。要想创造知识，必须在尊重客观规律的基础上发挥主观能动性。科学将人从神创造论中解放出来，又将人自己置身于自然之外并高踞自然之上，对自然进行观察和研究，来认识自然和利用自然。当以这种方式研究人自身的时候，人也只不过是一堆机械的组合。然而，上帝死了，人为自然立法，一切围绕着人自身的发展开始了，这一发展，加速了传统信仰的贬值、道德的堕落和精神的极度颓废，人变成了工业技术、商业广告、产业竞争的玩偶，变成一种赤裸裸的工具。进而人们逐步认识到，人虽然与其他动物相区别，但人毕竟不是机器，人与人之间因各种各样的因素而存在差异，而差异并不能剥夺其主体性和他人的平等性，否则，人就必然在大千世界重新寻找、确立自己的位置。

三是在工业化中，对自然资源无节制的消耗，特别是对生态资源的消耗和浪费——大规模采掘、开发，造成土壤侵蚀、水土流失、草原退化和土地荒漠蔓延，导致土地资源和森林资源大规模减少。与此相伴随的，大气污染、水体污染、酸雨、臭氧层遭到破坏、温室效应及海洋污染等，已威胁到人类自身生存，更不用说人类持续发展了。这不能不引起人们对自然关系的思考，即人与自然究竟应是一种怎样的关系。

四是在工业化进程中，由于科学技术发展的差异，以及对自然资源的占有与开发的不均衡，国家间的经济发展差距日趋扩大——人们常说的南北关系，由此带来的大量贫困人口，成为随时爆发的世界不稳定的因素。此外，国家之间为争夺自然资源的制高点而展开的军备竞赛，也时刻影响着人的生存与发展。这也促使人们不仅思考人与人之间的关系，更反思人与人的关系与人与自然的关系之间的关系，以寻求建立一种推动人类可持续发展的新格局。

因而，人类所探索的生态文明，是一种在更高层次上的生产方式、生活方式和价值观念。具体而言，以人为本（以人的聪明才智推动人的发展）取代以物为本（靠自然物的消耗推动人的发展），也就是说，在生产和生活方式上，人类能够遵循人、自然、社会和谐发展规律推进全面发展。

二、生态文明建设的历史进程

生态文明是继工业文明之后的、体现人与自然和谐共生的一种新形态的人类文明，是人类富裕之中、之后的文明形态，而不是一种未经人类实践的原生态（人迹罕至的地方）。在漫长的人类历史中，绝大部分时间里，人们改造自然的能力低下，一直吃自然的"利息"，即使有时因人口聚集而导致环境发生变化，也不影响人们整体的生存。当人类进入工业社会，开始吃自然的"老本"的时候，情况则逐步发生改变，即资本逻辑所带来的人和自然之间的关系，渐渐引起人们的关注，进而影响到人们的生存与发展。这意味着，在追求发展的进程中，还要开发利用好自然资源。换言之，开发利用好资源，就是要遵循自然规律和社会发展规律，推动生态文明建设。

（一）放眼世界

在国外，20 世纪 60 年代，西方世界开始关注工业化进程中的生态问题，探索人与自然和谐相处的道路。美国作家蕾切尔·卡森在《寂静的春天》中指出，因人类滥用化学物质等，导致某些于人类看似"无益"的生物的灭绝；也就是说，人类可能因为严重污染，将面临一个没有鸟、蜜蜂和蝴蝶的世界。由此，或将可能带来更大灾难。如，杀虫剂使人患上慢性白细胞增多症和各种癌症，而这一状况在美国各地均有发生等。

进而，罗马俱乐部成员德内拉·梅多斯、乔根·兰德斯、丹尼斯·梅多斯等于 1972 年发表的《增长的极限》一书向人们展示了在一个有限的星球上无止境地追求增长所带来的后果：全球气候变暖、海平面上升、人口的暴涨、土地沙漠化……种种迹象表明，人类正在为自己的所作所为付出代价。他们研究得出的结论是，因石油等自然资源供给的有限，经济增长不可能无限持续下去。但若能"经过生态化调整的技术"实现全球均衡状态发展，即"零增长"的对策性方案，或许使人类摆脱所面临的困境。

舒马赫在《小的是美好的》一书中认为，生态系统有自身的极限界域，人们一味地从大自然中索取，必然破坏生态系统的稳定；应当把单一地从大自然开发中获取物质财富转移到激发人的创造性，毕竟人是一切财富的首要和最终的生产者。西蒙在《没有极限的增长》一书中指出，强大的经济和众多的人口产生众多的知识创造者，有能力开辟人类发展的其他途径——发明新的原材料或替代品来满足增长的需要。还有一些学者提出解决这一问题的方案，例如，莱易斯在《自然的控制》中认为，通过自然的解放达到自然与人平等的主体地位；鲍丁在《即将到来的宇宙飞船世界的经济学》中提出，资源利用要从"消耗型""开环式"转为"生态型""闭环式"来解决资源耗竭和污染问题等。此外，还有通过资源税、环境税以及废弃物资源化激励机制的研究等。如，在实践中所推行的采用从行政禁止排放污染物到征收污染费、庇古税再到排污权拍卖等方法。

总之，自《寂静的春天》《增长的极限》问世以来，人类反思工业文明的生产和生活方式。这些反思在一定程度上缓解了生态环境问题，但落实起来无法真正解决生态问题。这是因为，这些成果主要在于运用形而上的方式方法处理经济增长与生态保护的关系，只是就污染而研究污染，没有抓住导致生态问题产生的根源对其进行有针对性的解决。理论上的不可行性在一定程度上也就导致了实践中的困惑。

　　紧随理论探索，人类在实践中开始寻找人与自然和谐相处的道路，即可持续发展道路，这一探索过程始于 20 世纪 70 年代。瑞典斯德哥尔摩举行的首届联合国人类环境大会，通过《人类环境宣言》和由 100 多位科学家参与撰写的《只有一个地球》的报告，提出"为了这一代和将来世世代代保护和改善环境"的口号。国际自然和自然资源保护联合会于 1980 年 3 月 5 日公布的保护世界生物资源的纲领性文件《世界自然资源保护大纲》指出，"人类在谋求经济发展和享受自然财富的过程中，必须认识到资源是有限的这一实际情况和生态系统的支持能力，而且还必须考虑到子孙后代的需要"。该大纲还特别强调，自然资源开发利用应保存世界上有机体遗传物质种类的多样性和生态系统的永续利用（特别是渔场、野生生物、森林和牧场）。

　　在此基础上，世界环境与发展委员会出版的《我们共同的未来》的报告以"地球的资源和能源远不能满足人类发展的需要，必须为当代人和下代人的利益改变发展模式"为主题，第一次阐述可持续发展理念——"满足当代人的需求而又不损害子孙后代发展的需要"。因而，1992 年 6 月，联合国环境与发展大会通过《地球宪章》《21 世纪议程》《关于森林问题的原则声明》《气候变化框架公约》（防治地球变暖）、《生物多样性公约》（制止动植物濒危和灭绝）等关于环境与发展的多项指导实践原则的重要文件，其中"共同但有区别的责任"成为重要原则。这是为子孙后代造福、走人与大自然协调发展道路的可行性方略。

　　由于关涉人类的命运，推动人类走可持续发展道路的努力远没有结束。2002 年 8 月，南非约翰内斯堡举行的可持续发展世界首脑会议，通过《约翰内斯堡可持续发展承诺》和《可持续发展世界首脑会议执行计划》两个文件，进一步确立了一系列新的、更具体的可持续发展的目标，如将消除贫困纳入可持续发展理念之中。2012 年联合国可持续发展大会，又称"里约＋20"峰会，是又一次大规模、高级别会议，旨在根据人类的可持续发展的现状，确立可持续发展的体制框架，迎接不断出现的各类挑战；提出可持续发展的基本路径——绿色经济在可持续发展和消除贫困方面的作用。

然而，口号的提出和纲领的确立，并不意味着人类可持续发展是一片坦途。各国的实践表明，由于发达国家和发展中国家在科技、经济发展水平上的差异，以及制度安排的不同，实现这一共同目标并非易事，路漫漫其修远兮！

（二）着眼中国

在人与自然的关系上，中国共产党人经历了一个从"人定胜天"到"尊重自然"再到推进生态文明建设的不断深化的过程。

中华人民共和国成立之初，中国共产党人提出战胜自然。在人与自然的关系问题上，"团结全国各族人民进行一场新的战争——向自然界开战，发展我们的经济"①，是从为经济发展服务的角度来认识：不仅面临人们的温饱问题需要解决，新生的人民政权需要巩固等严峻形势，也是为了使当时频发的自然灾害降到最小和实现国家的快速发展的要求。然而，毁林开荒、围湖造田、破坏草原、砍掉大量树木等做法，在增加粮食产量的同时，不仅污染环境，也加剧了水土流失和土地荒漠化；为追求数量，在树种上选择桉树、泡桐、柳树等速生树种，又在一定程度上忽视了生态系统各要素之间的关联性，这不仅给工农业生产带来不良后果，而且对生态环境造成了破坏。②即使是在此阶段，中国共产党人对环境仍有较为清醒的认识。在 1972 年人类环境会议上，周恩来提出治理环境污染要坚持"预防为主"原则，避免重蹈西方国家"先污染，后治理"的老路。

---

① 毛泽东．毛泽东选集：第 5 卷［M］．北京：人民出版社，1977：375．
② 高凌云，吴东华．毛泽东生态文明思想探析［J］．人民论坛，2012（2）．

第一次全国环境保护会议（1973年8月5—20日），确定了关于环境保护"全面规划、合理布局、综合利用、化害为利、依靠群众、大家动手、保护环境、造福人民"的方针。1981年，国务院强调尊重经济规律和自然规律，推动人口和经济的协调发展，否则就会受到客观规律的惩罚。在第二次全国环境保护会议（1983年12月31日—1984年1月7日）上，将环境保护确立为基本国策，提出"预防为主，防治结合""谁污染，谁治理"和"强化环境管理"三大政策；万里副总理还强调，"环境保护是我们国家的一项基本国策，是一件关系到子孙后代的大事"。第三次全国环境保护会议（1989年4月28日—5月1日），提出深化环境监管，以推动环境保护工作走上新的台阶，促进经济与环境协调发展①。

在改革开放的历史进程中，中国工业化进程中的经济高速增长，迄今为止主要依赖于"以物为本"的经济增长方式。然而这一路径，是基于低技能劳动力和低价物质资源成本优势，加上GDP增长目标和地方政府的财政竞争模式，使得许多企业更多地选择资源要素替代，而不是来自技术创新的新资源的生成。这一模式下的经济的高速增长并没有带来社会的同速度发展而是使社会结构严重落后于经济结构，产生城乡发展不平衡、区域发展不平衡、国内需求与国外需求不平衡、人与自然的不和谐等诸多问题。从现象上看这些问题各不相同，但实质上是同一个问题，即发展问题在生态、民生等不同方面的表现。这一问题根源于在经济增长中，资本与自然资源对GDP的贡献额过大。这一过大导致人们对自然资源的过分攫取和对资本的盲目崇拜。这可由历史唯物主义的基本观点——"收入分配结构是由生产资料所有制以及各类资源要素在生产中的地位来决定"得到解释。

中国在20世纪90年代生态环境形势开始从"局部恶化、总体基本稳定"进入"局部改善、总体恶化尚未遏制、压力持续增大"状态。党的十五大指出，人口增长、经济发展给资源环境带来巨大的压力；党的十六大认为

---

① 张首先. 中国生态文明建设的发展战略及现实运动［J］. 大连干部学刊，2011
（3）.

生态环境、自然资源和经济社会发展的矛盾日益突出；党的十七大强调经济增长的资源环境代价过大；党的十八大强调经济发展中不平衡、不协调、不可持续问题依然突出。2014年中央经济工作会认为，资源环境承载力已经达到或接近上限。2015年党的十八届五中全会认为，生态环境特别是大气、水、土壤污染环境严重，已成为全面建成小康社会的突出短板。党的十九大指出，建设生态文明，必须树立和践行"绿水青山就是金山银山"的理念，构建绿色的经济体系，即低投入、高产出，低消耗、少排放，能循环、可持续的国民经济体系，实行最严格的生态环境保护制度，形成绿色发展方式和生活方式。

　　这一过程也是中国共产党人对环境与经济发展之间关系的认识逐步深化的过程。从1994年始，就提出转变经济增长方式和实施可持续发展战略的实践，但由于"重经济增长、轻环境保护"，生态环境一直没有好转。第四次全国环境保护会议（1996年7月）提出"保护环境就是保护生产力"的论断，并明确跨世纪环境保护工作的任务——坚持污染防治和生态保护并重，实施《污染物排放总量控制计划》和《跨世纪绿色工程规划》。江泽民指出，"经济的发展，不仅要安排好当前的发展，还要为子孙后代着想，为未来的发展创造更好的条件，决不能走浪费资源和先污染后治理的路子""在经济社会中，我们必须努力做到投资少，消耗资源少，而经济社会效益高、环境保护好"；① 进而在1998年强调，"各地在经济发展的过程中，决不能以牺牲环境为代价换取短期的经济增长"；② "在现代化建设中，把控制人口、节约资源、保护环境放到重要位置，使人口增长和社会生产力发展相适应，使经济建设与资源环境相协调，实现良性循环"③。第五次全国环境保护会议（2002年1月8日）提出环境保护是政府的一项重要职能。2002年11月党的

① 江泽民. 江泽民文选：第1卷［M］. 北京：人民出版社，2006：532.
② 江泽民. 在中央计划生育和环境保护工作座谈会上的讲话［N］. 光明日报，1998–03–16.
③ 江泽民. 正确处理社会主义现代化建设中的若干重大关系［EB/OL］. 中国网，2012–08–30.

十六大将"生态环境得到改善，资源利用效率显著提高，促进人与自然的和谐"作为全面建设小康社会的四大目标之一。2004 年胡锦涛《在中央人口资源环境工作座谈会上的讲话》中指出，"对自然界不能只讲索取不讲投入、只讲利用不讲建设"；进而在 2005 年 2 月 19 日强调，人与自然和谐相处，就需要"科学地利用自然为人们的生活和社会发展服务，坚决禁止各种掠夺自然、破坏自然的做法"①。

科学发展观的提出，标志着中国共产党人对经济社会发展与生态环境及其保护认识更加系统化和理论化。第六次全国环境保护大会（2006 年 4 月 17 日至 18 日）把环境保护摆在更加重要的战略位置，并提出，发展循环经济和清洁生产，用经济的宏观手段调节能源消费结构，促进循环经济产业的发展。2008 年国务院提出，通过实施包括绿色信贷、绿色保险、绿色贸易、绿色税收等在内的一系列宏观经济政策推动生态文明建设。第七次全国环境保护大会（2011 年 12 月 20 日至 21 日）强调，良好环境本身就是稀缺资源，应在保护中发展，推动为人民群众提供"水清天蓝地干净"的宜居安康环境。

党的十七大提出生态文明建设。党的十八大报告提出的中国特色社会主义经济、政治、文化、社会、生态"五位一体"总布局，为生态文明建设指明方向。党的十八届五中全会提出"创新、协调、绿色、共享、开放"五大发展理念，其中"绿色"发展对于建设生态文明的重要作用不言而喻，这是世界各国在促进人与自然和谐相处中探索出的有效路径。党的十八大至十九大的五年间，习近平总书记对生态环境保护和生态文明建设的重要讲话、论述和批示、指示（据不完全统计）达 300 余次，十八届三中、四中全会先后提出"建立系统完整的生态文明制度体系""用严格的法律制度保护生态环境"，将生态文明建设提升到制度层面。环境与经济规律的实践发生根本性变化。党的十九大进一步指出，经济发展和生态环境保护的不平衡、人口和

---

① 胡锦涛．在省部级主要领导干部提高构建社会主义和谐社会能力专题研讨班上的讲话［N］．人民日报，2005 – 06 – 27.

资源的不平衡、人与自然的不平衡，与人民日益增长的美好生活需要相矛盾，因而要贯彻习近平总书记提出的"绿水青山就是金山银山"的思想，推进生产方式和生活方式绿色转型，实现经济发展与环境保护双赢。

2018年全国生态环境保护大会，对生态环境形势做出"稳中向好趋势"的判断。习近平总书记从现代化强国的战略高度提出：山水林田湖草是生命共同体，人与自然和谐共生，良好生态环境是最普惠的民生福祉，用最严格制度最严密法治保护生态环境，坚持绿水青山就是金山银山；构建生态文明体系，该体系包括以生态价值观念为准则的生态文化体系，以产业生态化和生态产业化为主体的生态经济体系，以改善生态环境质量为核心的目标责任体系，以治理体系和治理能力现代化为保障的生态文明制度体系，以生态系统良性循环和环境风险有效防控为重点的生态安全体系。构建这些体系，一是全面推动绿色发展，二是要把解决突出生态环境问题作为民生优先领域，三是要有效防范生态环境风险，四是要提高环境治理水平。生态文明建设路径清晰，提供了完整的可操作的路径图，有利于加快推进生态文明建设迈上新台阶。

理念的先进来自对生态文明建设规律的把握，理论的发展指导实践的进步。为了保证生态建设切实取得成效，制度调整与安排切不可少。1974年10月25日，国务院环境保护领导小组成立，这是我国历史上第一个环境保护机构。1982年3月，组建城乡建设环境保护部，内设环境保护局。1984年5月，成立国务院环境保护委员会。1984年12月，隶属于城乡建设环境保护部的环境保护局成为国务院环境保护委员会的办事机构。1988年7月，国家环境保护局成为国务院环境保护委员会的办事机构。1998年6月，国家环境保护局升格为国家环境保护总局。2008年7月，国家环境保护总局升格为环境保护部，成为国务院组成部门。党的十九大提出设立国有自然资源资产管理和自然生态监管机构。2018年，国家自然资源部成立。

简言之，在当今中国，追求人与自然的和谐相处已成为人们的共识与行动。美国学者罗伊·莫里森认为，只有中国能够做得了这样大的决定，办得了这样的大事——引领世界走可持续发展道路："对于任何一个国家、一个政府、一个社会来说，这都是巨大的挑战，都需要超凡的智慧。它既考验一个政府的执政能力，也考验一种社会体制能否适应这样的挑战，同时还考验一个民族、一种文化能否在挑战面前团结一心、坚韧不拔、乐观向上。"①

（三）立足西部：绿水青山就是金山银山

我国西部地区包括贵州省等12个省（区、市）。中国的西南地区与西北地区，地域辽阔，是我国多数民族聚集的地区，占71.4%的国土面积。但由于自然、历史、社会等原因，是我国经济欠发达、需要加强开发的地区。改革开放后，西部经济相对增长速度明显弱于中东部，人均国内生产总值也远远低于东部地区平均水平。于是，2000年1月16日国家成立西部开发领导小组，主要目标是通过吸取东部发展的经验教训，实现西部地区经济跨越式发展，缩小我国东西部地区差异，减轻经济增长"分娩"带来的痛苦。

然而，该地区地形气象条件复杂，有诸多大江大河——长江、黄河、雅鲁藏布江、澜沧江、怒江等；还分布着内蒙古高原、黄土高原、云贵高原和塔里木盆地、准噶尔盆地、四川盆地等地形区；青藏高原上横亘着几条近乎东西走向的山脉，自北向南依次为昆仑山、唐古拉山、冈底斯山—念青唐古拉山；西部地区也是沙漠化、石漠化的生态系统脆弱敏感区。由于水源涵养和防风固沙等生态功能具有全局性战略地位，西部地区则成为我国的生态安全屏障，在国家可持续发展中具有特殊地位。西部地区的经济社会发展，必须把生态建设和环境保护作为基本前提，这不仅关系到全面建成小康社会，也关系到"一带一路"倡议能否顺利实施，还关系到社会主义现代化强国建设，更关系到中华民族伟大复兴的进程。

然而，西部地区也是自然资源极为丰富的地区，其水能蕴藏量占全国的82.5%，煤炭占全国的60%，石油占45%，天然气占53%。此外，该地区还有120多种矿产资源，一些稀有金属的储量在全国名列前茅。自然资源丰富

---

① 新华国际时评：世界看好中国生态文明建设［EB/OL］.新华网，2015 - 05 - 12.

为西部经济的健康快速发展提供了基本要件。因此这里，就存在一个如何利用好这些自然资源的问题。习近平总书记给出了明确的答案：绿水青山就是金山银山。也就是说，西部地区的发展必须在经济发展与生态文明建设中走出一条协调共生的新型道路，即贯彻"在发展中保护，在保护中发展""绿水青山就是金山银山"观念的经济、社会与环境全面协调可持续发展的道路。

西部各省、自治区、直辖市积极落实党的十七大提出的生态文明建设要求，尤其把党的十八大提出的"经济建设、政治建设、文化建设、社会建设、生态文明建设五位一体总体布局"，融生态文明建设于经济、政治、文化和社会之中，把环境保护和生态建设贯穿经济社会发展各领域、全过程，落实到各类规划、具体项目和日常工作中，将生态文明示范区建设纳入"十二五""十三五"国民经济和社会发展规划，构建具有西部特色的生态文明建设新道路。

指导思想明确，政策措施到位，实践必然得出丰硕成果。"十二五"以来，西部产业布局紧紧围绕生态环保导向来进行，推进传统资源型产业转型升级；深入推进造林绿化、退耕还林、石漠化综合治理等林业重点生态工程。也就是各行业紧密结合工业结构调整和产业升级，高奏"绿色主旋律"。这些表现在：加快发展与之相配套的信息、物流、金融、保险等生产性服务业，形成第二产业与第三产业联动发展、协调发展的互动机制；促进交通运输、贸易流通、住宿餐饮等传统型服务业转型，发展连锁经营、物流配送、电子商务等组织形式和服务方式；发展旅游、健康养老等服务业，发展以互联网为核心的现代服务业，使之成为拉动经济增长和带动经济转型的重要引擎。①

下面就西部各省区在生态文明建设方面所采取的举措略做概览。

广西壮族自治区党委政府在 2005 年就做出要用 20 年时间造就既有较发

---

① 庞丽萍，廖明霞，梁源，等．当前广西服务业面临的差距及对策［J］．市场论坛，2015（6）.

达生产力，又保持蓝天碧海、山川秀美的"生态广西"的重大决策；2006 年把生态建设作为"富裕文明和谐新广西"奋斗目标的重要组成部分；2007 年启动实施《生态广西建设规划纲要》；2008 年把环境保护和生态建设列入科学发展三年计划；2010 年出台《关于印发全面推进生态文明示范区建设的决定》，即把广西建设成为自然、人文和谐、宜居的全国生态文明示范区；进入"十二五"提出"生态立区、绿色崛起"的发展战略，并在 2012 年出台《开展以环境倒逼机制推动产业转型升级攻坚战的决定》。进入"十三五"，贯彻落实习近平总书记的指示精神，"生态优势金不换，要坚持把节约优先、保护优先、自然恢复作为基本方针，把人与自然和谐相处作为基本目标，使八桂大地青山常在、清水长流、空气常新，让良好生态环境成为人民生活质量的增长点、成为展现美丽形象的发力点"①，造福广西人民。

云南省在 2006 年确立了"生态立省、环境优先"的战略，把保护好生态环境作为发展之本，坚持以最小的资源消耗实现最大的经济社会效益，坚持运用多种手段保护环境，争当全国生态文明建设排头兵。

甘肃省根据各地不同的生态现状，因地制宜，坚持重大生态工程与区域、流域生态综合治理相结合。

青海省立足国家生态安全战略，逐步形成了三江源国家公园规划、制度、标准、生态保护等体系，为国家公园建设积累了可复制、可借鉴的经验和模式。

西藏自治区把"发展、稳定、生态"确立为自治区的"三件大事"，把"和谐稳定、安全生产、生态保护"确立为自治区坚守的"三条底线"，坚持环境与发展综合决策，坚持生态优先、保护第一，有序推进资源开发，将开发建设对生态环境的影响降到最低限度。

新疆维吾尔自治区严守生态保护底线，实行环境保护"一票否决"制度，实行最严格的生态保护制度和空间用途管制制度，实行生态环境损害责

①　认真学习贯彻总书记视察广西重要讲话精神［N］. 南宁日报，2017 - 04 - 24.

任终身追究制。

陕西省用系统思维、统筹谋划，践行绿色发展理念，将节能环保产业纳入现代产业体系，打造高效清洁节能锅炉、大气污染防治装备等节能环保装备产业基地，创建国家烟气脱硫工程技术研究中心等一批国家级创新平台。

重庆市通过建设公园绿地、生态示范区、自然保护区，推进长江上游生态文明示范区活动，把经济效益、社会效益和生态效益纳入指标评价体系，全面构建生态文明评价指标体系框架。

贵州省全面推进天然林资源保护、退耕还林、防护林建设体系建设，加大对已遭到破坏生态的修复和对生态脆弱地区的投入，促进形成自然生态和人居环境的良性循环。

内蒙古自治区生动诠释了以绿增色、以绿生财、以绿造福、以绿促富的生态文明建设发展理念。

总之，虽然西部具有建设生态文明的天然优势，已取得一定的成绩，但由于其在经济、科技上的落后，存在着制约生态文明建设的诸多因素，国家相关部门需要进一步梳理，进一步给予实践上的指导，才能更好地推进西部生态文明建设，进而也推进经济高质量发展。

三、研究方法

1. 调查研究法。通过调查，了解西部经济发展、生态文明建设存在的问题和不足以及相关制约因素，为进一步解决问题奠定基础。国内的研究在增强人们生态文明意识的同时，也为建设生态文明提供了一定的理论基础；国外对于资源生成问题的研究，着重强调"人是最重要的资源"以及"人类创造知识的重要性"等，但由于其立足于从观念的人出发，而不是从社会关系出发指导生态文明建设，因此在理论上它不适合后发展国家与地区。同时，发达国家主要通过污染转移和污染后凭借其垄断性环保产业继续向发展中国家吸取剩余价值的方式解决生态问题，这不适合中国的国情与西部的实际情况。

2. 综合分析法。运用哲学、社会学、统计学等方法，注重对文献资料的分析，又注重对实践的反思，以揭示其客观规律。进而从实践中吸收理论营养，到资源循环利用的典型的企业和地区进行研究，以发展、检验理论。

3. 生成论方法。资源是生成的，而不是先验的。人是一种未完成的动物，人的行为必然在历时性的时间维度中得到合理的解释。"经济人假设"假定人思考和行为都是理性的，试图获得物质性补偿的最大化，为人的行为找到绝对客观的、有效的依据。可它没有充分重视"现实的人"的"生成"脉络。马歇尔说："历史的过程是通过发现能够影响某一事件的所有事件和其中各个事件独自影响的方式，我们才能全部说明该事件。"① 习近平总书记曾指出，"经济要发展，但不能以破坏生态环境为代价。生态环境保护是一个长期任务，要久久为功"②，不可能一蹴而就。

4. 制度分析法。生态文明建设的理论和实践表明，生态文明建设的成效如何，不仅取决于科学技术的发展（科学技术的发展只是必要条件），关键在于人与人之间关系的调整和完善。马克思主义认为，人们从事经济活动的目的是为了让自己活得更好，而在生产过程中人与人之间的关系，决定着相互间的经济利益关系。因而，什么样的制度安排能够推动生态文明建设也就成为分析不可缺少的部分。

5. 成本—收益分析法。从事经济活动的主体，从追求利润最大化出发，总要力图用最小的成本获取最大的收益。生产者或消费者在经济活动中，生产什么、消费什么，或如何生产与消费，都是经过计算的；或用什么原材料，如上一环节的废弃物还是别的东西，都基于利益的角度，进行成本收益分析，以最少的投入获得最大的收益。总之，不论是从大自然直接挖掘原材料，还是废弃物再利用，对于企业而言，都必须有利润可图。

---

① 龚臣. 对经济学研究方法的再认识 [J]. 金融与经济，2007（7）.
② 习近平. 习近平总书记在云南考察工作时的讲话 [N]. 人民日报，2015 - 01 - 22.

第一章

资源哲学与生态文明建设

人类迄今为止的发展表明，人们所进行的产品的生产、分配、交换或消费等经济活动，不论其形式有多复杂，归根到底无外乎是从生态系统获取自身生存与发展的物质资料的活动。这一经济活动的差别，是人类历史阶段的划分，是生产力发展水平的高低，是资源开发利用的差别。一部人类社会发展史，是人类利用自身资源开发利用自然资源的历史。

第一节 资源哲学：资源生成的理论

自然资源，相对于人类需要（人口在不断增加，且人随着自身的发展而需求也在不断地提升），在数量上总显得不足。在社会财富不足以满足每一个社会成员需要的时候，往往是很多人都想"活得比别人好"——由自然资源转化而来的社会财富成为衡量人们社会地位的基本尺度的时候，更是如此。这是一种西方经济学的解释。然而基于马克思主义的解释，资源的生成与人们需要的满足之间是一种对立统一关系。也就是说，资源的形成与人们的实践能力有关，随着人们实践能力的增强，资源的范围不断拓展。

一、资源及其种类

在一般意义上，只要能满足人们某种需要的客观事物，都可称之为资源。而每一个"现实的个人"的需要是多方面的，如经济的、政治的、文化的、社会的、生态的，等等。同样地，同一时段内不同的人的需要也是不一样的，人们的需要在不同时段内也是不同的，因而满足其需要的资源也是不一样的。也就是说，人有多少种需要，也就有多少种资源。由此，不论是横向视角还是纵向视角，涉及资源的外延都极其广泛。

鉴于研究的需要，本书的"资源"，是指能够进入（或影响）生产过程并生产出满足人们某种需要的产品的客观事物①。这一客观事物，不会自动满足人的需求，需要经过人们的改造活动。客观事物经过人们劳动，即经过劳动者、劳动资料和劳动对象所构成的生产系统而能够满足人们需要的使用价值。只不过这三个要素在不同的时代呈现的面貌以及丰富的程度不同，这主要在于管理经验和科学技术等的发展而不断使之增添因素。为了方便研究，依据生产过程是人的要素和物的要素的结合这一命题，我们把属于物的要素这一类资源叫自然资源；属于人的要素这一类资源，如劳动力、科学技术、管理经验、制度等叫作人类自身资源。

（一）自然资源

该资源存在于自然界中，经人类实践利用从而产生经济价值或社会价值或生态价值的自然要素和条件——天然物质和自然能量以及人们对之实践产物的总和。它既包括进化阶段中无生命的物理成分（如矿物）和有生命的产物（如植物、动物）等自然形态，也包括人们实践活动的产物等。这一概念，是联合国环境规划署对资源的定义，即在一定时空条件下"提高人类当前和将来福利的自然环境因素和条件"的发展。自然资源，从最终意义上讲，是大自然赐给人类的，后经人类自身的实践即开发，成为满足人们需要的东西。

也就是说，自然资源是一个动态的生成的概念。由于受社会经济技术发展水平的限制，人们对自然资源种类、数量和质量的认识是存在差异的。不

---

① 肖安宝. 资源创造论：新时代的资源哲学［M］. 北京：光明日报出版社，2011.

同地域形成不同的自然资源，因而自然资源的区域分布也有一定的规律性。换言之，因受太阳辐射、大气环流、地质构造和地表形态结构等因素的影响，世界各地的矿产资源丰富与贫瘠、生物资源多与寡分布极不均衡，但总能给人以生存的空间。

根据生态文明建设的需要，自然资源可分为可再生资源（非耗竭性资源）和非可再生资源（耗竭性资源）。非可再生资源，往往是在经历千万年的自然力的作用下形成的，如各类矿石以及石油、煤、天然气等能源在开发利用之后不能再生，利用一部分就少一部分；且使用过程中如果废弃物过多或处理不当，极易造成环境恶化。对这些不可再生资源的使用状况，关系着生态文明建设的进程。可再生（非耗竭性）资源主要指生物即其所依赖的土地等资源。这包括，一是土地①、空气、天然水、太阳光或由其衍生的清洁的新型能源，如氢能、潮汐能、地热能、高温岩体热能等；二是生物资源——动物、森林、谷类（粮食）、草场、水禽、驯兽及其他各种野生生物等。这类资源的综合作用，即构成的系统成为人类基本的衣食来源、生存之本。这类可以更新和循环利用的资源是一种持续性资源。换言之，随着人们对自然认识的深化，在物质基础生产技术增强，人们不断改善自然条件，培育优良生物品种的基础上，进而遵循这些可再生资源的生成规律，就可以保证自然资源持续使用而不枯竭。对可再生资源的使用状况，直接关系到生态文明建设的效果。

此外，当自然资源进入生产过程后，除了生产出满足需要的产品外，还有废弃物——"对生产排泄物和消费排泄物的利用，生产排泄物是指工业和农业的废料。如制造机器废弃的铁屑是生产排泄物，但它在回收后又可作为原料进入铁的生产中。消费排泄物则部分地指人的自然的新陈代谢所产生的排泄物，部分地指消费品消费以后残留下来的东西"②。废弃物是一个历史

---

① 在古典经济学家以及马克思那里，土地不仅是指陆地、空气、阳光、雨水，而且包括附着在其上的一切可再生物质。

② 马克思. 资本论：第 3 卷 [M]. 北京：人民出版社，2004：115.

的范畴，实际上废弃物也是资源。我国在 20 世纪 50 年代称之为"废品"，60 年代以后逐渐改为"废旧物资"，现在则称呼"再生资源"。再生资源的概念反映了人类对废弃物的认识在逐步深化。也就是说，废弃物经过再资源化，也会成为一种资源。

然而，不论是可再生资源还是不可再生资源，都不是孤立存在的，而是在时空上互相依存，共同构成生态系统。换言之，这些资源本是生态系统自身的范围、这范围中的各种生物群体以及他们之间相互作用所形成的（该范围内动物、植物、微生物有规律地结合所构成稳定的生态综合体）生物圈，表现为生态系统结构多样性以及生态过程的复杂性和多变性。当它进入人类的实践领域，就成为人类的资源——除了给人类提供物质财富之外，本身也具有极大的价值。生态系统的稳定以及由此包含的多样性不仅仅是人类生存的基础，也给人类带来更多精神上的愉悦。只要人类在开发利用资源时，使得能源与环境保持连续的物质变换，就能够保持稳定的生态系统；如对系统中某一要素过度开发，就可能引起一连串的其他要素的连锁反应，进而可能导致整个资源系统恶化。

随着科学技术的发展，人们越来越发现，不论是不可再生资源还是可再生资源，其外延会逐渐地扩大，即用途越来越广。一种自然资源的功能可能是多样的，比如森林具有提供木材、涵养水源、调节气候、净化空气等多重功能。同一种资源可以作为不同生产过程的要素投入，甚至于同一行业的不同企业，也存在着对同一种资源的不同需求。如土地资源既可用于农业，也可用于工业、交通、旅游以及改善居民的生活环境等；再如，人们在衣食无忧之后更多地到户外享受美丽的自然风光。物种多样性寓于生态系统多样性之中，它是"自然—社会"系统的共同财富。

对废弃资源再生利用，可以减少对生态系统的挖掘，缓解资源约束，减轻环境污染。各类废旧机电设备、电线电缆、通信工具、汽车、家电和塑料包装物以及废料，其中蕴藏着可循环利用的钢铁、有色金属、贵金属、塑料、橡胶等资源。从废铜、废铝、废钢，到再生铜、再生铝、再生不锈钢，把各类再生资源有效、及时地回收，形成"资源—产品—废弃物—再生资源—再生产品"的闭路循环系统。这是一个产业链，即上游的拆解、中游的加工、下游的精深加工。这个产业链有环保要求，更具有经济价值；既能节省大量原生资源，弥补原生资源的不足，又能变废为宝，循环利用稀缺资源，缓解资源环境矛盾。如，广西有色再生金属有限公司，1.2 吨的再生资源就能得到 1 吨铜，生产 30 万吨再生铜，相当于节省了原生矿 7000 万吨，污染物排放减少 320 万吨，减少污水排放 400 万吨；经过拆解作为再生铜、再生铝的原料，用率达到 98%；废铝产品回收利用的再生铝过程，单位能耗和气体排放仅仅是电解铝冶炼过程的 5% 左右。①

（二）人类自身资源

人作为自然存在物，源于自然，最终又会回归自然。可人与自然界的其他存在物又不一样，其他自然存在物只有满足人的需要的时候，才被认为是资源——"自然界是人为了不致死亡而必须与之不断交往的人的身体"②。也就是说，人不仅仅是自然界的受益者，也是自然界的改造者。更为重要的是，人类自身的生存与发展，离不开人自身，人自己才是自身发展的主体。客观事物只有经过人的实践活动或纳入人的生存发展视域才成为资源，成为资源后又在人们之间流动，满足各自的需要，才表现出主体的特征。由此，人类自身形成各种资源，如劳动力资源、科技资源、文化资源等。

劳动力资源，指一个国家或地区，在一定时期内，拥有劳动能力（这里主要指简单劳动）的适龄人员。我国劳动就业制度规定，男 18 ~ 60 岁，女 18 ~ 55 岁，在没有丧失劳动能力的前提下，都是劳动力资源。由于劳动者既是生产者也是消费者，劳动人口相对丰富、抚养负担轻，对经济发展而言十分有利，即劳动人口比例较高，保证了经济增长中的劳动力需求。

科技资源，主要反映人类认识自然界的成果——人们的活动遵循自然自

---

① 罗勋湖，刘昆. 紧抓一个"废"字还矿山一片绿：广西绿色矿山建设走笔 ［EB/OL］. 光明网广西频道，2015 – 07 – 01.
② 马克思恩格斯全集：第 42 卷. 北京：人民出版社，1979：95.

身的运行规律。因劳动有简单劳动和复杂劳动之分，一般把从事复杂劳动的人员列为人才——专业的特定性较强。随着生产规模和生产社会化的扩大，对技术和管理的要求越来越高：一是随着科学技术的不断进步，越来越多的客观存在物成为满足人需要的资源；二是通过科技的研发，可以用更少的自然资源、更高的效率达成目标，可以避免浪费自然资源和损害人的发展。也就是，信息化、数字化、网络化以及网络、通信、传媒等服务业的发展，使得人类自身资源的功用进一步彰显，使得自然资源在生产过程中可反复利用，使得自然资源开发利用越来越成为物美价廉的商品和服务，生态环境在逐渐修复中变得美好，人们的活动范围越来越宽广，人们的生活愈加幸福快乐。

文化资源，是通过智力劳动发现和创造的，进入经济系统的人类知识，主要侧重于观念层面的，如"想象、态度、价值观，以及其他社会象征性产物"——市场经济观念、现代民主与法制观念、社会权利与责任意识、社会公平和平等观念、社会公益意识和人类发展意识等。这些资源既是本地区各民族的精神食粮，也是发展经济的重要动力，有的本身就可以是发展经济的一种形式，主要指文化产业。发展文化产业，不仅减少消耗自然资源，节约资源、保护环境，而且能够改变传统消费观念和生活方式，推动着关联行业的技术进步和整个经济创新能力的提高。换言之，文化资源对于维护人类的整体利益和长远利益——不再仅仅为个人，更多的是为所有社会成员谋取福利，彰显社会正义和种族延续，以此培育共同的生活理念和营造共同的生活空间，使人类在生存的基础上向着自身完善进发。

科技与文化构成知识。知识之所以成为经济要素，就是由于知识的价值化过程，使经济增长方式发生根本变化，从而成为产业的有利资源。知识经济物化可为人类带来巨大财富，可促进物质生产，从而产生市场价值，也可直接作为精神消费对象。如企业拥有的可以反复利用的、建立在信息技术基础上的、能给企业带来财富增长的资源——企业创造和拥有的无形资产，如企业文化、品牌、信誉、渠道等市场方面的无形资产，专利、版权、技术诀窍、商业秘密等知识产权，技术流程、管理流程、管理模式与方法、信息网络等组织管理资产；通过信息网络可以收集到的与企业生产经营有关的各种信息；企业可以利用的、存在于企业人力资源中的各种知识和创造性的运用知识的能力。这些企业资源在理论上取之不尽——人们的想象力无限、创造力无限，由此创造的知识也是无限的。

组织资源，主要指公共权力所带来的方针、政策路线等制度资源。如诺思所说："制度作为过滤器不仅存在于个人与资本存量之间，而且存在于资本存量与经济实绩之间。作为过滤器它有内在稳定性，因为它们提供了社会稳定从而带来委托者收入的安全感。"① 关系资源是一种特殊的组织资源，组织中的成员之间或与其他组织与公众之间建立良好而广泛的联系，是组织中最重要的无形资源，使制度成为保障生态文明持续健康发展的重要条件：在源头上健全产权制度和用途管制制度，提高资源配置效率；在发展和开发过程中，建立一套地方和企业行为，保护生态系统；在事后管控上建立严格损害责任赔偿制度。

自然资源与人类自身资源共同构成"人类—资源生态系统"。该系统处于不断的运动和变化之中。也就是说，自然资源的多少是受制于人类自身的资源能力。也就是在此意义上，地理学家卡尔·苏尔认为"自然资源是文化的一个函数"。

（三）时空资源

时间是标志事物变化过程长短和发生顺序的度量。空间通常指四方上下。离开一定的时间与空间，任何资源都无法度量。也就是说，不论自然资源还是人类自身资源，都是在一定的时空之中。况且，时间与空间在测量上不是绝对的，观察者在不同的时空结构的测量点，所测量到时间的流逝是不同的。

---

① ［美］道格拉斯·C. 诺思. 经济史中的结构与变迁［M］. 陈郁，罗华平，等译.
上海：上海三联书店；上海人民出版社，1994：231.

人类的生存发展，就是持续不断地与自然界进行的物质交换——"人和自然之间的过程，是人以自身的活动来引起、调整和控制人和自然之间的物质变换的过程"①。这种"物质变换"，包括产品生产的过程，也包括废弃物排放的过程。这一过程，也就是人类利用自身资源开发利用自然资源以满足生存与发展需要的活动。也就是说，这一活动，因人类自身资源与自然资源组合方式不同，带来的人与自然的关系也就不同。从历史上看，史前人类的生产基本上是依靠自己肌肉的力量来与环境抗争，获得自然界现成的产品。此时，包括人在内的整个生态基本上是由生产者、消费者、分解者组成的一种食物链，此时的人完全是在依赖自然环境提供的条件下生存的，而且这些物品是自给自足的。正如恩格斯所指出的，"人们最初怎样脱离动物界（就狭义而言），他们就怎样进入历史；他们还是半动物，是野蛮的，在自然力量面前还无能为力，还不认识他们自己的力量；所以他们像动物一样贫困，而且生产能力也未必比动物强"②。

随着自然客观存在物越来越多地成为资源，人类便离开树杈山洞开始进行简单的农耕活动。随着经验的积累，生产工具的改进，劳动范围的扩大，第一次、第二次社会大分工的出现，社会出现了剩余产品。但是，由于剩余产品还不能满足每一个社会成员的需要，这剩余产品应该归谁占有？于是，因争夺这剩余产品人类进入阶级社会。在阶级社会的第一阶段，即农业社会阶段，由于人们主要依靠土地生长植物，即吃自然的"利息"。这时期的资源主要是农业资源以及一般劳动力，能源主要是可再生的生物质资源，即草本植物等。

随着经验向技术转化，技术催生科学的发展，以及科学与技术的互动增强，社会财富增加，进入工业时代。工业时代是一个迅速变化的时代，更多

① 马克思，恩格斯. 马克思恩格斯全集：第 23 卷［M］. 北京：人民出版社，1972：201 - 202.

② 马克思，恩格斯. 马克思恩格斯选集：第 3 卷［M］. 北京：人民出版社，1995：522.

的客观存在物在资本的作用下成为资源进入人们的视野。人类主要从吃自然的"利息"向自然的"老本"转化，不仅有农业自然资源，而且土地中的不可再生资源如矿石、煤、石油等都是极其重要的资源。在资本逻辑下，自然资源越来越有限，逐渐打破生态系统的平衡，出现生态问题。面对生态问题，人们正在寻找解决这一问题的出路。人类逐步建立起了一种与自然能量交换相佐的物质交换机制，通过有效控制物质物理和化学的变化过程来满足人类生存与发展需求的一切物质再创造，于是，产品结构多元化发展和产业链条不断延长。

在当代，无论是传统劳动密集型产业还是新兴高科技产业，在产业全球价值链分工中位于不同环节。如，发展中国家由于科技落后，往往从事劳动密集型产业，通常处于产业链的底端，劳动者工资低，消费能力有限，直接影响启动内需。也正因为科技落后，只能出口蔬菜、玉米、羊毛、木材、畜产品等与第一产业紧密相关的产品原材料和初级加工品。通过这些出口来购买先进的科技设备，发展本国经济。而科技发达的国家，则由于"人自身资源"非常丰富，利用科技比较优势，调动社会成员的激情和创造性，创造更好的发展空间，获得更好的经济发展。

在人类文明发展的过程中，时间和空间是最重要的资源。因为，不仅自然资源是在一定的时间和空间中生成，而且不同时期的资源开发利用会在空间上有不同的表现。人类的生存环境之所以出现恶化，资源之所以会短缺，就是人类对自然资源的开发利用没有给生态系统留够自我修复、自我生长的时间。之所以会出现废弃物，就是因为它没有放对地方。由此可知，资源的产生具有实践性和历史性。再者，一个国家或地区之所以经济落后，就是没有抓住更好利用有关资源的机会而别国或其他地区却抓住了该机会。在当下，时间的长短不仅成为产品（科技含量、品质）的一个因素，更是科技研发周期的表征。对于空间而言，一些大城市往往处于水陆交通发达的区域，边远山区之所以落后往往也是因为交通闭塞。对于我国而言，可以用空间来换时间：通过引进先进的技术或设备，来缩短与发达国家的技术差距。

总之，自然资源的开发利用总是处于一定的时空之中。生态环境的状况与资源开发利用的方式紧密相连。这在于，不同的生态系统的自组织力量是有差异的，这一差异导致了不同区域内自然资源开发利用效果不一样，即生态系统维系的稳定程度或修复的时间长度也是不一样的。从而，在经济发展中保持良好的生态环境——"绿水青山"就是"金山银山"——需要经济结构和经济发展方式的一致性与合理性。正因如此，习近平总书记指出："坚决摒弃损害甚至破坏生态环境的发展模式，坚决摒弃以牺牲生态环境换取一时一地经济增长的做法，让良好生态环境成为人民生活的增长点、成为经济社会持续健康发展的支撑点、成为展现我国良好形象的发力点。"①

二、资源配置的哲学考量

单一的自然资源或单一的人类自身资源，无法满足人类自身生存发展的需要。只有把自然资源与人类资源相结合，才能创造出更多的社会财富。然而，自然资源与人类自身资源如何结合，不仅是一个科学问题，也是一个价值问题。说是科学问题，是指自然资源与人类自身资源的结合，能够充分发挥资源的效率和全要素生产率，不仅要有较高的经济效益，还要有较高的生态效益。说是价值问题，是指自然资源的价值，以及与人类自身资源相结合生产出的产品的使用价值的实现，即能够满足人的需要。这两者在多大程度上得以实现，主要集中于资源配置。

（一）资源配置方式

所谓资源配置方式，就是资源的结合方式，即生产要素遵循何种规制结合在一起的，换言之，是何种力量把生产资料与劳动力整合在一起的。当然，配置方式在某种意义上也在回答"生产什么"和"怎样生产"的问题，体现着生产力发展水平。在前现代社会，往往是伦理和国家推动资源的配

---

① 习近平总书记在 2017 年 5 月 26 日十八届中央政治局第四十一次集体学习时的讲话 [N]．人民日报，2018－07－07．

置。在现代化大生产条件下，资源配置方式主要有两种：计划经济和市场经济。前者主要指大部分的资源是由政府所拥有的，且由政府所指令而分配资源，旨在避免市场经济的盲目性、不确定性等带来的问题，如重复建设、企业恶性竞争、工厂倒闭、工人失业、地域经济发展不平衡、产生社会经济危机等给社会经济发展造成的危害。然而，这一配置把企业置于行政部门附属物的地位，企业既不能自主经营，又不能自负盈亏；个人作为消费者，也由计划部门安排，如生活必需品是凭票证供应的，住房是由单位提供的，甚至子女的升学就业也与行政主管机构的安排有关。

市场配置资源，关键在于市场通过信息反馈来影响人们生产什么、生产多少以及上市时间、产品销售状况等。市场联结与商品有关的产、供、销各方，以此实现各自的经济利益。换言之，由于市场经济具有平等性、竞争性等特点和优点，能够调节社会资源向竞争力强的企业集中，有助于推动整个资源的优化配置。然而，在市场中，容易产生以自我为中心的逐利行为，一些企业由于对利益的过分追求而产生不正当的行为，比如生产和销售伪劣产品，必然会造成经济波动和资源浪费。此外，市场自身的盲目性和滞后性，同样加剧了资源的消耗。

人类实践的经历和理论研究表明，计划与市场都不能单独达到资源的优化或合理配置：单一的计划经济历程证明了忽视社会成员的积极性与创造性的计划经济无法使经济社会持续发展，而完全的市场经济在实践中是不存在的（不具备条件）；就是在现实中存在的市场经济，也有自发性、盲目性、滞后性等有限调节作用，一般都以市场在资源配置中起决定性作用，国家宏观调控（计划）起引导作用而共存。

（二）资源配置的主体

从资源配置主体上看，可以分为三个层面进行考察：企业（微观）、国家（宏观）、全球。不论是哪一个层面，都力图以尽可能少的资源投入，获取最大的产出效益。但是，企业资源配置优化不等于国家与社会资源配置优化，更不等于全球资源配置优化。不同的资源配置，在一定程度上决定了资源的利用效率。资源利用效率是指资源既定情况下，如何给社会提供尽可能多的效用。这包括资源配置效率，以及知识科技、规模经济等带来的资源的利用率。

1. 资源宏观配置

在一定的社会生产力条件下，资源的总量是一定的。而社会的稳定与发展，则要求各类资源在各个部门的配置保持一定的比例，符合社会生产、生活需要的有效的资源使用。从根本上、整体上、长远地符合消费者、企业及社会利益的最大满足，是以整个社会经济的协调发展为前提的。衡量这一宏观资源配置状况的是经济结构——国民经济各组成部分的地位和相互比例关系，包括社会总需求结构、所有制结构、分配结构、产业结构、区域经济结构等。在这里，资源配置不仅需要市场，也需要国家宏观调控。市场依据价格机制调节生产资料和劳动力，国家宏观调控对国民经济战略目标、规划及总量控制、生产力布局等方面的安排。也就是说，社会公共环境等，必然由国家的宏观调控来实现。宏观资源配置不仅仅考虑经济，还要考虑社会整体发展。

2. 资源微观配置

企业资源配置即资源利用。所谓资源利用，就是通过劳动，使资源从仅仅是可能的使用价值变为现实的和起作用的使用价值，其贯穿于生产、分配、交换和消费全过程。其中生产是起点，是根本；消费是终点，是生产的最后完成；而联结这两者的中间环节是分配和交换，它们是相互联系、相互制约的。马克思曾指出，生产方式决定消费方式，生产方式的转变决定着消费模式的转变；生产与消费是直接同一的，生产直接也是消费，生产行为本身就它的一切要素来说，也是消费行为①——在生产力发展水平比较低的时候，只能满足人们的基本生活需要；一旦生产力发展了，收入提高了，消费方式就会随之多样化。消费对生产也存在反作用，由此，消费可创造出新的

---

① 马克思，恩格斯. 马克思恩格斯选集：第 2 卷［M］. 北京：人民出版社，1995：10 - 11.

劳动力，消费可提高劳动者的生产积极性。在现实生活中，一个新的消费热点的出现，往往能带动一个产业的发展。这可能推动资源新的利用方式或用途的产生，或积极创造新的资源。企业要想追求利益最大化，需要考虑资源本身的质量——劳动者的熟练程度、生产资料（包括劳动手段和劳动对象）的质和量，还有管理水平和技术状态，进而在此基础上合理配置资源。只有在各要素组合优化中，才能实现企业利润最大化，才能实现全要素生产率的真正提高。然而，全要素生产率的提高，不仅仅受制于宏观资源配置方式，还受制于历史、技术等因素。

不论是宏观资源配置，还是微观资源配置，在人类实践或历史进程中都存在着以自然（物质）资源为主，还是以人类自身资源为主的配置问题。以物为主，主要是社会财富的增加取决于自然资源的投入；以人为主，就是社会财富的增加主要依赖于人自身的聪明才智。在这两种不同的资源配置方式里，组成社会的两部分都是生产系统和消费系统，生产系统要生产，就必须投入资源，其生产都需要消耗资源，关键就看消耗多少自然资源。一般地，以物为本的资源配置方式里，其财富的增加往往通过增加自然资源来获得，当下的世界性的生态危机就是这种配置方式破坏了生态系统自身的平衡与稳定。

3. 资源全球配置

当历史进入世界历史的时候，资源也就会在世界范围里流动。马克思曾在《共产党宣言》中指出："资产阶级，由于开拓了世界市场，使一切国家的生产和消费都成为世界性的了。"① 随着经济全球化进程的加快，资源的全球配置更加凸显。贸易、投资、金融、生产等活动的全球化，即生存与发展要素在全球范围内的配置，催生全球产业链的形成。全球产业链，即在全球范围内为实现某种商品或服务的价值而连接生产、销售、回收乃至处理过程的跨企业组织。它有三种表现形式：不同产业的全球分工、产业内全球分

---

① 马克思，恩格斯. 马克思恩格斯选集：第 1 卷 ［M］. 北京：人民出版社，1995：276.

工、企业内的全球分工。

在现实中，资源的全球配置以发达国家为主导，以先进科技为手段，以利润最大化为目标，通过分工、贸易、投资等要素流动。这能够促进资源在全球的合理配置，使得科学技术的发展带动各国的共同发展。然而，美好的愿望不等于现实，当今的全球化在一定程度上对发达国家更有利，而使发展中国家所遇到的风险、挑战将更加突出。也就是说，一些发达国家凭借资本技术优势把资源消耗多、环境污染严重的产业转移到发展中国家和其他国家，把初级加工环节迁移到资源产地国，通过国际交换获得本国需要的资源型产品，满足自身需要。一些资源缺乏的国家，通过与资源生产国联合开采、参股控股资源生产企业、国际市场购买等方式，在国外开辟资源生产基地，主要依靠国际市场保障本国工业发展和经济增长的资源供给。

改革开放以后，我国逐步由边缘走近世界舞台的中心——从开放国门到加入世贸组织，进入全球化的浪潮中，参与全球的资源配置。我国提出"一带一路"倡议，就是顺应经济全球化的潮流和区域经济一体化的趋势，通过推动资源合理流动，而强化西部大开发战略，缩短与东部经济社会发展的差距，进而处理好与周边国家的关系，从中彰显社会主义国家的优势。这是因为西部处在"一带一路"最便利对接的交汇点和关键区域上，有西南地区最便捷的出海大通道和连接中亚和欧洲的亚欧大陆桥，不仅能够充分利用自身资源，而且可以利用国内资源乃至国际资源，在遵循生态文明建设要求的基础上，推动西部经济社会可持续发展。

三、资本主导下资源开放利用考察

不同的历史阶段，受制于生产力的发展水平，不仅资源的质和量不同，而且其结合的方式也不同。由此带来的资源在生产过程中的配置与消耗状况，以及在生活过程中的消费状况也不同；进而在生产与消费过程中产生的副产品，都随着时间、空间等诸多条件的变化也在发生变化。这就是说，考察资源的发展变化，应从资源开发、配置和利用环节，即从生产资料的来源以及产品消费后的去向这一全过程来进行。

（一）资本主导下的资源损耗：全社会的人都依附于一个非自然的身外之物的资本

在漫长的游牧与农业社会里，人们由于主要依赖自然的利息，即通过植物的光合作用而获得食物，使得人与自然处于原始的"天人合一"之中。游牧民族逐水草而居，而草场由于牲畜的啃食而缩小或荒芜，就会寻找下一处适于生存的草原。以农业为主的农业社会，以人力、畜力为动力，以简单的手工农具为设备，还有手工纺织、制陶、打铁、铸铜等，生产技术发展缓慢。在该社会中，人们整体性地依附于自然界，进而在对自然的依附前提下，社会中一部分人对另一部分人存在以人身为前提的依附关系，另一部分人主要拥有土地、官爵等身外之物。

进入工业社会，人们的生产生活扩大到吃自然的"老本"，即挖掘处在生态系统内部的财富，如煤、石油等能源以及包含各种元素的矿产资源，并且以这一财富的多少作为衡量自身社会地位的尺度。具体而言，在工业社会里，彰显"以物为本"，通过矿产资源、能源等自然资源，以及资本、劳动力的增加，即通过增加各种生产要素或它们的集合而使社会物质财富总量增加。而在这一过程中，市场秩序的监管者又利用管理权来制造寻租的机会，这会使资源因其开发中的"无排他性"而遭到滥用，因其消费上的"排他性"而使资源利用遭受更大损失——市场主体缺乏技术创新的内在动力和外在压力。这表现在以下几个方面。

资源之开发环节。在资本主导的市场经济中，只要能降低生产成本带来利润最大化，而又不被惩罚，市场主体就会去做。于是，通过各种方式，例如寻租、低价乃至无价获得资源，使企业在资源开发使用过程中很少考虑成本（因为成本很低），这样极易造成资源短缺和环境恶化并存。例如，土地、水资源被廉价开采甚至无偿使用，导致土地往往出现盐碱化、沙漠化等，土壤和水资源质量严重下降；煤炭被滥采滥挖，稀土金属被无序开采，不仅造成开采行业效率损失严重，也极大损耗周边环境。此外，企业往往通过成本外化，进一步推动成本最小化，使得大气污染、水污染、光污染、噪声污染、固体废弃物污染等加剧人的生存环境的恶化。这使得相当一部分社会成员忙于维持自身的健康而无法提升技能。

资源之生产环节。生产的目的是无止境地追求利润。本是满足需要的生产，在资本运行下却成为少数人获得利润的工具。由于诸多原因，企业即使采用落后的生产技术和工艺流程——技术不成熟或落后或操作不精细，导致有用资源未经利用即被当作废弃物扔掉，或利用方式不合理，不能让资源充分发挥效益，也能够获得足够的利润空间。这一方面抑制企业先进技术需求、技术创新激励以及寻求替代资源或可再生资源动力，导致了资源型企业不能提升其内在价值，使得自然资源损耗严重。另一方面不可再生的资源，如矿产资源、煤资源等，随着粗放型的生产方式加速减少，提高了生产成本。换言之，市场主体把生产、生活中产生的污水等未经净化就排入公共水体中，未经处理的大量固体废弃物直接置于生产生活空间，废气直接进入空气中，使得大气环境的污染严重，使得环境中的熵增大，超过系统自我净化的能力，破坏了生态自组织系统，使系统的结构和功能严重失调，威胁到人类的生存和发展。简言之，这一传统的外延扩大再生产往往是对生产资料中的原材料实行一次性或单一利用，造成浪费和污染。

资源之消费环节。由于生产不是为了满足自己的正常需要，消费也就成为在满足生存之后是为了显身份、讲排场，从而形成了一种远远超过实际需要的过度消费。也就是说，随着生活条件的改善，人们则更多地关注商品的符号价值、文化精神特性与形象价值，这主要表现为炫耀性消费。例如，中国人在餐桌上浪费的粮食曾一年高达2000亿元，这被倒掉的食物相当于2亿多人一年的口粮（加剧了资源的浪费和环境的破坏）；还有，为了迎合人们的炫耀性消费，过度包装使社会承担了过度的包装成本，包装工业的原材料如纸张、橡胶等，使用原生材料，回收极少，废玻璃、废塑料、包装玻璃瓶等回收也很少。此外，社会生活中一些富人，以跟风式、攀比式、炫耀式消费和追求奢华、讲究排场等拜金炫富的形象出现，都是对资源的极大浪费。

　　在资本主导的生产力不发达的市场经济中，市场主体会利用低价或无价的自然资源，进行低水平的重复建设，由此形成的产业和产品往往雷同——各地区往往形成"大而全""小而全"的经济结构，各企业也会形成小规模、高成本、低收益的产业布局。这具体表现在两个方面。一是经济结构不合理。农业所占国民经济的份额仍很高，且化肥农药的滥用破坏土壤的肥力。第二产业污染重、资源消耗多、对生态环境影响大；化工、钢铁、制造等重工业消耗的是无机原料（属不可再生资源），阻碍与第一产业之间的物质变换。以重工业为主的第二产业在经济结构中所占的比例越重，物质循环存在的障碍就越多，也就越不利于资源的永续利用。此外，第二产业中还存在大量污染密集型产业，如煤炭、石油、化工、冶炼，部分采矿业等产业的发展必然会排放出大量工业"三废"，从而又会加重环境的污染。被污染的生态环境如果超过了自然界自我净化能力，那么又会破坏自然界的物质循环，导致环境中的恶性循环。第三产业，即知识经济、信息能源没有得到充分发展。二是经济增长依赖于自然资源的高投入、高消耗的方式，而高投入就要从生态系统中攫取更多的原材料等要素，高消耗则是指伴随着更多的废弃物。过度开发资源，不仅损害了没有无限承受能力的生态系统——因过度开发或因污染物排放破坏了系统的再生能力或自净能力，使得资源的继续利用变得困难，因自组织能力丧失而导致整个生态系统的崩溃；而且商品因其价格过高使劳动者买不起而出现经济危机。在这一环境中，经济活动总量与环境压力呈正相关关系。

　　在这一整个经济活动中，随着社会财富的增加，资本所有者、自然资源所有者在整个收入中所占的比重就比较大。由此所带来的，不仅是自然资源的损耗，还造成了人类资源本身的浪费。习近平总书记指出，"生态环境问题归根到底是经济发展方式问题"①。

---

① 习近平. 在中央经济工作会议上的讲话（2014 年 12 月 9 日）［EB/OL］. 新华网，2014 - 12 - 11.

（二）资本主导下的资源利用后果

恩格斯在其《自然辩证法》中指出："我们统治自然界，决不像征服者统治异族人那样，决不是像站在自然界之外的人似的——相反地，我们连同我们的肉、血和头脑都是属于自然界和存在于自然之中的；我们对自然界的全部统治力量，就在于我们比其他一切生物强，能够认识和正确运用自然规律。"① "我们不要过分陶醉于我们人类对自然界的胜利，对于每一次这样的胜利，自然界都对我们进行报复。每一次胜利，起初确实取得了我们预期的结果，但是往后和再往后却发生完全不同的、出乎预料的影响，常常把最初的结果又消除了。"②

马克思指出："自然界的人的本质只有对社会的人来说才是存在的；因为只有在社会中，自然界对人来说才是人与人联系的纽带，才是他为别人的存在和别人为他的存在，只有在社会中，自然界才是人自己的人的存在的基础，才是人的现实的生活要素；只有在社会中，人的自然的存在对他来说才是自己的人的存在，并且自然界对他来说才成为人；因此，社会是人同自然界的完成了的本质的统一，是自然界的真正复活，是人的实现了的自然主义和自然界的实现了的人道主义。"③

英国阿夫纳·奥费尔在其《富裕的挑战》一书中指出："我们匆匆摘下成功的果实，但却忘记品尝它们的味道，最终我们失去了享受简单生活的能力，陷入不断追求成功的旋涡，陷入急躁和忧虑的旋涡。"④ 也就是说，资源损耗型开发利用，不仅给生态环境造成了巨大的破坏，而且也给人们的发展带来极大的障碍与不安。资源诅咒、拉美陷阱、中等收入陷阱，在一定意义

---

① 马克思，恩格斯．马克思恩格斯选集：第 4 卷［M］．北京：人民出版社，1995：383—384.

② 马克思，恩格斯．马克思恩格斯选集：第 3 卷［M］．北京：人民出版社，2012：998.

③ 马克思，恩格斯．马克思恩格斯全集：第 42 卷［M］．北京：人民出版社，1979：122.

④ 葛荣晋．崇尚简单生活［J］．中国道教，2011（5）．

上就是资源损耗型开发利用的写照。

一是资源诅咒，也称"荷兰病"。现代化的实践表明，在产权制度不清晰、市场规则不健全的情况下，资源部门的扩张"挤出"制造业，由此带来的资源收益由多种途径和渠道转化为一些部门、地方、企业甚至是个人的利益。而制造业的萎缩必然降低资源配置的效率，造成大量的资源浪费。更为重要的是，自然资源产业扩张把知识资本的积累效应给"挤出"了。这在实践中表现为，工业以采掘和原料生产为主，大量具有较高知识水平和技能素质的劳动力流出。

二是拉美陷阱。众所周知，拉美地区经济发展势头一度很好，但随着经济增长，城乡二元矛盾突出，社会两极分化严重，经济与社会畸形发展，各种社会矛盾凸显和激化，社会动荡不安，制约着社会的进步。产生这一现象的原因是，在经济增长过程中，过分注重自然资源，无法吸纳过多剩余劳动力，使得失业、贫困和绝对贫困人口增多，政府外债和财政赤字居高不下，通货膨胀严重，公共服务（如医疗卫生、文化教育、电力供应、给排水等）不足，教育与科技研发方面都低于国际平均水平等。更为重要的是，政府与控制社会资源的少数精英集团结盟，政治、经济、社会体制不鼓励个人与企业的创新，使得个人通过自身努力改善生活、提高社会地位的机会越来越小，从而经济增长的引擎逐渐消失。这必然使得国家陷入无法持续增长的泥潭。公共资源不仅存在着被过度利用（企业和个人使用资源的直接成本小于社会所需付出的成本）——将资源耗损的代价转嫁给所有可使用资源的人们；也存在未被充分利用的可能，由于公地内存在两个或更多产权所有者，而任何一个所有者都难以有效突破其他所有者的产权保护，其结果是包括自身在内的所有经济主体都无法真正有效地行使产权，最终导致公共资源的闲置或资源利用不足，造成重复建设和过度投资①。

三是中等收入陷阱。当国家通过高投入、高消耗、高产出的低端制造业

---

① 参阅 Michael A. Heller 在 *The Tragedy of Anti-Commous* 一文中提出的"反公地悲剧"理论模型。

的发展使得人均收入达到中等水平，与之相伴随的往往是环境污染、生态恶化；更可怕的是，这人均收入掩盖着巨大的收入差距。如果没有新的制度安排或对现有的制度做出重大调整，那必然出现一种经济停滞徘徊的状态。这是因为，不论是自然资源还是社会资源被越来越多地控制在少数利益集团手中，无法调动广大社会成员的积极性和创造性。到目前为止，只有亚洲"四小龙"以及东欧等13个国家或地区成功地从中等收入经济体晋级为高收入经济体；而巴西、阿根廷、墨西哥、智利、马来西亚等国家仍处在"中等收入陷阱"中。

四是全球气候变暖。由于依靠自然资源（含煤、石油等矿石燃料）使得社会财富急剧增加，但同时不仅带来大气污染，也导致气候变暖。由于地球对温度变化非常敏感，气候变暖使得地球上的森林、沙漠、地貌、植被和重要生态系统有可能发生"重大改变"。如果化石燃料排放不减，气候变暖可能改变植物的碳储存量、可用水供应以及全球生物多样性，如美国、澳大利亚和欧亚西部的生态系统变得更干燥，更多树木死亡、昆虫数量和森林疾病率大幅上升。那些曾在一两万年里才能发生的变化，有可能将在一个世纪里发生，生态系统将应接不暇。

西方国家的发展是建立在对落后国家和地区资源的掠夺基础上的，同时这些发展中国家和地区的人们为了生计或赶上发达国家对自然资源采取杀鸡取卵式的砍伐和滥用。

四、资源粗放利用方式的相关因素研究

有限的资源在无限的利益需求支配下，会引起许多社会问题发生。解决这一问题的根本路径在于增加财富。而增加财富，在某种条件下就是增加资源（生产要素数量）。但总体上除了开发更多资源，别无他路。如果不遵循自然法则，这又极易毁坏资源的根基。

虽然这一资源损耗型开发利用带来的不是人们想要的状态，但它却是一种不可避免的资源开发利用方式。这是因为，"我们自己创造着我们的历史，

但是我们是在十分确定的前提和条件下创造的。其中经济的前提和条件归根到底是决定性的"①，即损耗型开发利用资源受制于生产力发展水平、文化传统等因素。实际上，任何一种经济发展方式，即人们在经济活动中的行为是一个集伦理的、经济的、政治的、社会的综合因素的外在表现。

一是资本逻辑。以资本为动力的生产体系，把尚未资本化的资源逐渐卷入资本化的旋涡中，从开发自然资源到生产过程中废弃物的排放，撕裂了生态内部的生态之链，导致环境危机。马克思认为："资本及其自行增殖，表现为生产的起点和终点，表现为生产的动机和目的；生产只是为资本而生产，而不是反过来生产资料只是生产者社会的生活过程不断扩大的手段。"资本是一种"以广大生产者群众的被剥夺和贫穷化为基础"②与"发展社会生产力推动人的自由全面发展"相矛盾的生产。这就是说，一方面，资本积累同它的能力和规模成比例地生产出相对过剩的人口，使得劳动者的积极性和创造性受到极大的压抑；另一方面，资本为自身的不断增殖不停地创造新资源。

在追求利润最大化的语境下，虽然资本所有者与劳动力所有者在法律面前、在市场交换中平等，但由于资本所有者与资本可以分离，而劳动力与劳动者却具有不可分割性，使得资本所有者在使用劳动力中必然使劳动者处于弱势。这就是，"劳动对资本的这种形式上的从属，又让位于劳动对资本的实际上的从属"③；"劳动资料同时表现为奴役工人的手段、剥削工人的手段和使工人贫穷的手段，劳动过程的社会结合同时表现为对工人个人的活力、自由和独立的有组织的压制"④。"生产工人的概念绝不只包含活动和效果之间的关系，工人和劳动产品之间的关系，而且还包含一种特殊社会的、历史

---

① 马克思，恩格斯. 马克思恩格斯选集：第4卷［M］. 北京：人民出版社，1995：696.
② 马克思. 资本论：第3卷［M］. 北京：人民出版社，2004：278.
③ 马克思. 资本论：第1卷［M］. 北京：人民出版社，2004：583.
④ 马克思. 资本论：第1卷［M］. 北京：人民出版社，2004：579.

的产生的生产关系。这种生产关系把工人变成资本增殖的直接手段。"① 换言之，资本所有者把自己看成主体，则把劳动者看作客体，非劳动者主导了劳动过程②；劳动变成了一部分人用来剥削另一部分人的手段，占有了劳动成果；而劳动者的劳动变成了仅仅维持基本生存需要的简单手段，对劳动者的过分压榨必然使得劳动者缺乏主动性、积极性和创造性。换言之，劳动力成为奴役劳动力所有者的工具。

二是主客二分观念。在人们传统的主客二分的观念中，"人为自然立法"，人是自然的统治者、主宰者，其他生物和生态环境的存在仅仅是为人类服务的工具，因而可以对自然无所顾忌地掠夺。正如马克思所言："由于古老的陈旧的生产方式以及伴随着它们的过时的社会关系和政治关系还在苟延残喘。不仅活人使我们受苦，而且死人也使我们受苦。死人抓住活人!"③ 在某种意义上，资本是主客二分观念的实践形式。资本在实现利益最大化的过程中，不仅要生产出大量商品，还要消费掉这些商品，才能使生产持续下去；不仅生产者受资本的左右，消费者也不例外——在资本语境下，人们追逐的不仅仅是使用价值本身，更是价值，由此带来的每个社会关系都意味着个体的不足，因为任何拥有的东西在与他人相比较时都被相对化了。④

在资本时代，为了获得更多的剩余价值，不仅劳动者与劳动力分离，而且人与自然也分离，使得人站在自然的对立面思考，利润建立在掠夺性开发资源和污染环境之上——大肆捕杀野生动物，掠夺性地开发矿产，大量排放废气污水；进而，个人站在他人的对立面，在生产和生活中产生的成本（包括生态的、社会的）转嫁给他人和社会乃至下一代。这是一种主客二分的思维模式，使个人和群体、个人和社会、人和人之间，变成了非此即彼的关系。因为该资源开发利用方式基于，只要收益超过会计成本，生产者就认为

---

① 马克思. 资本论：第 1 卷 [M]. 北京：人民出版社，2004：582.
② 肖安宝. 基于马克思劳动价值论的贫富差距分析 [J]. 当代经济研究，2013（4）.
③ 马克思. 资本论：第 1 卷 [M]. 北京：人民出版社，2004：9.
④ 转引自 [法] 让·鲍德里亚：消费社会 [M]. 刘成富，全志钢，译. 南京：南京大学出版社，2000：79.

有利可图（忽视了生态成本和社会成本，且这些成本由他人承担）。

资本直接目的不是为了人，而是"为生产而生产"，"一种没有预先决定和预先被决定的需要界限所束缚的生产"。① 工业经济主要依赖于不可再生资源——在漫长的地壳运动中生成的矿产资源以及不可再生的石油等燃料。自然资源的快速损耗往往会打破生态系统的平衡——不是打破了生态系统中各要素之间稳定的联系，就是排泄废弃物超过了系统所具有的净化能力。与此同时，大量成本较低的剩余劳动力从农村和农业向城市和制造业转移，便宜的土地和其他矿产及能源等资源也被吸入生产和建设领域；而对于劳动力资源而言，由于资本所有者对利益的攫取，使得劳动力被过度使用与闲置荒废并存。这一生产与生活过程，割裂了自然资源与生态环境、经济增长与社会进步之内在关系，是一个生态环境遭到破坏的过程。随着资本的急剧积累以及异常迅猛的技术进步，企业想方设法将一部分生产成本转嫁给社会，正如生态马克思主义者奥康纳所言：自然界对经济来说既是一个水龙头，又是一个污水池，水龙头成了私人财产，污水池则成了公共之物。② 这实际上正如恩格斯所言："迄今存在的一切生产方式，都是只从取得劳动的最近的、最直接的有益效果出发的。那些只是在比较晚的时候才显现出来的、通过逐渐的重复和积累才变成有效的进一步的结果，是一直全被忽视的。"③

此外，人们或许认为生态恶化是工业化、现代化工程中不可避免的现象，当经济发展到一定阶段，人们也就有能力过上山清水秀的生活，比如发达国家。实际上，发达国家享受的现代化成果却是以发展中国家承担着工业化的代价——发达国家把原本应当由自己国家承担的生态恶化的相当部分"转嫁"给了发展中国家。这不仅表现在从原料和廉价劳动力的供应地到原材料生产加工过程的原始地，再到劳动密集型产业、资源消耗密集型和资本

① 马克思恩格斯全集：第49卷［M］．北京：人民出版社，2016：98.
② 詹姆斯·奥康纳．自然的理由：生态学马克思主义研究［M］．唐正东，臧佩洪，译．南京：南京大学出版社，2002：296.
③ 恩格斯．自然辩证法［M］．北京：人民出版社，1984：306－307.

密集型产业的所在地；也表现在当下的发达国家一面呼吁重视和解决生态问题，另一面却肆意向公海倾倒污染物或向他国转移污染性的产业，同时设置绿色贸易壁垒，限制节能技术的转让，让发展中国家为他们的生态环境"买单"。总之，西方发达国家的发展道路不是人们所期望的可持续发展道路。

三是政治权力受制于资本。在资本主导下，除了产权不易明晰的资源以及效用的非竞争性、非排他性的公共资源有利于资本所有者外，国家政权也有意识或无意识地服务于资本所有者。政府除了在技术层面无法克服外部性、信息不对称以及其他不确定性等因素，而这无形中也偏向于强势资本。政府用产权制度以及相关的法律制度来约束人的经济行为。可产权只对有资源的人产生差别，而对没有资源的人则没有约束作用。虽然公共资源的所有权、处置权委托由政府代理行使，但因政府和它的各级代理人利益目标存在差异，企业经营者的权利与责任不对称，出现所有权与处置权分离而导致无效代理和代理成本过高；一旦政府追求 GDP，则加剧了公共资源的损耗。如今日益恶化的生态问题不能不说政府没有责任。

基于上述各因素的综合作用，资源损耗型开发利用成为现代化初期的资源开发利用的主要方式。在该方式下，强势的一方很容易将内部成本外部化，即将成本转嫁给他人、社会或环境。换言之，工业革命以来，经济增长主要依靠自然资源和投资的增加，并形成了高投入、高消耗、高排放的发展方式。故生态环境问题，归根到底是资源过度开发、粗放利用、奢侈消费造成的。① 进而，生态环境怎样，归根结底取决于"经济结构和经济发展方式"怎样。

---

① 习近平总书记在 2017 年 5 月 26 日十八届中央政治局第四十一次集体学习时的讲话 [N]．光明日报，2018 – 07 – 07.

第二节　资源哲学：生态文明建设的理论基础

在人类漫长的历史中，由于生产力的低下，人们开发自然界的能力不强。可当人们开发利用生态系统中的资源的速度超过了该系统维系自身平衡的修复行为的速度时，就会破坏自身赖以生存与发展的环境。为了生存与发展，人们又不得不修正以往的资源开发利用的不恰当行为，这就是进行生态文明建设。要解决目前人类所面临的生态问题和贫富差距问题，推动人类的可持续发展，就必须改变靠自然资源投入的唯财富而财富的经济增长方式，实现"以物为主"向"以人为主"的资源配置转变，即经济增长是为了人的更好生存与发展。然而，能否实现这一转变，又不是随人们的意志而转移的。一种资源配置以何种方式为主导，受特定时空条件的制约，除了受制度条件约束之外，还受机制条件、技术条件、资源条件的强制约束（这些条件转变难度超过制度条件）。也就是说，新的条件没有形成，要使既有的粗放型增长方式退出历史舞台，是不可能的。因此，建设生态文明，其核心就是要依据自然资源的生成逻辑进行开发利用。

一、生态文明是当代人类在生态系统阈值范围内活动的文明形态

工业文明之所以带来生态问题，就在于它打破了生态系统维系自身稳定的条件——能量（营养）输送的正常渠道被破坏：二氧化碳排放过多，废气废水废渣过多，系统自身消化或吸收不了；从系统中乱砍乱挖更多的原材料，破坏了要素间固有的紧密联系。因此，生态文明建设就是推动资源合理开发利用，恢复系统各要素间固有的关系——输入必要的物质、能量和信息，形成相互影响、相互制约和相互作用的网络，恢复生态系统的自组织功能——生态系统中的生产者、消费者和分解者之间的关系在能量守恒的情况下得到稳定发展。

（一）资源：生态系统的构成要素

生态，指生物之间以及生物与环境之间的相互关系与存在状态。该状态是生物得以持续发展的不可破坏的形式，是一种美好的形态。

自然界本身就是一个生态系统。生态系统是生物与环境之间一个不可分割的整体。这个整体，由非生物的物质和能量、生产者、消费者、分解者等部分组成，这几部分紧密联系，相互作用，形成具有一定功能的有机整体。非生物的物质和能量，即由阳光、水、无机盐、空气、有机质、岩石等组成的无机环境，是生态系统的非生物组成部分，其中水、空气、无机盐与有机质都是生物不可或缺的物质基础，并决定生态系统的复杂程度和其中生物群落的丰富度，因而也是生态系统的基础，是人类生存和发展的基础。由生产者、消费者和分解者构成的生物群落在适应环境中改变着周边环境的面貌。

生态系统通过自发地与外部环境进行物质、能量和信息的交换，引起构成系统的各要素的相互运动或在局部产生的各种协同运动，促使系统的结构从较低有序向较高有序的方向演化——系统内的序参量之间的竞争和协同作用使系统产生新结构——任一微小的涨落都会迅速被放大为波及整个系统的巨涨落，推动系统离开原来的状态，发生质的变化，跃迁到一个新的稳定的有序态。也就是说，系统要素间的运动进入均势阶段时，生态系统的能量流动推动着各种物质在生物群落与无机环境间循环。这里以碳循环为例。碳元素是构成生命的基础，其循环主要是以二氧化碳的形式随大气环流在全球范围内流动。植物与动物的一部分遗体和排泄物被微生物分解成二氧化碳，另一部分则在地质演化中形成石油、煤等化石燃料；植物通过光合作用将大气中的二氧化碳同化为有机物，植物与动物再获得含碳有机物。化石燃料一部分被细菌分解生成二氧化碳；另一部分经人类开采利用，最终形成二氧化碳。

在整个物质循环过程中，物质的固定速度与生成速度保持平衡，能量与物质的输入和输出保持平衡——生态系统的结构和功能处于相对稳定的状态，即动态平衡。这就是我们所说的生态系统的稳定态。如果其中的某些要素的固定速度与生成速度失去平衡——不是短缺、过量，就是循环速度受到阻滞，也会把生态系统拖进不稳定状态之中（严重的，可能拖垮系统）。这也就是人们常说的，生态系统结构随时间的变动也发生变化。还有，在这个循环中，有两种形态。一是气态循环，碳元素以二氧化碳的气态形式在大气中循环即为气体型循环。二是水循环，由于所有生物都离不开水，因而水循环是所有物质进行循环的必要条件。正因为如此，才有当今人类结成了命运共同体——处在一条诺亚方舟上的说法。

现代科学表明，根据能量守恒和转化定律，对于一个相对稳定的物质系统而言，其系统能量的增、减与其与外部能量交换的减、增趋于一致，也就是能量之和不变：外界传递给这一系统的热量，等于这一系统内能的增量和系统对外做功的总和。热力学第二定律即熵定律表明，虽然能量总和不变，但在任何能量的转化中，必然有部分能量被降解，等量的热（热能）都不可能转化为等量的有效功。没有持续能量输入的话，在有限的空间和时间内，其发生的一切和热现象有关的物理、化学过程，是使能量的转换，自有序走向无序，使整个系统的熵值增大。

一般地，生态系统演化是系统内部诸要素之间相互影响、相互作用，生态系统各要素之间是通过营养即能量流动来实现的，食物链和食物网构成了物种间的能量转换渠道。能量有三种去向：未利用、代谢消耗、传递到下一个营养级（最高营养级除外）。由于能量在生态系统中的传递是不可逆的，且是逐级减少的，递减率为10%～20%。换言之，维系系统自身存在也消耗能量，如果不能及时从外部获取能量——通过光合作用输入能量，系统也会逐渐瓦解的。当这一作用达到临界点或在临界区域内作用，很可能打破系统的平衡，极可能导致大的涨落。这一过程可能出现三种情况：一是结果不可预测；二是过程中虽出现大的跌宕和起伏，甚至常出现突然的变化，但其间大部分演化路径可以预测，只有小部分结构点不可预测；三是渐进的演化道路，路径基本可以预测。但肯定的是，这一过程，是由一种稳定态向新的稳定态跃迁的过程。要使系统稳定，就在于创造条件，控制变量，使其在一定范围内变化。

人类社会的发展过程是经济社会的再生产过程。既然是再生产，消耗掉的就需要补偿，不论是自然资源还是人类自身资源。一旦物质补偿无法实现，社会再生产也就失去了应有的保障。由于再生产分为简单再生产和扩大再生产，因而也就有实现原有规模的再生产的物质补偿和扩大再生产意义上的物质补偿。正如马克思所说，产品成本是补偿价值，"商品的成本价格不断买回在商品生产上消耗的各种要素"。① 这一补偿，从理论的角度看，不论是生产还是生活所消耗的资源，回到自然界，能够实现补偿。可在现实世界中，"资本主义生产使它汇集在各大中心的城市人口越来越占优势，这样一来，它一方面聚集着社会的历史动力，另一方面又破坏着人和土地之间的物质变换，人以衣食形式消费掉的土地的组成部分不能回到土地，将破坏土地持久肥力的永恒的自然条件"②。

要使这一补偿变得流畅，依据生态系统原理必须对经济活动全过程进行再造。需要反思的是，发展经济是为了民生，保护环境同样是为了民生。在生产领域，从自然资源转变为满足人们需要的物质产品，需要考虑两个环节：一是所有自然资源是不是都能转化为商品，二是已经转化为商品的是否都能顺利被消费掉。这里不仅仅是技术问题，还有资源的产权问题、有没有能力消费的问题，以及产生的副产品在多长时间内能融入生态系统之中。在流通领域，由于人们最终追求的是自然资源满足自身的生理或心理的需求，制造出来的产品能否及时送到消费者手中，这很有可能受地区贸易保护主义的影响，或因其他原因，以至于不能顺利进行物质交换。在消费领域，如果不能对废弃物进行有效的分类，让回到土地后易于融于生态系统的与不易融于生态系统的经过适当的处理再回到土地，使被消耗掉的自然物质能回到土

① 马克思，恩格斯．马克思恩格斯文集：第7卷［M］．北京：人民出版社，2009：33.

② 马克思，恩格斯．马克思恩格斯文集：第5卷［M］．北京：人民出版社，2009：579.

地，维系土地的肥力，就影响下一轮的生活和生产。因而，生态环境的形成演变，与资源开发和人类活动紧密相连。

（二）生态文明是以人类自身资源为主导的经济社会发展文明形态

据马克思的分析，"在人类历史中即在人类生产过程中形成的自然界是人的现实的自然界"①。该自然界是人与自然万物共生的自然界，是经济社会可持续发展的自然界，满足人类生存发展需求的应有状态。但自然存在物不可能主动满足人类主体多方面的需求和推动主体的全面发展，因而，要使自然存在满足需要，就必须依靠人们的实践活动使之成为资源。

在一定意义上，人们的实践活动范围有多广，客观存在物转化为资源的量就有多少。也就是说，随着社会的发展，人类创造的知识在生产力构成要素中所占的份额越来越大。不论是劳动者，还是生产资料，还是二者之间的结合，都浸透着越来越多的知识要素。如，罗默的"知识和技术研发"、卢卡斯的"技术进步和知识积累"、舒马赫的"教育与人的无穷尽需要"以及对知识经济中的"可言传的知识"和"不可言传的知识"的作用等。舒尔茨的"人力资本"理论指出，提高人们福利的"决定性生产要素不是空间、能源和耕地，决定性要素是人口质量的改善和知识的增进"。② 这里的"人口质量和知识增进"包括劳动力资源、组织资源、社会资源和知识资源等的发展。这些观点，强调了客观存在物转化为资源，资源的高效开发利用，都需要人类运用自身的认知能力（包括知识）。

包含知识要素不等于以知识要素为主。一旦以知识资源为主而形成的经济结构，将会呈现出：一是依靠技术创新、知识创新、管理创新来推动经济

---

① 马克思，恩格斯. 马克思恩格斯全集：第 42 卷［M］. 北京：人民出版社，1979：128.

② ［美］西奥多·W. 舒尔茨. 论人力资本投资［M］. 吴珠华，等译. 北京：商务印书馆，2017：10.

发展①；二是技术密集型的、市场导向型的、内需驱动型的、消费驱动型的、内涵集约型的企业态势；三是"活劳动"在经济活动中呈主导地位。具体而言，以人为主的资源配置方式，凸显的是人的技术，是不以牺牲人的生存和发展条件为前提，而是为了人更好地发展。人们在经济活动的过程中，充分运用人类自身资源优势，使得自然资源低投入、低消耗、高产出，在生产出满足人们需要的物质财富的同时，还生成更多资源，使生态系统维系着自身的平衡与稳定。这是因为，人既是自然的、肉体的、感性的、对象性的存在物，也是有生命力的能动的自然存在物。人自身不仅是生成的，而且其生存需要的资源也是生成的，是人把客观存在物变成满足自身需要的资源。从人的生存与发展视角看，社会追求的使用价值，"在一个经济的社会形态中占优势的不是产品的交换价值，而是产品的使用价值，剩余劳动就受到或大或小的需求范围的限制，而生产本身的性质就不会造成对剩余劳动的无限制的需求"②。社会主义生产的目的是，满足人民日益增长的物质文化需要——社会劳动生产率提高，实际工资上升，使经济发展进入良性循环。

经济发展有一个合理的经济结构，或者说，在合理经济结构基础上才能有一个健康的经济发展。要推进经济的可持续发展，使第一、二、三产业之间形成合理的比例：要使第一产业创造的 GDP 不到 10%，第二产业的 GDP 也不到 10%，第三产业达 80% 以上——第三产业不仅更能体现人的自身的能量（教育，卫生、社会保障和社会福利业，文化、体育和娱乐业，以及居民服务和其他服务业，公共管理和社会组织，国际组织等行业），而且能更少消耗自然资源。

从宏观层面，是在全社会范围内合理分配劳动力，逐步实现充分就业；在微观领域，是在各个企业、事业单位实现劳动力资源和物质资源的有效结

---

① 在这里，需要澄清一组概念：经济发展与经济增长。经济增长主要指 GDP 数量的增加，而至于这个增加的数量是怎么来的，用来干什么，则不是重点。而经济发展，不仅要考虑社会财富的增加，还要考虑其是怎么增加的，为什么要增加等，强调为人的发展服务。

② 马克思.资本论：第1卷［M］.北京：人民出版社，2004：272.

合，以取得较高的劳动效率和经济效益。在挪威发展经济学家埃里克·S.赖纳特看来，理想的经济发展模式应该是一种三者并存的模式：更高的实际工资带来更高的需求、更大的市场规模，从而有利于发展规模经济与范围经济，有利于实现更高的投资和更高的利润，同时人力成本的上升会倒逼出"节约劳动"型的技术创新。①

在一定的制度安排和可行的科技条件下，企业就会不断拓展盈利空间。在生产过程中，能量和资源要减量化，用得越少越好。然后，在生产过程中，要形成再循环，如回收生产过程所排放的废气中包含的热量。此外，生产系统和消费系统中产生的一些废弃物，也可以再利用。如利用废玻璃生产新玻璃，或者将其清洁后再使用，实现再利用，这样就把废弃物降低到最少。"所谓的废料，几乎在每一种产业中都起着重要的作用""因为每种物都具有多种属性，从而有各种不同的用途，所以同一产品能够成为很不相同的劳动过程的原料……在同一劳动过程中，同一产品既可以充当劳动资料，又能充当原料""一种已经完成可供消费的产品，也能重新成为另一种产品的原料，或者劳动使自己的产品具有只能再作原料使用的形式，这样的原料叫半成品，也许叫作中间成品更合适些，例如棉花、线、纱，等等"。② 换言之，"废料"作为自然资源，对于一种用途或目的来说没有价值，但在另一种用途或目的中却具有较高的价值或必不可少的价值，具有可被再利用的属性，事实上任何物品如果不加利用，它都可能成为事实上的废物——"机器不在劳动过程中服务就没有用。不仅如此，它还会由于自然界物质变换的破坏作用而解体。铁会生锈，木会腐朽。纱布用来织或编会成为废棉"；而所谓利用，就是通过"活的劳动"，使"它们由死复生，使它们从仅仅是可能的使用价值变为现实的和起作用的使用价值"。③

---

① 贾根良，杨威. 战略性新兴产业与美国经济的崛起：19世纪下半叶美国钢铁业发展的历史经验及对我国的启示［J］. 经济理论与经济管理，2012（1）.

② 马克思. 资本论：第3卷［M］. 北京：人民出版社，2004：116.

③ 马克思. 资本论：第1卷［M］. 北京：人民出版社，2004：214.

　　人在利用自然资源的过程中，做到对自然资源的适度采用，应使生产废料再转化为新的生产要素，通过这个过程，使这些废料本身重新成为商业的对象，从而成为新的生产要素。一是"在制造机车时，每天都有成车皮的铁屑剩下。把铁屑收集起来，再卖给（或赊给）那个向机车制造厂主提供主要原料的制铁厂主。制铁厂主把这些铁屑重新制成块状，在它们上面加进新的劳动。他以这种形式把铁屑送回机车制造厂主手里，这些铁屑便成为产品价值中补偿原料的部分。就这样这些铁屑往返于这两个工厂之间，这当然不会是同一些铁屑，但总是一定量的铁屑"①；二是"进入直接消费的产品，在离开消费本身时重新成为生产的原料，如自然过程中的肥料等，用废布造纸等等""产品的废料，例如飞花等，可当作肥料归还给土地，或者可当作原料用于其他生产部门，例如破碎麻布可用来造纸"。② 企业以产品为中心的制造业向服务增值延伸——附加值更多体现在设计和销售环节。

　　国家倡导、企业积极开展资源综合利用，通过各工艺之间的物料能量循环，促进企业上、下游原料与产品的生态链接，推进对次级、末端资源的开发利用及与外部企业的循环交流与使用，引导上下端企业对资源的利用开发，形成多元化的循环经济产业链。如江西省宜春市铜鼓县江西友林能源科技有限公司形成了以农林废弃物为原料的生物质能源综合利用技术体系，在烧炭生产过程中，实现无废弃物排放，对原材料循环利用——大量竹屑、木屑、秸秆等物回收利用，"榨"出高密度炭、木醋液、木焦油等多款新型能源产品——1吨干燥的竹屑、竹蔸，经过粉碎、烘干、成型、炭化等工艺，可以生产出可燃气220立方米、高密度炭330公斤、醋酸260公斤、焦油50公斤，总产值1855元。③ 丰城泰山石膏江西有限公司，专门设厂在"一根烟

---

① 马克思，恩格斯. 马克思恩格斯全集：第26卷［M］. 北京：人民出版社，1972：138.
② 马克思，恩格斯. 马克思恩格斯全集：第26卷［M］. 北京：人民出版社，1972：239.
③ 晓鸣，邱桀. "吃"进农林废弃物"榨"出新能源产品［N］. 宜春日报，2014 - 12 - 31.

囵”的火电厂旁，一年“吃”进附近电厂 30 万吨废渣，加工生产成新型环保建材——纸面石膏板，成了“废渣消耗站”。此外，发展环保技术，包括清洁生产技术、污染治理技术和生态技术，通过绿色技术一方面将生产过程对生态环境的破坏降到最小化；另一方面提供绿色消费品，关注生产对自然资源的消耗和对环境的影响。① 在青海德令哈循环经济工业园，经检测盐含量超过 50% 的“蒸氨废液”，在“吃干榨尽”中“变废为宝”，走一条以资源综合利用和新兴产业融合为核心的循环经济之路，从单一的资源型工业经济到两大国家级循环经济试验区崛起，从传统产业长期亏损到十大特色优势产业的竞争力不断增强，青海工业“量”和“质”都发生了根本性转变。贵州设立生态红线，把住“绿色门槛”，走一条推进传统产业生态化、特色产业规模化、新兴产业高端化的产业发展路子。②

　　总而言之，当人类知识在社会生产生活中起主要作用，且人效法自然的时候，一种不同于以往的新资源开发利用方式——人调整乃至改变自身的生产和生活方式，推动资源高效开发利用——初露端倪。从总体上看，有限的自然资源要满足人们无限的需求，有赖于人们认知能力的开发利用。具体而言，可再生的自然资源，如太阳能、森林资源、海洋生物资源、土地资源、空气资源、农作物以及各种野生动植物等，需要人们遵循其生成规律；不可再生资源，如能源资源（在使用过程中不可逆且不能回收利用，如煤、石油等）和矿产资源（产品的效用丧失后大部分物质尚可回收利用，如可以直接利用旧产品的零部件等）需要人们遵循能量守恒和转化定律、熵定律等。简言之，开发利用生态系统中的各种资源，都必须遵循系统运动法则。否则，自然界成为影响人的生存与发展的因素而不是资源的源泉。

---

① 刘诚，卢彪. 马克思主义生态视野中的消费观及其当代价值［J］. 社会科学，2013（2）.
② 莫艳萍. 绿水青山就是金山银山［N］. 广西日报，2015 - 07 - 20.

二、资源生成与建设生态文明的路径

资源生成与生态文明建设是一个问题的两个方面。资源生成是指人们在实践中把客观事物转换成自己需要的内容。生态文明建设是要求人们利用好资源，使之适得其所，改变生态环境日渐恶化——资源使用价值没有得其所得。人们根据能量守恒定律，热力学第一、第二定律以及生态学的有关原理，在实践探索的基础上，提出绿色发展路径。正如习近平所指出的："加快经济发展方式转变……是积极应对气候变化，实现绿色发展……的重要前提。"① 绿色发展是建立在生态环境容量和资源承载力的约束条件下，将环境资源作为社会经济发展的内在要素，把经济活动过程和结果的"绿色化""生态化"作为绿色发展的主要内容和途径，实现经济、社会和环境的可持续发展的目标。绿色经济发展有多种途径，如循环经济、低碳经济、生态经济等。

（一）发展循环经济，着眼于对生态系统"少取少予"

循环经济，是按照自然生态系统物质循环和能量流动规律，以"减量化、再利用、资源化"为原则，把经济活动组成一个"资源—产品—再生资源"的反馈式流程，维护自然生态平衡的一种新形态的经济。摆脱传统发展模式的路径依赖，彻底摒弃传统发展模式中一味地追逐 GDP 的高速增长，忽视资源、生态环境保护的做法，转变经济发展方式，推动资源利用方式的实质性转变和调整，即调整和转变传统的简单粗放型资源配置方式，牢固树立资源绿色化利用的观念，走绿色协调可持续发展之路。

发展循环经济可以促进资源节约和生态环境保护，这恰好内在地契合了绿色发展的理念精神。换言之，发展循环经济在实现绿色发展的过程中发挥着不可替代的作用。习近平在中央政治局第六次集体学习时着重强调："要

---

① 习近平. 携手推进亚洲绿色发展和可持续发展 [N]. 人民日报, 2010 - 04 - 11.

大力发展循环经济，促进生产、流通、消费过程的减量化、再利用、资源化。"① 特别是鉴于厂矿企业是发展经济的庞大群体，发展绿色产业，推进绿色发展，是各企业主体责无旁贷的时代使命。2013 年，习近平在武汉考察企业时指出："变废为宝、循环利用是朝阳产业……你们要再接再厉。"② "经济方式的转变必将孕育新产业的发展。眺望未来，调整经济发展方式，谋求建立循环型经济社会，实现'绿色富国'，将成为我国经济可持续发展的必然选择。"③ 换而言之，"加快推动生产方式绿色化，构建科技含量高、资源消耗低、环境污染少的产业结构和生产方式，大幅提高经济绿色化程度，加快发展绿色产业"④，是有效破解"黑色发展"困境和实现"绿色发展"跃迁的重要前提和关键环节。

1. 优化经济结构，着眼于供需平衡，提高资源的综合使用效益

现代经济理论表明，在同等条件下，经济增长的部分大约 30% 源于科学技术的发展，而 70% 来自经济结构调整。

经济结构是一个系统，其要素包括所有制结构、产业结构、分配结构、交换结构、消费结构、技术结构、劳动力结构等，各个要素之间互相关联、互相结合，有着数量对比关系。一个合理的经济结构，能充分发挥经济优势：合理有效地利用人类资源和自然资源，既有利于促进近期的经济增长，又有利于长远的经济发展（保证国民经济各部门协调发展），取得最大经济效果和最大限度地满足人民需要。

优化产业布局乃至经济结构，促进资源配置，关键是做好两方面工作。根据历史唯物主义的基本观点——生产力决定生产关系，生产关系具有反作

---

① 坚持节约资源和保护环境基本国策 努力走向社会主义生态文明新时代 [N]. 人民日报，2013 – 05 – 25.
② 习近平."变废为宝"是艺术 [EB/OL]. 新华网，2013 – 07 – 22.
③ 习近平绿色发展三大思路：绿色惠民、绿色富国、绿色承诺 [EB/OL]. 新华网，2016 – 01 – 10.
④ 梁勇，龚剑飞. 绿色化：开拓生态文明建设新路径 [N]. 光明日报，2015 – 11 – 07.

用，以及科学技术是生产力的重要组成部分：一是积极发展科学技术，不仅做到低投入、高产出，而且要做到低排放；二是努力推进制度建设，不仅为技术的提升提供足够的动力，还要及时调整人们之间的利益关系，创造以人自身资源为主导的经济发展动力的经济社会环境。在一定意义上，制度高于技术，虽然制度产生于生产力的需要并积极维护生产力发展的需要，但可以积极推动或消极对抗技术生产力发展的需求。

产业结构优化，主要遵循产业结构演化规律，把人类自身资源的培育与利用放在主要位置，通过技术进步，政府的有关产业政策调整供给结构和需求结构，促进各产业内部保持符合产业发展规律和内在联系的比率，实现资源优化配置，使产业结构整体素质和效率向更高层次不断演进，使各产业发展与整个国民经济发展相适应。简言之，产业结构优化就是使用越来越少的自然资源，达到获得越来越大的经济效益的目的。

由新技术、新知识、新成果所转化的新兴产业，对传统产业进行改造和提升。现代技术改造钢铁行业，形成了新材料产业；应用信息技术改造提升传统产业，提高机械、钢铁、轻工、汽车、石化、能源、电信、金融等行业在生产和服务各个环节的自动化、智能化和现代化管理水平，推进传统产业升级。电力电子、汽车电子、医疗电子、生物芯片、工业电子、金融电子等新兴领域发展；信息通信、先进装备制造、新材料、新能源及节能环保、生物医药、高端生产型服务业等战略性新兴产业出现。新技术改造传统商业，发展成了现在的物流产业。煤制气技术、生物质能源、风能和太阳能关键技术的攻关、节水农业等发展，都会产生许多企业，形成新的行业。为此，推动技术原始创新、集成创新和引进吸收再创新等引领第二产业转型升级——解决产能过剩、核心技术缺乏、产品附加值低的问题，解决低水平重复建设和地区产业结构趋同的问题。在某种意义上，人类自身资源在经济发展中的作用，主要看第三产业在整个国民经济中的比重，而且许多企业横跨第二、三产业。

新兴产业是由新技术产业化形成的产业。在产业层面，根据产业发展需求，设立覆盖新能源、节能环保、生物医药、新材料等新兴产业；在公共资源层面，构建出 LED 产业集群的技术体系——产业链、原材料配套产业链和设备配套产业链连接，形成产业技术创新协同攻关的组织管理模式。① 积极发展面向生产的服务业——综合物流、信息服务、现代金融等产业，发展面向民生的服务业——特色旅游、中介咨询、家政服务等产业，发展面向农村的服务业——科技、信息、流通服务等，不断繁荣农村经济，提高农民生活质量，加快构架充满活力、特色鲜明、布局合理、优势互补的现代服务业体系。实现清洁生产和生产工艺再造，主攻光电产业、新材料和现代服务业。

2. 通过构筑资源利用产业链，促进经济社会的发展

通过延长产业链、回收和循环利用各种废旧资源，减少污染物排放、提高经济效益。

生产和消费构成经济活动的两极。生产一极需淘汰落后产能、压缩过剩生产能力，推进传统产业技术改造，发展现代农业与服务业，支持节能环保、新能源、新材料、新医药、生物、信息等战略性新兴产业的发展，通过这些促进经济结构不断优化、升级；消费一极需提高消费对经济发展的贡献，积极开拓国内市场，改善农村居民的生活状况等。

发展循环经济只不过使物质的多重属性得到发现和开发。垃圾本身就是资源，只不过是因为放错地方而已，现如今把垃圾放对了位置，就是再资源化。一般地，先把垃圾分类，再将不同类别的垃圾利用起来。垃圾回收利用可分为直接的回收利用和间接的回收利用，前者将废纸、废金属、废塑料等有机物返回土地，变成肥料，尽可能少产生垃圾，后者将剩下的垃圾运送至二次处理中心。二次处理中心将垃圾再分为可燃物和不可燃物。不可燃烧物被运送至水泥厂，利用水泥窑进行协同处置，实现了垃圾处置的资源化、无害化。水泥厂将垃圾作为水泥生产的原料、燃料，可减少资源的消耗量。除了实现资源的有效利用，水泥窑协同处置垃圾还能减少对环境的危害。因

---

① 李兴华. 开创新兴产业新局面［N］. 科技日报，2010 - 02 - 05.

此，将垃圾的可燃物加入分解炉可保证有机物的完全燃烧和彻底分解，杜绝了二噁英的产生条件。

对于可燃物，一般的处理方式就是将其送往发电厂焚烧处理。垃圾发电是采用流化焚烧发电技术，对城市生活垃圾进行无害化处理和资源化利用。每燃烧 2.2 吨轻质可燃物，平均可代替 1 吨实物煤。垃圾渗出的污水可在炉内燃烧处理，燃烧产生的气体与灰，通过布袋除尘装置回收，进行无害化处理。灰用来作为生产砖的原料，也可以做水泥厂的原料，还可以填沟造田。最后，经过焚烧处理后的一些渣子，就要进行填埋处理，可以实现垃圾无害化处理，这是减量化、资源化和无害化。在当下，许多发达国家发展蓝色垃圾焚烧厂（温度场成像与自动燃烧控制相结合的智能燃烧控制系统），体现健康化、娱乐化、共生理念，主要污染物排放标准严格，污染排放指标公众可实时查询，且污水零排放；焚烧厂同时也能成为公园或娱乐场，焚烧厂周边可以建造公园、滑雪场等娱乐场所，让公众来游玩，在娱乐中对焚烧厂有更好的认识。

发展循环经济，理论上可行但在实践中并不容易，技术只是一个必要条件；更需要国家政策和法律法规、资金、管理和监督，以及企业的经济效益的支撑。换言之，发展循环经济，需要国家的财政倾斜和信贷投资，加大城镇生活污水、生活垃圾及工业废弃物等环境设施建设投入力度；需要建立健全市场主体的责、权、利相统一的政策和法律法规——资源有偿使用制度和生态补偿制度、自然资源的资产化管理制度，按照"污染者负责、开发者保护"的原则处理问题；更为重要的是，要创造市场主体有盈利的空间，调动其发展循环经济、环保创业的积极性。

简言之，只有经济结构（尤其是供需结构、产业结构、城乡结构）合理，才有可能使得资源在经济活动的各组成部分、各个环节有机连接和相加、分解和分化，生成使用价值链。

（二）发展低碳经济，着眼于尽可能减少二氧化碳排放

由于化石能源的大量使用等原因，地球上的碳排放不断增加，累积到现

在，空气中的二氧化碳含量剧增，地球出现土地沙化、水源枯竭、空气污染、物种减少等严重问题，并出现严重的生态问题，如雾霾、酸雨、全球气候变暖的趋势等，使地球的自然生产力出现了走向衰竭的危险。为了摆脱这一问题，人们提出了一种针对减少碳排放的经济增长道路，即低碳经济。走低碳经济发展道路，就是充分利用大自然送给人类的各种能源利息。

低碳经济，是一种能源高效利用，达到经济社会发展与生态环境保护双赢的经济发展形态。能源高效利用，一是可再生能源，如水能、风能、生物质能源等清洁能源开发利用；二是通过技术创新、产业转型，发展低碳技术，尽可能地减少煤炭、石油等能源消耗，减少废弃物排放和温室气体排放。低碳能源系统是指通过发展风能、太阳能、生物质能等清洁能源，替代煤等化石能源以减少二氧化碳排放。因此，清洁能源对环境无害或危害极小，而且资源分布广泛，适宜就地开发利用。发展风电、太阳能等新能源产业，组织实施太阳能光热发电与建筑一体化、太阳能绿色照明等新能源项目，进一步延伸产业链条，带动相关产业发展，通过大规模的新能源综合开发促进能源结构、产业结构调整。

发展低碳经济是一场涉及生产方式、生活方式、价值观念、人类命运的全球性的变革。低碳经济是从化石燃料为特征的工业文明转向生态经济文明的跨越。正如杰里米·里夫金所说，"每一个伟大的经济时代都是以新型能源机制的引入为标志"。① 18 世纪后半叶，英国率先利用煤炭取代薪柴成为主要燃料，建立近代工业体系。19 世纪末到 20 世纪初，石油取代煤炭成为主导能源，催生了汽车时代，电力被发明并得到广泛应用。经济增长不一定要用化石能源消耗来实现，完全可以通过大规模使用可再生能源，维护生态平衡而实现。

积极推进新能源开发利用——大力开发水电，积极开发和利用生物质能、太阳能、风能、地热能、光伏发电等可再生能源和清洁能源。光伏在发

---

① ［美］杰里米·里夫金. 第三次工业革命：新经济模式如何改变世界［M］. 张体伟，孙豫宁，译. 北京：中信出版社，2012：217.

电过程无燃料、无须水、无噪声、无排放、性能稳定寿命长，运维简单，使用可靠，闭环生产和物料循环完全可以做到清洁生产。生物质能包括自然界可用作能源用途的各种植物、人畜排泄物以及城乡有机废物转化成的能源。在传统能源日渐枯竭的背景下，生物质能源被誉为继煤炭、石油、天然气之外的"第四大能源"。

推进新能源材料、新能源装备、新能源技术研发并形成产业。自钻木取火以来，木头成了人类最主要的能量来源。木柴热值高，易于运输和储存，是早期人类最喜欢的能源载体。化石能源（煤炭、石油和天然气）用了近100年才打败了生物质能源，主宰了人类的能源市场。自然界中年生成量最高的有机碳分子不是淀粉，而是纤维素。纤维素很像钢筋，负责支撑植物的身体。生物质能最好的利用方式是做成液体燃料，代替汽油。

培育以低碳技术产业为主体的产业集群，降低低碳产业生产成本，缩短传统高碳产业。发展传统生态农业以及生物多样性农业、带有民族风情的手工业、民族文化以及自然风光的生态旅游，等等。从制度上规范人们的"低碳生活"——日常生活中注意节电、节水、节油、节气、有效利用新能源等；作息时所耗用的能量要尽力减少，从而养成低碳的生活方式，化竞争为互助，实现人与人之间的和谐。

（三）发展生态经济，着眼于资源的使用价值链

生态经济，也可称绿色经济，运用生态学原理和系统工程方法改变生产和消费方式，在生态系统承载能力范围内，挖掘一切可以利用的资源潜力，以实现自然生态与人类生态的高度统一和可持续发展的现代经济体系。① 这一经济形式根源于通过能量和物质的交换与生物群落生存的环境不可分割地相互联系相互作用而共同形成的整体，充分利用生态系统涨落的空间，运用生态学原理和系统方法，挖掘生态系统中一切可以利用的产业潜力而加以发

---

① 周芳，邹冬生. 生态经济核心概念与基本理念、运行规则刍议 [J]. 湖南农业大学学报（社会科学版），2016（2）.

展。这种经济模式是非线性经济，其模式是"原料—产品—剩余物—产品"，建立在这种生产流程和技术基础上的经济不会构成对环境的破坏。

生态经济不妨碍生态系统的完整性和多样性的原则，而是从自然界里索取满足生存与发展的基本需要的东西即可，既包括生活标准的提高，还包括环境质量和自我实现等多层次、需要的满足——通过租与借的形式向消费者提供服务的服务经济替代产品经济。这种消费方式可以激励生产者和消费者真正做到"物尽其用"。

生态经济有生态农业与工业园区模式。生态农业遵循生态学法则，利用可再生资源——阳光以及土壤中的有机物质、人畜的排泄物、人生产和生活中的废弃物等进行的生产。这些废弃物可很快融于土地之中，取之于自然，还之于自然。实际上，生态农业就是以生态、循环、绿色、安全为特征的产业形态的农业循环经济。20世纪60年代，欧洲许多农场转向生态耕作。20世纪70年代后，德国、英国等西欧发达国家积极开展有机农业运动。20世纪90年代以来，部分发达国家建立了相关法规体系。

生态农业充分发挥不同地区的多种优势，促进多样化发展。在实践中，广义的农产品的种植、养殖、加工，作为一个整体，将一定范围内所经营的农、林、牧、副、渔各业和产、供、销各个环节作为一个整体，从而将整个农村地区的各项产业发展带动起来。例如，合理调整和安排各类生物种群的时间和空间分布结构，利用生物之间的互补互利关系，如开展棉、麦、绿肥间作，粮、豆间作，稻田养鱼、养鸭，稻、萍、鱼结合，等等，提高农业生产效率。还有，在传统农业的生产食物链中引入新的生物环节，多极循环生产农产品，如"桑基鱼塘""蔗基鱼塘"和"粮—猪—鱼"模式等。

农业产业化具有以下特征：一是主要适用于经济作物、养殖业——特色、优势产品；二是延伸了农业产业链，发展加工业；三是引入龙头企业；四是可以解决部分农村剩余劳动力的就业问题。这一发展模式有助于增强农民市场主体性——农户由分散生产走向合作社生产，并扶持农民生产合作社和集体经济组织建设"粮食银行"制度和农产品仓储体系；加强"一乡一品""一社一品""一村一品"建设，扩大农民定价权；扶持一大批农民生产合作社和城市社区消费合作社形成产销联盟。以生物工程技术、新能源技术和信息技术等技术革命成果的组合为特征的技术形态与技术特征，就其以新型生产力与新型生产关系的结合（农业工人与农业企业家、农场主）为特征的社会形态与社会特征，将使农村社会状况发生深刻变化，使农村发展活力得到显著增强。

浙江省安吉县天荒坪镇的余村是"绿水青山就是金山银山"科学论断的发源地。安吉气净水净土净，是全国首个生态县，全国第一竹乡，全国首个"美丽乡村"，安吉人逐渐领略到一种全新的经济发展境界——绿水青山就是金山银山。108 万亩竹海，每年直接给农民带来 11 亿元收入。生态工业：每根竹子"吃干榨净"，竹制品有吃喝穿用 3000 多个品种，竹制品加工年产值150 亿元。生态旅游：160 多个"美丽乡村"精品村，一村一韵，一村一景，每年盛夏，农家乐住宿一铺难求。

由于农业的特殊性，发展生态农业需要国家的扶持。在德国，政府建立和实行多种农业生态补偿方式，包括财政转移支付、直接支付、限额交易支付和直接交易支付等。通过项目对向生态农业体系转型的农场主提供资金支持，并多与相应环保措施挂钩。它与传统的"设计—生产—使用—废弃"生产方式不同，综合地运用了工业生态学和循环经济理论，遵循的是"回收—再利用—设计—生产"的循环经济模式，使人们在各种社会经济活动中所耗费的活劳动和物化劳动获得较大的经济成果的同时，从源头上将污染物排放量减至最低，保持生态系统的动态平衡。生态工业园将制造业、加工业等传统产业纳入生态工业链体系，通过现代技术与企业合作，打造工业加工、科技产品制造区能量多层循环利用、经济效益与生态效益双赢的共生体系，有利于提高欠发达地区可持续发展水平，以及合理规划全球工业产能良性转移。

在本质和目的上，循环经济、低碳经济与生态经济是一致的，都是为了更好地实现资源的优化配置，推进人类的可持续发展。这在于，循环经济发端于生态经济，从生产延伸到消费领域，进而达到全过程管理实现资源的高效率利用。

（四）城乡融合发展中的资源高效利用

城乡融合发展是要实现城乡要素配置的合理化，以解决教育、医疗、交通、供水、供电、环境等农村与城市发展的差距问题。把工业与农业、城镇居民与农村村民作为一个整体，统筹谋划、综合研究，促进人口、技术、资本、资源等各类生产要素在城乡之间双向自由流动。实现城乡在政策上的平等、产业发展上的互补、国民待遇上的一致，让农民享受到与城镇居民同样的文明和实惠，使整个城乡经济社会全面、协调、可持续发展。也就是说，城乡融合发展就是要实现城乡等值化——经济发展、政治进步、文化提升、生态良好与公平享受全面公共服务——实现全面小康，达到共同富裕。简言之，整合城乡资源，实现城乡经济社会共同繁荣，进行城乡融合发展，实现其理想状态———一座田园城市。

农村有一种重要的资源——农业废弃物（秸秆等）、林业废弃物（枯枝、藤条、锯末等）、动物粪便，以及不适宜种植农作物的盐碱地、荒地等劣质地和气候干旱地区以及边际土地上的植物等，统称为生物质能源。目前，这些资源或多或少已被认识和利用，如直接燃烧、制成沼气和生物乙醇等，但由于认识不到位或技术跟不上，这些资源并没有全部得到有效利用，造成了极大的浪费。以秸秆资源化为例，若秸秆能得到充分利用，就能够带来可观的经济和生态效益。其一，据专家测算，每生产 1 吨玉米可产 2 吨秸秆，每生产 1 吨稻谷和小麦可产 1 吨秸秆，并且 1 吨普通的秸秆营养价值平均与 0.25 吨粮食的营养价值相当，并含有一定量的钙、磷、钾等矿物质；其二，秸秆还田（沼气渣、根茬等）不仅调节耕层水、肥、气、热，增强各种微生物的活性，还能提供丰富的养分，减少除草剂的使用，等等，使得平均每亩增产幅度在 10% 以上；其三，秸秆还可用于培育食用菌的培养基、造纸、制作板材等。更为重要的是，秸秆是一种人类利用最早、最直接而且是重要的能源，能够替代石油、煤、林木等。经测算，秸秆发电与同样中等规模烧煤的火电厂相比，一年可节约标准煤 7.5 万吨，减少二氧化硫排放量 635 吨、烟尘排放量 400 吨，燃烧后的秸秆灰还可加工成复合肥实现再利用。由于秸秆在生产过程中要消耗二氧化碳，正好抵消其燃烧过程中产生的二氧化碳，基本可以认为秸秆发电是二氧化碳零排放。再看甘蔗这种作物，提取了糖分以后的甘蔗渣也可制成人造板、制浆造纸或包装材料以及制备木糖、木糖醇、糠醛、活性炭、膳食纤维等许多高附加值产品等，还可用于开发乙醇、生物柴油等可再生燃料。畜禽粪便及其废水含有很多的有机物。若经沼气池发酵后，一是可提取沼气，减少农村化石能源的使用；二是经处理后的水可用于农业灌溉；三是残渣用作土壤改良剂，不仅可减少农药化肥的使用量，而且农产品一般也可增产 10% ~30% 。因而，通过沼气工程可建立以养殖业为中心，集农业、林业、渔业、加工业为一体的生态农业系统，达到系统内部物质和能量的循环利用。在不适宜农作物生长的地方，可种植草本植物作为生物质原料。如种植 1500 公顷的草本植物，相当于增加 1500 万公顷的森林碳汇，可固定 1.1 亿吨二氧化碳；每年生产 2000 万吨生物燃料，可发出 500 亿度电，节约能源 0.16 亿吨标准煤，减少二氧化碳排放 0.33 多亿吨。这些生物质能源的利用，不仅可以缓解化石能源短缺，更能通过生物质能源的利用而减少二氧化碳排放，减少碳氢化物、氮等。

　　城乡融合发展，根据农产品、生物质能源与经济、社会、环境的关联性，不仅能促进资源在农村内部实现循环，也能推动资源在城乡之间循环。但这需要在工业反哺农业、城市支持农村的大背景下，来吸收城市的资金和技术，调动乡村居民的积极性和创造性，以促进各项资源的综合利用效率的提高，具体包括：一是在农村土地所有权不变的基础上，使农村土地资源使用权相对集中，实现适度规模，通过租赁经营、承包经营等形式（以农民自愿、自主为前提，经济、社会、政治稳定为基础），为专业化生产、机械化耕作和富余劳动力向非农部门转移创造条件。政府虽通过免征农业税、粮食生产直补、良种补贴、购置农机具补贴、林业牧业和抗旱节水机械设备补贴、九年义务教育免学杂费及推进农村新型合作医疗、养老保险等措施使农村居民增收节支，但在输血的基础上还要营造造血功能，增加农村居民创造财富的机会。例如，农民承包山地后，在林地里养鸡、种中药材、种蘑菇等，还可以通过林地抵押、树木抵押，甚至宅基地和住房抵押的方式，获得贷款，为进一步发展积累资金。

习近平指出："要把工业和农业、城市和乡村作为一个整体统筹谋划，促进城乡在规划布局、要素配置、产业发展、公共服务、生态保护等方面相互融合和共同发展""努力在统筹城乡关系上取得重大突破，特别是要在破解城乡二元结构、推进城乡要素平等交换和公共资源均衡配置上取得重大突破，给农村发展注入新的动力，让广大农民平等参与改革发展进程、共同享受改革发展成果"。① 也就是说，城乡居民基本权益均等化是实现城乡融合发展的前提。实现城乡要素配置的合理化，关键是要建立城乡双向流动的要素市场。

城乡融合发展，就是要建立起城市带动农村经济全面发展，共同构成区域性、网络状的复合社会系统，使系统内的城镇与乡村互相吸取先进因素，优势互补，促进乡村经济与城市经济协同发展，谋求缩小城乡居民收入差距，消灭城乡对立，缩小城乡社会差别，为乡村居民提供大致均等化的公共服务。城乡融合发展不等于城乡同构，城乡之间还是有差别的。这个差别体现在特色上、产业布局上。一般地，每个乡村都有自己的特色。依托乡镇独特的文化、自然资源，通过科技提升和市场运作，提供具有区域特点的文化产品和服务——把乡村活动、生态经济和产业发展有机结合，把乡村文明培育与文化传承有机结合，给老百姓提供更多的就业机会。也就是说，不论是城市还是乡村，都应因地制宜，立足自己的特色。乡村利用丰富的资源，包括生物质能源、劳动力、食品等与城市的人才、技术、资金等实现资源在城乡之间的有效配置与流动，发挥农民自身的积极性和创造性。

通过以工促农，以城带乡，促进城乡要素平等交换、公共资源均衡配置和

---

① 习近平. 健全城乡发展一体化体制机制 让广大农民共享改革发展成果［EB/OL］. 新华网，2015 – 05 – 01.

基本公共服务均等化，实现城乡融合共同发展，推动形成绿色、循环、低碳的生产生活方式和城镇建设运营模式。这是一个复杂的社会系统工程。要做到这些，需要建立城乡融合发展的体制机制推动全社会共同参与和努力——城乡规划、基础设施、公共服务、要素市场、社会管理。换言之，加快城乡之间土地、资金、人员等要素的流动和优化配置，推动基本公共服务的均等化。

根据城市和乡村的特点，城乡发展融合，在当前最突出的产业是旅游业。旅游业既是全域产业、综合产业，也是共享经济，能够促进绿色发展，消耗最少的自然资源。城市旅游和乡村旅游，不仅能够带动城市和农村的消费，更能促进人们观念的更新，尤其是对农民的生产与经营方式的转变也会起到一定的促进作用。如果能做到因地制宜，旅游与文化、农业等各个方面深度融合，农家乐这一模式成为农民增收的重要方式。进而，发掘贫困地区的旅游资源，让贫困地区的人们在与游客交往中改变生产理念和文化观念；也让游客体会到贫困地区人们生产生活的艰辛，或发现商机，从而使资本、技术、人才流向这些地区，催生发展的动力。

总之，生态文明建设推动着人同自然界物质和能量的循环，维系着自然生态系统的平衡，既有助于当代人在利用自然资源和享受清洁、良好的环境等方面享有平等权利的代内公平，也促进下一代人在开发、利用自然资源方面享有平等权利的代际公平，由此保障的人的自由、全面、和谐的可持续发展。

把城市和农村的经济社会发展作为一个有机整体来考虑，城市基础设施向农村延伸、公共服务向农村覆盖，构建和谐共生的城乡关系，全面提升自然生态系统稳定性和生态服务功能。乡村振兴产业发展专项行动，计划实施乡村一、二、三产业融合，工业、旅游、健康、生态经济等产业发展；计划实施乡村"路、水、电、气、网、园"等基础设施建设。公共服务能力提升专项行动，计划实施乡村教育、卫生、文化、体育、就业、服务等公共服务设施建设。

城乡融合发展，是基本公共服务均等化的要求，是实现共同富裕的要求，是社会主义本质的内在要求。生态文明高于工业文明的地方，也就在于城乡共同发展。也就是说，推进生态文明建设，不是为了生态而生态，而是使更多的人在更高的生活水平上保持生态的稳定。世界发达国家的城乡关系经历了城乡分隔、城乡联系、城乡融合阶段，具体而言，当城市化水平低于30%时，城市文明基本在"围城"里，农村远离城市文明；当城市化水平超过30%时，城市文明开始向农村渗透和传播，城市文明普及率呈加速增长趋势；当城市化水平达到50%时，城市文明普及率将达70%；当城市化水平达到70%时，城市文明普及率将达100%，即基本实现了城乡融合发展。①

在中国，2002年11月，党的十六大报告中首次提出，"统筹城乡经济社会发展，建设现代农业，发展农村经济，增加农民收入，是全面建设小康社会的重大任务"。② 由此，开启了解决城乡发展问题的历程。2003年11月，十六届三中全会《中共中央关于完善社会主义市场经济体制若干问题的决定》把统筹城乡发展作为科学发展观的重要组成部分，提出建立有利于逐步改变城乡二元经济结构的体制。2007年10月，党的十七大提出了"建立以工促农、以城带乡长效机制，形成城乡经济社会发展一体化新格局"的新要求。2008年10月，十七届三中全会对统筹城乡发展的制度建设和工作举措提了要求，以加快形成城乡经济社会发展一体化新格局。2010年10月，党的十七届五中全会建议"十二五"规划强调"统筹城乡发展，积极稳妥推进城镇化，加快推进社会主义新农村建设，促进区域良性互动、协调发展"。2012年11月，党的十八大提出，城乡发展一体化是解决"三农"问题的根本途径。2013年11月，党的十八届三中全会提出，必须健全体制机制，形成以工促农、以城带乡、工农互惠的新型工农城乡关系，让广大农民平等参与现代化进程、共同分享现代化成果。

也就是说，历史形成的城乡二元结构，阻碍生产要素在城乡之间的双向

① 邓建胜.华东新闻：城乡一体化不是"一样化"[N].人民日报，2004-09-20.
② 江泽民.全面建设小康社会，开创中国特色社会主义事业新局面：党的十六大报告[EB/OL].人民网，2002-11-18.

自由流动，导致城乡市场壁垒，即城市大量闲置的资金、技术、人才等要素难以进入农村市场，与农村资源由于不能市场化而难以大量吸引投入，从而极大地制约了农业的现代化和农村的发展，从而直接导致城乡差距的不断拉大。要解决这一问题，就必须在坚持政府主导的基础上，充分调动社会资本和农民群众参与建设的积极性，形成政府、社会、农民三方共同合力，促进农产品进城与资本、技术下乡双向流通格局：推动城市资金、人才、技术等生产要素向农村流动，发展城乡现代商贸服务业，拉动城乡消费；促进农业生产向高产、高质、高效转变，发展各类农产品批发市场和农村专业合作社，提升农业产业化水平。

如果能够改变农村一种或多种生产要素数量，通过城里的资本、劳动和科技要素向农村流动，激活农村各种资源（农村土地、房产、人力等），使丰富的农村资源大多实现资本化，即成为流动性资本。这种变化进一步提升了农村生产率。例如，盘活农村闲置房屋、集体建设用地、"四荒地"等释放农村闲余资产和潜在资产，支持发展休闲农业和乡村旅游，为农村地区带来环境收益，促进生态农业产业化发展；扶持农民生产合作社发展，扶持农村生产合作社和城市居民消费合作社联盟，产销直接见面，扩大消费者市场议价能力，保障农业劳动者的收入和其他劳动者的劳动收入基本相当。

"要采取有力措施促进区域协调发展、城乡协调发展，加快欠发达地区发展，积极推进城乡发展一体化和城乡基本公共服务均等化，让良好生态环境成为人民生活质量的增长点，成为展现中国良好形象的发力点。"① 缩小城乡公共事业发展差距，城市基础设施向农村延伸、城市工业向农村转移、现代流通网络向农村对接、城市公共信息向农村共享、城市人才向农村流动、城市社会保障向农村覆盖、各级公共财政向农村倾斜，建立农民就业、征地换城、土地资产股份经营收益、拆迁建新家园、农村新型合作医疗、养老、最低生活、农业政策保险的保障。

---

① 习近平在华东七省市党委主要负责同志座谈会上的讲话［EB/OL］. 人民日报，2015－05－29.

推进农村现代化，首要的是稳定发展农业生产，在确保耕地面积不下降的同时，解决耕地质量问题，以通过增加单产促进总产量提高，这需要加大农田水利、耕地整理、养殖小区、渔政渔港、物流信息、能源交通等农业基础设施建设。在此基础上，根据农村中的特色建筑、地域民俗、乡土文化，建设一村一景的魅力村庄。广西按照现代化的"宜居乡村"定位，将县城区、乡镇集镇、新农村建设统一纳入规划范畴。也就是说，在风貌改造中，遵循乡村自身发展规律，注重体现农村特色、乡土味道、民族风情，保留田园风貌——坚持与当地民风民俗相结合，通过采取政府投入、部门对口支援、结对帮建、社会捐助、群众自筹形式筹集建设资金，改善农村人居环境，形成经济可行的可持续长效机制。

推动农村成立环保合作社，以形成"村民自治、分类处置、合作社运营、政府补贴"的农村生活垃圾收集处理模式。这一模式中政府的职能是，省级专项安排相应的农用地转为建设用地指标，用于建设乡镇、村级污水垃圾处理项目；市、县、镇、村级污水垃圾收集处理项目按行业"打包"投资和运营，实行城乡供排水一体化、厂网一体建设和运营；乡镇、村级污水垃圾处理所需运营经费纳入县财政预算、村民自治组织经济开支及乡村自筹；县级政府是乡镇、村级污水垃圾收集处理项目建设和运营的责任主体。

各类企业履行社会责任，不仅要帮助农民增加收入，更要帮助农民适应市场化的需要，更好地发展农村经济。一是加强与农业相关的经济技术信息网络的建设，为农民、乡镇企业以及其他各类工业企业获取生产、销售、管理、技术等各种相关信息，提高农业生产经营的信息化水平。二是农村经济可采取多元化载体。农民以土地经营权直接入股企业，或者先入股到合作社、合作社再入股企业，也可以是农民以土地经营权、企业和个人以其他要素入股到合作社，等等，探索土地经营权入股后的相关企业、合作社的经营决策机制、利益分配机制、风险防范机制等，以及入股各方权利的平等保障，企业和合作社的财务公开、监督等事项，让农民既分享产业增值收益，又可以降低失去土地经营收入的风险，让资本、土地、劳动、技术等各种要素优化配置，实现一二三产业融合发展。①

　　总而言之，生态文明拥有可持续发展价值观念——良好的生态环境（蓝天白云、绿水青山，清新的空气、清洁的水源、干净的环境）本身就是生产力和核心竞争力。正如习近平同志经常提及的，绿水青山本身就是金山银山，用绿水青山去换金山银山；既要金山银山，也要保住绿水青山。经济以生态经济为主，对资源的开发利用不超过其自身的再生和更新能力；协调创新的可持续的科学和技术，对不可再生资源循环利用，以实现降低资源利用成本、能耗，保护环境目的的资源永续利用，推动经济的可持续发展，保障资源总量的稳定。换言之，常青树就是摇钱树，形成了浑然一体、和谐统一的关系，这一阶段是一种更高的境界。此外，在地理特色、生态环境、民族文化方面，要像尊重生命那样对待乡村生态环境，围绕山、水、树、古迹做生态文章，发展生态经济，使生态乡村千姿百态，各有特色。

---

① 梁敏. 土地经营权入股首批试点揭晓 选定四省市［N］. 上海证券报，2015 – 03 –21.

第二章

基于资源哲学的西部生态建设现状透视

中国西部地区 12 个省、市、自治区，总面积 686 万平方公里，约占全国总面积的 72%；且与蒙古、俄罗斯、越南等 12 个国家接壤，陆地边境线约占全国陆地边境线的 91%，海岸线约占全国海岸线的 1/10；地形条件和气候条件比较特殊，土地资源中平原面积占 42%，盆地面积不到 10%，约有 48% 的土地资源是沙漠、戈壁、石山和海拔 3000 米以上的高寒地区。此外，西部地区有 44 个少数民族，是中国少数民族分布最集中的地区。如何进一步发挥西部资源优势，实现跨越式发展，建成生态文明示范区，与全国同步全面建成小康，还需统筹规划。

第一节　西部生态文明建设的优势

西部除了在自然风光、民俗风情等时空条件下具有建设生态文明的独特优势，在国家的发展布局、推进经济社会发展政策上也具有相当的优势：一是后发优势，发达国家和地区培育和发展战略性新兴产业提供了可借鉴经验及做法；二是我国出台了大力发展战略性新兴产业的一系列政策措施，提供了政策支撑；三是实施新一轮西部大开发、中国—东盟自由贸易区建成以及"一带一路"倡议的推进，东部产业加快转移等为其提供了良好的发展环境。换言之，随着开发战略深入实施，西部地区基础设施保障能力逐步增强，以高速铁路、高速公路为骨架的综合交通运输网络已初步成型，特色优势产业转型初露端倪，经济结构调整取得进展，基本公共服务体系不断完善，内生发展动力得到进一步加强，生态文明建设加快推进，西部地区的发展不可限量。

一、西部地区资源特色与优势

西部地区是我国的资源富集区，矿产、土地、水等资源十分丰富，旅游业十分旺盛，而且开发潜力很大，这是西部地区形成特色经济和优势产业——"绿水青山就是金山银山"的重要基础和有利条件。

1. 矿产资源优势

西部地区的矿产资源非常丰富，不仅有量的优势，也有质的优势。据有关专家对 48 种矿产资源潜在价值的计算，西部地区资源储量占全国总额的 66.1%、人均矿产资源居于全国前列。在已探明储量的 156 种中，西部地区有 138 种。云南素有"有色金属王国"之称，是得天独厚的矿产资源宝地。新疆矿产资源也很丰富，石油、天然气预测资源量分别占全国陆上资源量的 30% 和 34%；煤炭预测资源量占全国的 40% 以上，铁、铜、镍、铅、锌等有色金属的预测总量居全国前列，钾盐、钠硝石等非金属矿藏也很丰富。新疆矿产种类全、储量大，金、铬、铜、镍等蕴藏丰富，黄金、玉石等资源古今驰名。宁夏人均自然资源潜值为全国平均值的 163.59%。青海地处欧亚板块与印度板块的衔接部位，成矿地质作用多样，有"北部煤，南部有色金属，西部盐类和油气，中部有色金属、贵金属，东部非金属"的特点。贵州矿产资源丰富，是著名的矿产资源大省，有矿产 110 多种，排在第一位的有汞、重晶石、化肥用砂岩、冶金用砂岩、饰面用辉绿岩、砖瓦用砂岩等；煤炭储量大，煤种齐全、煤质优良，素有"江南煤海"之称。四川资源总量丰富，分布相对集中，有利于形成综合性矿物原料基地，如川西南的冶金基地、川南地区的化工工业基地、川西北地区的原料供应地；共生、伴生矿产多，具有重要的综合利用价值。重庆矿产涵盖黑色金属、有色金属及其他非金属矿产等矿种。内蒙古稀土查明资源储量居世界首位,煤炭保有资源储量居全国第一位,有钡铁钛石、包头矿、黄河矿、索伦石、汞铅矿、兴安石、大青山矿、锡林郭勒矿、二连石、白云鄂博矿。广西素有"有色金属之乡"之称,有 30 种有色金属,是全国 10 个重点有色金属产区之一,煤、铁、锰、稀土等占全国探明资源储量矿种的 45.8%,高岭土、滑石等非金属矿储量均居全国前列。

2. 丰富的能源优势

西部的能源资源非常丰富,特别是天然气和煤炭储量,占全国的比重分别高达 87.6% 和 39.4%。云南煤炭资源储量较大,主要分布在滇东北。宁夏煤炭储量居全国第六位。内蒙古煤炭保有资源储量居全国第一位。新疆的石油资源量占全国陆上石油资源量的 30%,天然气资源量占全国陆上天然气资源量的 34%,煤炭预测资源量占全国的 40%。

丰富的可再生能源,首推水电资源。西部河流众多,水资源丰富,占全国的 80% 以上,其中西南地区占全国的 70%。云南能源资源得天独厚,水能资源主要集中于滇西北的金沙江、澜沧江、怒江三大水系,开发条件优越;地热资源以滇西腾冲地区的分布最为集中,太阳能资源也较丰富,仅次于西藏、青海、内蒙古等省区。宁夏年可利用黄河水 40 亿立方米,人均发电量居全国第一位。青海水资源总量丰富,长江、澜沧江流域人口、工农业经济总量少,但水资源丰富。青海冻土带"可燃冰"资源丰富。西藏水资源丰富,亚洲著名的长江、怒江、澜沧江、印度河、恒河、雅鲁藏布江都发源或流经西藏;光照资源,是我国东部沿海地区的近两倍;风力资源,比同纬度的我国东部地区多 4~30 倍;人均水资源占有量和亩均占有水量也均居全国第一。贵州水能资源蕴藏量丰富,水位落差集中的河段多,开发条件优越。重庆年平均水资源总量在 5000 亿立方米左右,每平方公里拥有可开发水电总装机容量是全国平均数的 3 倍,此外,还有丰富的地下热能和饮用矿泉水。陕西地跨黄河、长江两大流域,水能资源丰富。新疆的水资源极为丰富,较大的河流有塔里木河、伊犁河、额尔齐斯河等,河流的两岸颇富"十里桃花万杨柳"的塞外风光。广西水能资源也丰富，水力资源蕴藏量2133万千瓦，被誉为中国水电资源的富矿，如龙滩水电站、岩滩水电站、大化水电站、百龙滩水电站、平班水电站等；仅红水河年平均水量为1300亿立方米，是黄河的2.8倍，可开发利用水能约1105万千瓦，年发电量可达560多亿千瓦小时。

我国西部生物资源非常丰富。西部草地面积占全国的62%，特色农牧业和生物资源开发利用前景十分广阔。一是可连片种植热带、亚热带多年生作物，为发展农牧业生产提供有利条件。二是绿色植物资源——玉米秸秆、甘蔗叶、大豆秧等，为畜牧业、饲料业等提供多种多样的原材料，制成绿色饲料、绿色食品和其他产品。三是木薯作为全国最大的生物质能源（乙醇酒精）原料，其种植面积和产量均占全国的70%以上。此外，西部复杂的地形地貌使得风能和地热能也比较丰富。广西沿海还有波浪能、潮流能、海流能、潮汐能等。

3. 富有特色的旅游资源

西部地区的旅游资源丰富多彩，别具一格，资源类型全面，特色与垄断性强，自然景观与人文景观交相辉映。世界级自然景观有世界屋脊喜马拉雅山、高原圣湖、羌塘野生动物园、大漠戈壁、黄土高原、广阔牧场、祁连冰川、九曲黄河、喀斯特地貌、长江三峡等——地势从世界屋脊到低海拔平原，气候垂直分布明显，地貌几乎包括所有类型，动植物资源类型完整。世界级人文景观：秦始皇兵马俑、敦煌莫高窟石窟文化艺术宝藏、万里长城遗址、华夏远古文明轩辕黄帝陵、古丝绸之路、古文明城市遗迹、元谋人遗址、藏文化代表布达拉宫和大昭寺，以及宗教文化场所等——西部地区可谓多民族居住区，中华文明的发祥地。

每个民族都有自己的文化特色，秀美的自然风光和独特的民俗风情融合，成为旅游业发达的基础。云南傣族有泼水节，彝族有火把节，白族有三月街，哈尼族有长街宴。傣族神话传说与古歌谣结合，产生了民间说唱艺术章哈。纳西族形成了有故事内容的说唱艺术纳西大调。傈僳族曲艺，佤族曲艺柏巧、木鼓说唱，苗族曲艺然更、巴腊叭，拉祜族曲艺等，都有大量的神话传说曲目，它们与民间歌谣结合，通过原始宗教祭师和歌手的演唱，流行在各民族当中。云南旅游资源十分丰富，已经建成了一批以高山峡谷、现代冰川、高原湖泊、石林、喀斯特洞穴、火山地热、原始森林、花卉、文物古迹、传统园林及少数民族风情等为特色的旅游景区。生态旅游业与文化产业相结合，提升生态旅游业的附加值。文化产业提升生态经济的文化内涵，引导和支持龙头企业带动特色村镇发展。

贵州主要的民族节日有苗族、布依族的"四月八"，布依族的"六月六"歌节，彝族的火把节，水族的端节，瑶族的盘王节等。贵州主要的少数民族特色建筑：苗、布依、侗、水、瑶等民族的干栏式吊脚楼，布依族、仡佬族的石板房，彝族的土司庄园，瑶族的歌山顶茅屋，苗族的大船廊、木鼓房、铜鼓坪、芦笙堂、妹妹棚、跳花场，侗族的鼓楼、花桥、戏楼、祖母堂，布依族的凉亭、歌台，彝族、水族的跑马道等。

重庆有丰富多彩的地方戏剧、曲艺、绘画、手工艺品及群众节令活动等，如綦江农民版画、铜梁龙灯、酉阳摆手舞、九龙楹联；传统的梁山灯戏、梁平年画、梁平竹帘更被誉为"梁平三绝"。

悠久绵长的巴蜀文化，有独特的巢居、栈道、笮桥和梯田四大文化习俗。彝族火把节，是四川凉山彝族最盛大的传统节日。康定转山会，是四川藏族的传统节日。四川更是有"蜀都灯会""自贡灯会""成都花会""乐山龙舟节""广元女儿节""眉山东坡节""都江堰放水节""泸州名酒节""南充丝绸节""阆中名醋节""新都木兰会""望丛赛歌会""金堂月光会""彭山寿星节"等独具地方特色的节会。

青海高原所形成的独具特色的民族历史、民族艺术、民族工艺、民族风情以及节日庆典活动对旅游者具有很大的吸引力。青海湿地面积居全国第一，有国际重要湿地3处、国家重要湿地17处，建立国家湿地公园15处。

西藏独特的高原地理环境和历史文化，催生了数量众多、类型丰富、品质优异、典型性强、保存原始的旅游资源。藏族是一个能歌善舞的民族，歌舞旋律明快，节奏强烈，舞姿优美，动作豪放。赛马、赛牦牛、射箭、摔跤、登山是藏族人民十分喜爱的传统民间体育活动，互助土族民俗村以土族人民特有的生活习俗、别有情趣的安召舞以及充满浓郁生活气息的敬酒歌迎接中外游客。

新疆旅游资源占全国旅游资源类型的 83%，除了是举世闻名的歌舞之乡外，还有瓜果之乡、黄金玉石之邦之称，塔里木河、伊犁河、额尔齐斯河等的两岸颇富"十里桃花万杨柳"的塞外风光。

黄河文明、西夏历史、大漠风光，构成了多姿多彩的旅游资源。"两山一河""两沙一陵""两堡一城"，展示着独特的自然风光。甘肃是一个历史悠久、山川秀丽、物产丰富、民俗文化奇特的天然之地。中华民族的始祖伏羲、女娲和黄帝诞生于此；甘肃是古丝绸之路的锁匙之地和黄金路段，河西走廊是昔日铁马金戈的古战场和古丝绸之路的交通要道；敦煌莫高窟民俗、肃南裕固族风情、肃北蒙古族风情、阿克塞风俗、天祝藏区风情交相辉映，民间筵乐、骆驼队等奇风异俗各放异彩；敦煌是古丝绸之路的"咽喉锁钥"和枢纽城市，被誉为"世界的敦煌""人类的敦煌"，有"人类文化珍藏""形象历史博物馆""世界画廊"之称，是世界上现存规模最庞大的"世界艺术宝库"。

陕西，除了民间刺绣，还有著名的秦腔，其唱腔、道白、脸谱、身段、角色、门类和演技均自成体系；陕西皮影以造型优美、色彩艳丽、生动逼真而享誉海内外。陕西生物资源丰富，多样性突出，秦岭巴山素有"生物基因库"之称，其生态系统、物种和遗传基因的多样性，在中国乃至东亚地区具有典型性和代表性。

宁夏既有被誉为"中国史前考古的发祥地""中西方文化交流的历史见证"的中国最早发掘的旧石器时代文化遗址，也有被联合国教科文组织列为非正式世界文化遗产名录的贺兰山岩画风景区、被国务院和文化部评为"国家文化产业示范基地"和"国家级非物质文化遗产代表作名录项目保护性开发综合实验基地"的贺兰山东麓的镇北堡西部影城，更有被国家确定为"全国文明风景旅游区示范点"的沙湖生态旅游区，荣膺"中国十大魅力休闲旅游湖泊"称号。

内蒙古自治区旅游资源主要由草原、古迹、沙漠、湖泊、森林、民俗"六大奇观"构成。其中民俗主要指蒙古族歌舞,蒙古族"男儿三艺"——赛马、摔跤、射箭,那达慕大会等;古迹有黑城遗址、策克口岸、居延文化遗址等。

红色旅游资源极为丰富。在中国革命和建设中形成的红色文化资源,是不同时期形成的红色文化资源,与其时代使命紧密联系,关键是它蕴含一种精神、一种信仰、一种追求。红军两万五千里长征路线包括广西、贵州、云南、重庆、四川、甘肃等。以广西为例,有兴安的湘江战役纪念馆,百色、东兰的红色旅游,全州、灌阳、兴安、资源等地长征文化资源可保护与开发利用。如,龙胜各族自治县泗水乡白面瑶寨有红军谣涉及的龙舌岩,引导其沿线乡镇、村、屯开办红色生态休闲农庄,开发红军酒、红军菜、红军粮等产品,将保护传承长征文化与改善民生相结合,开展红色基因传承活动,实现社会效益和经济效益双丰收。除此,还有西路军路线、陕甘宁边区,等等。

除此,广西有"山水甲天下"的桂林和喀斯特地貌和丹霞地貌,北海银滩,世界第一大天坑群——百色大天坑群旅游区,德天跨国大瀑布,"竹影婆娑"宜州下枧河风光,金秀圣堂山,喀斯特熔岩地貌的钟山十里画廊,涠洲岛,上林的三里风光,龙胜梯田,集自然景观和古典建筑于一体的合浦星岛湖、巴马百鸟岩、岑溪白霜涧、靖西渠阳湖风光、兴安猫儿山、靖西古龙峡谷、防城港西弯海滨风光、资源八角寨国家森林公园等。

广西各民族在漫长的社会历史发展过程中,创造了具有各自风格的民族文化。如,瑶族有长鼓舞、黄泥鼓舞等18种舞蹈;融水苗族有苗年节、芦笙节等众多节日;吊脚楼、鼓楼等几种木结构建筑,都是独具特色的侗族建筑。"壮族三月三"是汉、瑶、苗、侗、仫佬、毛南等世居民族的传统习惯节日。此外,还有鹿寨中渡古镇城隍庙会、融水苗族自治县"芦笙节"、三江侗寨"围塘节"、龙胜原生态侗寨"鼓楼文化节"、洞头乡"二月二花炮节"、东兰壮族"蚂蚜节"、天等"喊泉纳福"民俗文化活动、苗族"春社节"、南丹文化旅游节、富川瑶族"花炮节"、百色市阳圩"山歌节"、凌云县"瑶族节"、西林县句町文化艺术节、靖西市安德"壮斋节"、天等县"霜降节"活动、恭城瑶族的"月柿节"、环江毛南族中秋节山歌会、隆林仡佬族"尝新节"、龙胜"龙脊梯田梳秧节"、靖西龙邦街民俗文化艺术节等。此外，还有灵渠及桂海碑林、桂林愚自乐园等为代表的历史人文资源，昭平黄姚古镇、容县真武阁等在内的桂东历史文化名胜自然生态旅游区，以凭祥、龙州小连城、靖西为重点的南国边关风情旅游区。民族传统体育、壮族歌墟文化、布洛陀文化、铜鼓文化、花山崖壁画、壮锦、绣球、珍珠、陶瓷、藤编编织业等以及干栏建筑、传统工艺、服装服饰、音乐舞蹈、神话传说、民歌、民间艺人等，创造出经济发展的品牌，进而对现存壮族民族传统文化现象做最大限度的记录和保存。

广西根据自身实际情况，充分发挥后发优势，促进处于经济带中的城市互利互惠、错位发展。在地级市一层，如南宁市是10个"2013中国最佳休闲城市"之一，桂林市位居"2013魅力中国——外籍人才眼中最具吸引力的中国城市"前十之列，北海市获"中国十佳优质生活城市""最中国生态名城"之一的殊荣，贺州市被评为"2012中国最佳生态旅游示范城市"。在县一级格局中，兴安县乃"中国十大魅力名镇""中国历史文化名县""中国十佳最美小城"之一，且享有"全国旅游标准化省级示范县""中国最美文化休闲旅游名县"之殊荣，扶绥县是"中国最佳养生休闲旅游名县"，鹿寨县获得"中国生态强县"称号，隆安县入选"生态中国·十大生态魅力旅游名县"名单，凭祥市是"2013最美中国·特色魅力旅游目的地城市"，灌阳县是"全国最美生态旅游示范县、美丽中国示范县"，北海涠洲岛火山国家地质公园是第四届"中国最令人向往的地方"。此外，昭平县的黄姚古镇、兴安县的兴安镇、龙胜各族自治县的龙脊村、阳朔县的兴坪镇、鹿寨县的中渡镇、三江侗族自治县的程阳八寨、恭城瑶族自治县的红岩村和藤县的道家村获"国家特色景观旅游名镇名村"。通过实施乡村旅游发展"十百千万"

工程，涌现出玉林五彩田园、南宁美丽南方、贵港荷美覃塘、南丹歌娅思谷、忻城薰衣草庄园等一批乡村旅游品牌。还有其他西部省（市）、自治区的全国旅游标准化省级示范县、中国最美文化休闲旅游名县、中国最佳养生休闲旅游名县、国家特色景观旅游名镇名村等。

4. 具有独特的植物资源优势

西部地区南北跨越 28 个纬度，东西横贯 37 个经度，远离海洋，深居内陆，地形复杂，"一高一干一季"构成了西部的三类自然区，即青藏高原区、西北干旱区和局部地区的季风区。气候类型多样，为不同的植物生长和野生动物栖息创造了良好条件，拥有丰富的生物资源。

广西热量充足，雨量充足，孕育了丰富的中草药资源，蕴藏着 4623 种中草药资源。少数民族的集中居住区，民族药资源十分丰富，药用植物资源约 3000 多种；其中壮族中草药资源约有 709 种，瑶族药有 555 种，侗族药 298 种，仫佬族药 259 种，苗族药 213 种，毛南族药 111 种，京族药 27 种，彝族药 21 种，中草药资源种类占全国总数的 1/3。在区内外有一定知名度的、传统的药材有桂林茶洞罗汉果、防城峒中八角等。① 水果种类丰富，如富川瑶族自治县特色果蔬产业、阳朔县百里新村金桔产业、兴安县葡萄产业以及被称为"中国芒果之乡""全国粮食生产先进县""国家糖料基地县""南菜北运生产基地县""广西第二大香蕉种植基地县"的田东县。广西的水茉莉花茶产量占全国一半以上，蘑菇产量排全国第一位。因而，广西成为全国重要的"南菜北运"蔬菜基地、最大的冬菜基地，是全国著名的"南珠"产地，畜禽水产品也在全国占有重要位置。

云南树种繁多，有"植物王国""药物宝库""香料之乡""天然花园"之称，还素有"动物王国"之称。甘肃是一个少林省区，草场主要分布在甘南草原等地。野生植物种类繁多。甘肃是全国药材主要产区之一，主要药材如当归、大黄、党参、甘草、红芪、黄芪、冬虫夏草等，是闻名中外的出口

① 邓家刚，李珍娟，彭赞，等．广西中草药出版物（1949—1979 年）初步整理研究［J］．广西中医药，2010（6）．

药材。重庆森林覆盖率20.49%，是中国重要的中药材产地之一。蒙古野驴和野骆驼是世界上最珍贵的兽类，驯鹿是内蒙古特有的动物，百灵鸟是内蒙古自治区区鸟；有丰富的森林和草原植物，还有草甸、沼泽与水生植物。宁夏回族自治区国家级重点保护植物有麻黄、甘草、沙冬青、沙棘、沙芦草等9种；湿地植物以温带植物为主，草本植物占优势，其中禾本科植物种数居第一位，菊科植物种数次之，豆科植物占第三位，同时还出现猪毛菜属、沙蓬属、蒺藜属等旱生植物的种群。

二、制度与政策优势

由于独特的区域优势——少数民族聚居区、国家西部、边境地区、革命老区，即老少边穷地区，因而西部地区享有西部大开发、沿海沿边开放、民族区域自治等多重叠加政策优势。

由于自然等诸多原因，2019年度，中国东部地区生产总值511161亿元，比上年增长6.2%；而西部地区生产总值205185亿元，增长6.7%。西部地区疆域辽阔，绝大部分地区是我国经济欠发达、需要加强开发的地区。2000年国家实行西部大开发。西部地区可以享受国家西部大开发的有关优惠政策，如对西部地区内资鼓励类产业、外资鼓励类产业及优势产业的项目，在投资总额内进口自用先进技术设备，除《国内投资项目不予免税的进口商品目录（2000年修订）》和《外商投资项目不予免税的进口商品目录》所列商品外，免征关税和进口环节增值税等。2010年中共中央、国务院颁布《中共中央 国务院关于深入实施西部大开发战略的若干意见》，以及十七届五中全会的"十二五"规划建议指出：实施西部大开发战略，发挥资源优势和生态安全屏障作用，加强基础设施建设和生态环境保护——主要是交通（解决通道建设和路网完善问题）和水利（解决西南地区工程性缺水和西北地区资源性缺水问题），支持特色优势产业发展。①

---

① 董振国，张桂林．西部开发新十年之艰［J］．瞭望，2010（11）．

早在 1983 年国务院有关部门指出，对口支援是为少数民族地区培养医疗、卫生、教学、科研以及医疗、设备维修等各类专业技术人才，逐步壮大技术骨干队伍，并把帮助培养提高当地的卫生技术人员摆到首要地位；帮助开展新技术，解决疑难，填补空白，以便尽快改变这些地区的医疗卫生技术条件，提高专业卫生技术水平和科学管理水平。1996 年 10 月，中央召开了扶贫开发工作会议，在《关于尽快解决农村贫困人口温饱问题的决定》中确定了对口帮扶政策，要求北京、上海、广州和深圳等 9 个东部沿海省市和 4 个计划单列市对口帮扶西部的内蒙古、云南、广西和贵州等 10 个贫困省区，双方应本着"优势互补、互惠互利、长期合作、共同发展"的原则，在扶贫援助、经济技术合作和人才交流等方面展开多层次、全方位的协作。教育部于 2001 年下发了《教育部关于实施"对口支援西部地区高等学校计划"的通知》，支持西部地区高等教育的发展。

少数民族政策：拥有制订适用于本民族的特殊法律或法规，拥有更受保护的司法权，拥有较为宽裕的生育权，拥有降低门槛的教育权，拥有优先满足的就业权。《国务院关于支持沿边重点地区开发开放若干政策措施的意见》是为落实党中央、国务院决策部署，牢固树立并切实贯彻创新、协调、绿色、开放、共享的发展理念，支持沿边重点地区开发开放，构筑经济繁荣、社会稳定的祖国边疆提出的意见。

广西壮族自治区连接中国—东盟区域合作的国际通道、交流桥梁与合作平台——"构建面向东盟区域的国际通道，打造西南、中南地区开放发展新的战略支点，形成 21 世纪海上丝绸之路与丝绸之路经济带有机衔接的重要门户"①。2008 年 1 月，国家实施《广西北部湾经济区发展规划》，北部湾经济区开放开发上升为国家战略，形成以石化、能源、钢铁、电子、修造船、粮油食品加工、林浆纸、新材料、海洋生物工程等重点现代临港产业集群；成为新的战略支点、21 世纪海上丝绸之路和丝绸之路经济带有机衔接的重要

---

① 打造全方位开放新格局 习近平指明广西未来发展方向 ［EB/OL］. 中国网，2018 –
12 – 21.

国际区域经济合作区。2013 年国务院公布《桂林国际旅游胜地建设发展规划纲要》，明确桂林战略定位——世界一流的旅游目的地、全国生态文明建设示范区、全国旅游创新发展先行区、区域性文化旅游中心和国际交流的重要平台。按照"世界水准、国际一流、国内领先"的要求，实现城市功能提升。2014 年国家颁布《珠江—西江经济带发展规划》，意味着珠江—西江经济带发展上升为国家战略。通过珠江—西江经济带带动广东、广西经济一体化，发挥珠三角地区辐射带动作用，实现东部发达地区与西部后发展地区的有效对接，促进资源跨区域合理流动和优化配置——以保护生态环境为前提，坚持绿色发展，优化经济带产业布局、加快工业化城镇化进程，为区域协调发展和流域生态文明建设提供示范，为广西加大与粤港澳的对接与联系、扩大对东盟开放合作提供更加广阔的空间。

2015 年国家发布《左右江革命老区振兴规划》，规划范围包括：广西壮族自治区百色市、河池市、崇左市全境，以及南宁市部分地区；贵州省黔西南布依族苗族自治州全境，黔东南苗族侗族自治州、黔南布依族苗族自治州部分地区；云南省文山壮族苗族自治州全境。主要任务是，立足老区比较优势，在交通、产业等领域深化改革，为全国革命老区振兴提供可推广的发展模式；到 2025 年，新型工业化等"四化"实现同步发展，开放型经济新体制基本建成，活力老区、美丽老区、幸福老区、文化老区全面建成。

2017 年国务院批准建设的北部湾城市群，发挥地缘优势，强化南宁核心辐射带动，打造"一湾双轴、一核两极"的城市群框架——贯通我国西部地区与中南半岛的南北陆路新通道，强化北部湾港口群与国内外交通连接作用，以提供绿色农海产品、高附加值制成品、生态旅游产品为重点，建设一批特色农业基地、循环产业示范区、现代服务业集聚区，实现临港工业绿色智能发展，构建适应湾区环境要求的产业体系。除了这些政策，中央还推动广西与周边省份共建生态保护合作机制，如与粤湘赣共建南岭山地水源涵养区，与粤琼共建东南沿海红树林生物多样性保护生态功能区，与滇、黔两省共同开展石漠化综合治理等。在技术方面，推动广西与中科院以及各部委和东部较为发达省份合作，在循环经济立法、规划、信息、技术和咨询服务方面交流与合作，提高西部科学技术研发能力，进而转化为现实的生产力。

把扩大开放作为推动发展的引擎，着力打通大通道、构建开放型经济新体制，西部逐步从开放末梢走向开放前沿。我国西部相关省区市与新加坡携手合作，以重庆为运营中心，以广西北部湾为陆海联运门户，打造有机衔接"一带一路"的中新互联互通国际陆海贸易新通道，成为西部内陆开放的一道亮丽新风景。依托共建"一带一路"、长江经济带建设、西部大开发等发展战略，西部逐步从开放末梢走向开放前沿，成为我国陆海内外联动、东西双向互济开放格局的重要组成部分。中欧班列乌鲁木齐集结中心目前可通达中亚和欧洲 18 个国家的 25 个城市和地区。让山城重庆成为重要枢纽：向西，中欧班列直达欧洲；向南，"陆海新通道"通达新加坡等东南亚国家；向东，通过长江黄金水道出海；向北，"渝满俄"班列直达俄罗斯。

随着国家推进"一带一路"建设，不断扩大和深化与东盟的开放合作，积极打造海上丝绸之路桥头堡，更好地发挥联通东盟的枢纽作用，构建更有活力的开放型经济体系。一是中国与马来西亚共建钦州产业园区和关丹产业园区，产业园区引进并开发建设一批高技术含量的战略性新兴产业项目，实现"两国双园"互动发展；二是中国积极推进中越"南宁—谅山—河内—海防—广宁"经济走廊和环北部湾经济圈合作；三是推进"中国·印尼经贸合作区"等建设，该经贸合作区是经国家批准，由广西农垦集团承建，是中国在印尼设立的第一个集工业生产、仓库、贸易为一体的经济贸易合作区；随着合作区基础设施逐步完善，中国西电集团等 7 家中资及中资控股企业，中国西电斯科印尼公司、江苏康桥印尼油脂有限公司等 8 家企业积极入驻。

深化与东盟、欧美、日韩及粤港澳台、中南、西南省区的合作，发展加工贸易，积极开拓国际市场，汽车、工程机械、钢材、有色金属、陶瓷、食品等一批优势产能纷纷输出，如柳工以其不断提高的自主创新能力，成功打入北美和西欧高端市场；桂林南药用质量塑品牌，青蒿素系列产品畅销全球 38 个国家。广西积极发展东兴—芒街、凭祥—同登跨境经济合作区，构建南宁—新加坡经济走廊；建设中国—东盟港口物流公共信息平台，推进港口航运和产业合作，加强海上互联互通；广西推动泛北部湾经济合作，打造合作平台和机制，实施交通、能源、旅游、农业等领域的一批合作项目；利用中国—东盟博览会及商务与投资峰会、泛北部湾经济合作论坛等，推动中国—东盟自由贸易区平台建设，推进泛北部湾经济合作与大湄公河次区域合作。如，凭祥市浦寨互市贸易区，每天上百辆满载瓜果的大货车川流不息，大批东南亚新鲜水果从这里销往全国各地，而从浦寨运往越南的水果也占中国对东盟水果出口的1/4以上。

承接产业转移东部发达地区的产业，先进的经验、技术、资本等，产业转移涉及大量的土地、设备、生产原料等，不仅能够建立起现代化的产业，也为大量富余劳动力提供就业机会，更为重要的是，可以选择成熟的技术，获得东部发达地区在发展中的一些教训：一是积极完善与港澳的合作机制，拓展对台经贸合作与文化交流的新合作模式——港澳台地区是现代服务业和先进制造业的集聚区；实施粤桂合作，推进基础设施建设。二是打通连接西南、中南的通道，扩大与西南、中南的开放合作，共建临海产业园。三是推进广西百色—云南文山、广西百色—贵州黔西南州合作园区建设，打造贵阳—南宁高铁通道，在云贵川兴建北部湾无水港，加强旅游业发展合作。

广西强化协同发展，促进"双核驱动""三区统筹"，打造"泛北部湾合作""西江亿吨级黄金水道建设"——打造北部湾经济区、西江经济带两大核心增长极，促进沿江沿海产业联动发展，发展战略性新兴产业和现代服务业的先导区、示范区，引领经济可持续，推动经济结构优化，促进产业转型升级，为实现与全国同步全面建成小康社会提供根本动力。

三、"绿水青山"向"金山银山"转化具有一定的物质和技术基础

党的十八大以来，中央把生态文明建设纳入中国特色社会主义"五位一体"总体布局，着力守护良好生态环境这个最普惠的民生福祉。西部各地竞相践行绿水青山就是金山银山的理念，发力做好"生态+""旅游+"文章。

2016 年，国务院办公厅印发《关于健全生态保护补偿机制的意见》，西部地区纳入重点生态功能区转移支付范围的县（市、区、旗）占全国的 62%。除中央转移支付之外，多元化横向生态补偿机制也在不断完善。云南、贵州、四川三省已签订赤水河流域横向生态补偿协议。广西、贵州等地开展省（区）内跨市流域上下游补偿。祁连山、大熊猫、三江源、普达措等国家公园体制试点，也不断刷新着自然资源保护理念和管理体制。西部地区累计实施退耕还林还草 1.26 亿亩，设立生态文明先行示范区 37 个。这些成就的取得，为下一步"绿水青山"向"金山银山"转化打下了一定的基础。

（一）传统产业升级换代，进入循环经济发展轨道

根据自身生态多样性、资源丰富的特点，实践"产业发展生态化、生态发展产业化"的发展思路，以"低消耗、低污染、低排放"的标准发展生态工业经济。广西传统产业如制糖、铝、水泥等循环化改造，在科技的支撑下，从无到有，从小到大；初步建成制糖、汽车、机械装备、铝、再生资源等产业园区，实现土地集约利用、废弃物交换利用。贵港生态工业（制糖）示范园区是以上市公司贵糖（集团）股份有限公司为核心，构建起甘蔗→制糖→废糖蜜→制酒精→酒精废液制复合肥→回到蔗田，甘蔗—制糖—酵母及其抽提物、甘蔗→制糖→蔗渣→制浆造纸→废液碱回收→再利用，甘蔗→制糖→糖蜜→酵母、味精→废液→复合肥，甘蔗→制糖→蔗髓→发电→蔗渣灰→肥料等循环经济产业链，以最小的资源消耗创造最佳的经济效益。铝行业构建铝土矿→氧化铝→电解铝→铝深加工→废铝回收利用，铝土矿采矿→洗矿→生态复垦，氧化铝→赤泥→元素回收→建筑材料的循环经济产业链。建材行业构建工业废弃物→生料原料、混合材→水泥、城市生活垃圾等→气化→水泥窑→水泥窑余热→能效发电→水泥的循环经济产业链。石化行业构建原油加工→渣油、蜡油→重油深加工→石油液化气→丙烯→聚丙烯→苯酚、丙酮、丁醇、丙烯腈、环氧丙烷，天然橡胶→橡胶制品→废旧橡胶→再生胶和胶粉等产业链，以利用城市生活垃圾、处置有毒有害危险废弃物等为核心，实现废水、废渣、余热循环利用。

重庆市有效承接产业转移，吸引惠普、宏碁、华硕等品牌企业，广达、仁宝、纬创、英业达、富士康、和硕等全球电脑前六大代工企业以及860余家零部件企业发展，成为全球最大的笔记本电脑生产基地。成都的 IPAD 平板电脑产量占全球一半以上，芯片装配全球一半以上的笔记本电脑。贵州建设首个国家大数据工程实验室、贵州·中国南方数据中心示范基地、贵阳·贵安国家级互联网骨干直联点，大数据与三次产业融合进程不断加快。云贵川构建循环产业集群和循环产业链，围绕特色轻工、生物医药、能源化工等领域，构建具有特色的现代化产业体系；力争成为国家重要的能源基地、资源深加工基地、装备制造业基地和战略性新兴产业基地，支持加快攀西钒钛产业、云贵有色金属和磷化工、青海盐湖资源综合开发利用以及新疆能源资源开发等特色优势产业发展；依托丰富的水利资源和水电开发优势，发展以水电为主的绿色能源产业。

（二）生态农业的发展方兴未艾

贵州打好石漠化治理攻坚战，推动绿色农村产业结构调整与康养旅游等相结合，促进工业园区绿化，加大城郊绿化、城镇绿化、乡村绿化，加大废弃矿地生态恢复、四旁植树等力度，推动绿化成为开展各项建设的前置条件。完善森林经营补贴制度，发展速生丰产林、工业原料林以及珍贵大径材林，坚持不懈抓好森林防火、森林病虫害防治工作，实行"占一还一"的措施，建立和落实林地分级管理、差别管理、定额管理等长效机制。重庆挖掘利用自然生态资源，推动产业发展生态化、生态经济产业化，发展生态农业、生态旅游、生态工业。四川健全自然资源资产产权制度、自然资源有偿使用制度和生态补偿机制等，基本建立起具有"四梁八柱"性质的生态文明建设制度体系。新疆提出"环保优先、生态立区"的科学发展理念，坚持资源开发和生态环境发展"两个可持续"总方针。对水源涵养区、饮用水保护区、沙化土地禁封区、风景名胜区、自然生态良好区等生态环境敏感区实行最严格的环保措施，禁止一切资源勘探和开发，促进绿洲生态系统和荒漠生态系统和谐共生，促进资源开发、经济社会发展、生态环境协调、可持续发展。发展特色农作山地牧业、山地林业、林下经济等高原特色农业，打造绿色和有机品牌，做大绿色产业规模，延长产业链，直接增加各族群众的收入；发挥生态和民族、文化资源的综合优势，发展生态观光和民族文化旅游。

广西通过土地流转、土地平整、土地开垦等形式整合资源，盘活农村土地。按照"标准化、规模化、资源化、无害化"要求，推进农业资源循环利用，积极推广林下养殖、高架网床养殖、发酵床养殖和立体养殖等模式；推进田间套种和立体种养模式，在核桃地内间种黄豆和西红柿，在玉米地内套种穿心莲林，在林下放养土鸡等。养殖场采用"畜禽—沼—果（林、菜、稻、鱼）"等立体生态种养方式开展循环生产，推行畜禽粪污资源化利用，加快了养殖排污减量化、无害化进程。田综合种养的"三江模式"是广西发展稻田生态综合种养的典型代表。稻与渔共生的生态综合种养："一水两用、一田多收、种养结合、生态循环、绿色发展"，以绿色发展理念推动生态环境得到有效保护，实现稳粮增收和提质增效。按照"宜鱼则鱼、宜虾则虾、宜螺则螺、宜蟹则蟹、宜鳖则鳖"的指导思想，创立了三江"一季稻＋再生稻＋鱼"、灌阳"稻＋鱼鳅龟鳖等品种混养"、全州"稻＋禾花鱼"、融水"稻＋河蟹"、钦南"稻＋南美白对虾"等具广西特色，并可复制推广的稻田生态综合种养新模式。种稻养鱼配套推广"三增"技术——通过硬化加高田基和开设相应的养鱼坑与养鱼沟，增大稻田养殖水体空间，同时增加优质品种的种养，增加农家肥料、农家饲料的投入。

通过龙头带动、项目推动、投入拉动、开放驱动，大力推进组织化、集约化、产业化，实行"公司＋合作社＋基地＋农户"模式大力发展核桃、药材、花卉、食用菌等，把需求和生产中间的环节整合起来，自下而上或者自上而下地整合包括种养、科技、农资、物流、金融、零售、农业政策在内的涉农生产性服务资源，并加以优化，以服务业的提升来重塑现代农业的发展。梧州市的六堡茶，是国家地理标志保护产品，入选国家级非物质文化遗产代表性项目名录。采用"龙头企业＋致富能手＋村党支部＋合作社＋贫困户"模式，形成产业链、投资链、创新链、人才链、服务链等融合发展的生态链。以"微生物＋固液分流""微生物＋高架网床"为代表的现代生态养殖"广西模式"，畜禽粪尿变废为宝实现全利用，养殖栏舍环境清洁达到零排污，有效破解了规模化养殖中粪污难处理、抗生素滥用、饲料成本高、产品质量安全保障等难题，实现了养殖过程生态安全、环境生态安全、产品生态安全。

2013年12月，百色—北京果蔬专列"百色一号"开通运行。专列采取订单式销售——市场运营主体根据客户需求定标准，农产品均严格按照食品安全规范执行，让监管者和消费者对农产品生产、加工、销售等各环节一目了然。开发云南等周边地区，以及越南等东盟国家的果蔬市场，搭建一个南方果蔬、东盟地区和北方市场相连接的"交易平台"，将供货端与销售端连接起来，南北货物可以实现大交换，起到带动广西、辐射东盟的作用。

独特的区域优势，加上各族人民的努力，使得广西植被生态质量①和植被生态改善程度双双名列全国第一。"十二五"时期，广西深入实施珠江防护林、沿海防护林、退耕还林、石漠化综合治理、造林补贴五个国家重点造林工程，全力推进"绿满八桂"造林绿化和"美丽广西·生态乡村"村屯绿化专项活动。② 国家气象中心采用气象卫星遥感和生态模型综合监测方法，对2015年各省、市、自治区植被状况进行监测评估后，广西植被生态质量正常偏好区域达95.1%，石漠化生态脆弱区有94.5%区域植被生态质量正常偏好。

（三）旅游文化产业的发展蓬勃兴起

"百色杧果""桂平西山茶"列入中国政府与欧盟互认谈判的35个地理标志农产品品种。广西有一批生态建设突出的乡村。如恭城县莲花镇红岩村先后荣获"全国特色景观旅游名村""全国农业旅游示范点""中国最有魅力休闲乡村""全国文明村""中国少数民族特色村寨"。桂林市恭城县莲花

---

① 植被指覆盖地表的各种植物群落，包括自然植被和人工植被，主要由森林、草原、农作物等组成。
② 张文卉，阮萃. 广西植被生态质量居全国首位［N］. 南国早报，2016–11–08.

镇矮寨村按照"尊重乡土建筑风貌，不改变乡土建筑形式，提炼瑶族元素符号"的原则，对整体格局及周边景观环境的依存已构成破坏的予以恢复；推广沼气"全托管"模式，将全村沼气池纳入公司化管理，实行生活垃圾、污水分类，并通过沼气池得到减量化处理，形成了以沼气为纽带，养殖、种植为一体的现代农业发展新格局。①

发展文化产业是一种内生性的经济增长方式，是"以人为本"的科学发展。文化产业关注人、尊重人、提升人，传承一种优秀文化的传统，与现代文明相协调，保持民族性，保持其旺盛的生命力。文化产业深入挖掘广西文化元素，展现广西人民的时代精神和人文气质；且广西丰富的民间故事为动漫的创作提供了丰富的素材和题材。据国家统计局统计，2014 年全国旅游及相关产业增加值 27524 亿元，占 GDP 的比重为 4.33%。而广西旅游总收入在2011 年达 1277.81 亿元，占地区 GDP 的 10.92%。至 2015 年，旅游业总收入占广西壮族自治区 GDP 的比重提高到 13% 以上。2014 年全区国内旅游达到36 亿人次，增长 10%，出境旅游首次突破 1 亿人次大关，全年旅游总收入约3.25 万亿元，增长 11%。②

此外，西部基本基础设施的强力推进，使得西部基础设施通达度、通畅性和均等化水平均有大幅度提升。推进一批西部急需、符合国家规划的重大工程建设：建设川藏铁路、渝昆铁路等大通道，打通各级公路的"断头路"；推进滇中引水、桂中抗旱二期、引黄济宁、引洮二期等调水工程；推动电力、油气、信息等骨干网络建设，加强西部地区关键领域和薄弱环节补短板力度，建设城镇污水、垃圾处理设施；优化消费环境，鼓励发展网购、文化、健康等新兴消费，更大释放西部市场消费潜力，既改善生态环境，又能满足民生需求。

---

① 赵琳露.广西恭城贫困村"华丽转身"果园变公园农家变旅馆［EB/OL］.中新网广西新闻，2015 - 10 - 28.

② 吴丽萍.2014 年广西旅游总收入达 3.25 万亿元［N］.广西日报，2015 - 02 - 12.

第二节　西部建设生态文明劣势

虽然西部有很多生态文明建设的优势与条件，但同样也存在诸多不利条件——既有自然层面的，也有人们自身活动带来的。这些不利条件，既有地理环境问题，也有自然资源、经济政治体制、人力资源问题；既有历史遗留下来的包袱，也有现实发展中存在的问题，如经济综合实力竞争力较弱（经济总量仍偏小，人均水平较低，城乡区域发展不均衡等），生态保护缺乏足够的经济支撑；既有人口、城镇和产业布局分散，环境基础设施建设相对滞后，不利于集中治理污染（尤其是农村防治污染基础薄弱），还有生态理念有待增强，生态产业链有待强化（经济发展过度依赖不可再生资源开发，一些突出环境问题没有得到彻底解决）。当前西部地区生态环境的基本特征是：生态普遍脆弱，保护能力不高，局部得到治理而总体恶化，城市污染问题整治力度不够，水平极低，整体可持续发展能力不高。

一、生态系统脆弱，公共成本投入加大

生态系统脆弱，是指生态系统的自组织能力被破坏，自调节的弹性"阈值"正常功能被打乱，导致反馈机制的破坏，失去恢复能力的生态环境。西部地区受全球变化影响，灾害风险加大的威胁较为突出。生态脆弱区往往也是自然生存条件恶劣的深山区、石山区、高寒区、黄土高原区和地方病高发区。西南喀斯特地区是我国黄土、荒漠、冻土、石灰岩四大生态环境脆弱带之一。重庆三峡库区属喀斯特地貌，土层浅薄、留不住水，地质灾害隐患点多，水土流失面积大。西北荒漠化沙漠化地区的生态系统，遭到破坏就不可逆转。西部地区在工业化、城镇化进程中偏好高能耗、高排放的掠夺性粗放式，造成林地退化、土地荒漠化、草原沙化、水资源短缺等生态灾害。西部地区由于过度放牧等，面临着牧草资源匮乏、生物多样性减少、草地退化生

产能力下降等问题。

广西八山一水一分田，约有70%的国土由山地、丘陵和石山组成，岩溶区土地面积830多万公顷，石漠化面积190多万公顷。这样的地貌，资源环境承载力较弱，水土流失比较严重，森林质量下降，生态功能减弱，生物多样性受到严重威胁，石漠化治理等问题比较突出。在国家以及地方政府制定的很多政策中，不是限制开发就是禁止开发。可用于工业化城镇化的国土空间有限，即便是城市化地区，也要保持必要的耕地和绿色空间。2010年，广西开发强度已达到4.58%，每平方公里第二、三产业增加值比全国低25.3%。一方面工矿、交通等建设用地需求旺盛，土地供求形势严峻；另一方面建设用地产出效益普遍较低，矿产资源综合利用水平不高，导致土地利用方式粗放，利用效率偏低。

由于农业生产力落后，广西农业存在盲目开垦与过度放牧、砍伐森林，加上自然风力对土地的侵蚀，土地沙化有所扩展；加上水土流失和对土地重用轻养、施用有机肥过低，土地养分减少，地力普遍下降。全区耕地面积由1996年的440.54万公顷减少到2010年的421.33万公顷，低于全国人均1.36亩的水平①。还有，农村人口高度分散，居民点用地明显超出控制标准，导致道路、电力、通信等网络型基础设施的人均供给成本要大大高于其他地区，医疗和教育等方面的设施也由于服务人口少而使平均服务成本提高。除此因素之外，民族成分复杂，有着多元的宗教、语言和文化，在一定程度上增加地方政府管理和服务难度的同时，公共服务的成本远远高于东部地区。

公共成本投入大，是指要推进生态文明建设成效，就必须逐步保证人民群众的生产生活有提高，逐步享有或推进与东部（基本）公共服务均等化。然而，这在同等条件下，需要更多的投入。一是因为西部地形条件——平原面积占西部地区的42%、盆地面积占10%，沙漠、戈壁、石山和海拔3000

---

① 广西人民政府：广西壮族自治区主体功能区规划，桂政发〔2012〕89号，2012年11月21日。

米以上的高寒地区约有48%。而且年平均气温偏低，有近一半地区年降水量在200毫米以下。同时，西部地区约占全国总面积的72%，但人口约占全国总人口的29%左右，即平均人口密度每平方公里50人以下，远远低于全国每平方公里人数的平均水平。二是因为西部地区除汉族以外，有44个少数民族——有自己的民俗风情、文化习惯，在公共设施上会有自己的特色；是中国少数民族分布最集中的地区。这主要体现在文化旅游产业上。

推进西部旅游业的发展是生态文明建设的重要路径。一旦旅游业违背其发展规律，旅游发展会使土地、水、森林等各种资源的自然状态有所改变，如旅游交通设施的建设会改变地形地貌，破坏沿线的植被，占用农田和林地，宾馆、饭店等服务设施建设也会占用土地，特别是景区服务设施建设会改变土地利用方式，破坏地形地貌和森林植被，以及对大气环境、水环境、声环境、生态环境（旅游垃圾）产生影响。

二、经济社会方面人才储备不足

这里的人才，采用一般的看法，是指具有一定的专业知识或专门技能，进行创造性劳动，并对社会做出贡献的人，是能力和素质较高的劳动者，是马克思主义语境下的复杂劳动者。基于此，人才是我国经济社会发展的第一资源，是社会文明进步、人民富裕幸福、国家繁荣昌盛、实现民族振兴的重要推动力量。

2018年中国科协组织开展的第十次中国公民科学素质抽样调查，调查范围覆盖大陆31个省、自治区、直辖市和新疆生产建设兵团的18～69岁公民。调查结果显示，2018年我国公民具备科学素质的比例达到8.47%，比2015年的6.20%提高2.27个百分点；上海、北京公民科学素质水平超过20%，天津、江苏、浙江和广东超过10%，山东、福建、湖北、辽宁也都超过全国平均水平；素质发展上城乡差距缩小了0.67个百分点，性别差距缩小了0.75个百分点。

据统计，在2015年，西部人口规模占全国的24%，GDP总量占20%，而一级学科博士点数占 15%，招生数量占 10%。由于受历史、自然环境、产业结构等因素的影响，国家对西部地区的支持虽然推陈出新，力度不断加大，但"人才东南飞"的现象依然存在，西部与东部的差距仍客观存在。

据第六次全国人口普查，在广西壮族自治区普查登记的常住人口中，具有高中（含中专）文化程度的人口为 507.90 万人，具有初中文化程度的人口为 1784.15 万人，具有小学文化程度的人口为 1458.05 万人，与全国相比较，与东部比较，差距还比较大。① 况且人才在自治区内分布不均：2010 年广西 14 个市中，有代表性的人才数量指标"大专及以上学历人才"超过 20 万人的城市有南宁、桂林、柳州 3 个市，超过 10 万人的城市有 9 个。

以广西为例来说明西部人才状况。总体而言，广西人才总量少、规模小，结构性矛盾和创新能力不强等问题比较突出。据了解，人才密度远远不能满足经济社会发展需要。2016 年 1 月 8 日年广西壮族自治区党委书记彭清华在广西大学给南宁片区大学生做报告时指出，广西每年外出就业 800 万，浙江也每年外出 800 万，只不过广西的 800 万是为浙江的 800 万打工的。可见，广西有巨大的人才资源、人力资源提升空间。

据不完全统计，截至 2015 年 12 月，广西专业技术人员总数约为 145 万人，专业技术人员仅占该地区总人口的 0.026%，与国家专业技术人员与普通人口比例 0.38% 之间存在明显差距。高层次人才类型较为单一，集中于机关和事业单位以及大型企业和效益较好的企业。高水平的创新型科技人才非常稀缺。一些高层次人才引进后，由于缺乏配套项目和资金，创业环境不够松散，人才队伍建设缺失，无法发挥作用，甚至被迫再次离开。广西人才小高地通过 13 年的建设，所获成果虽很多，但相较于东部地区而言，资金投入远远不够，相应政策的保障不足，经济社会环境吸引力不足，因此对经济发展产生一定影响。这些现象的存在，可能存在高层次科技人才流动不畅、利用率低、引进机制等问题，也许是政策覆盖面较窄、政策较保守、人才政策

---

① 参见《广西壮族自治区 2010 年第六次全国人口普查主要数据公报》，广西统计局 2011 年 6 月公布。

过于宏观等问题，也许是激励机制对人才创新没有吸引力，等等。

经济发展的差距，导致西部人才的认同感、成就感低，在软件和环境（待遇、舞台、土壤、氛围）等方面有较大差距。西部地区人才培养体系不健全，一些省市的专项政策面向主导产业或战略性新兴产业的人才，而对传统企业与中小企业的人才需要关注不足。进而，一方面，对人才引进后的"再次成长"缺乏关注、支撑不力，导致人才留不下来；另一方面，导致进城农民中的大多数，只能从事低薪工作，且需为进城安家付出更多成本开支。

以广西为例做进一步说明。第一，人才短缺与企业发展。虽然广西人才小高地的人才聚集效应吸引了一批高层次人才，但仍满足不了广西发展的需求。区内科研力量首屈一指的广西环科院，拥有 144 名研发人员，其中高级职称者仅占 13.6%，正高职称只有两名。全区顶尖的 59 名"八桂学者"中，环保领域专家仅有 1 位。因而，在《广西壮族自治区中长期人才发展规划纲要（2010—2020 年)》中，主攻方向为新兴产业、现代生产性服务业，以及重大现实问题的研究领域，培养高层次专业技术人才、学术技术带头人、自主创业人才、高层次管理人才等。① 然而，人才缺乏，使得广西的本土核心竞争力大为减弱。

更需指出的是，由于中小企业实力小、资金投入少、信息资源短缺、创新风险大，在有限的资金条件下，能够获得的投资和贷款很少，这势必会造成其科技创新融资难，进而影响到其研发活动的投入和发展。由此，一是它们往往集中于劳动密集型、技术含量相对较低的传统行业，其快速发展主要是以低技术水平和外延扩张为特征，掌握核心技术、拥有自主知识产权的企业仍较少。二是受发展空间和发展状况等原因影响，高素质人才不是不愿去中小企业，就是中小企业聘请不起，造成优秀人才不能得到充分利用，造成资源浪费，或者大量流失，这就造成了中小企业研发人员的比例不高。

---

① 广西壮族自治区中长期人才发展规划纲要（2010—2020 年)［N］. 广西日报，2011 – 08 – 04.

第二，人才短缺与产业结构。当前广西服务业发展存在的差距不小。从服务业增加值占 GDP 比重看，2014 年广西服务业增加值比全国低 10.4 个百分点，广西依然呈"二三一"型，仍以工业拉动为主。从专业技术人才队伍建设来看，仍需引进和培养大批高素质工程技术人才。从企业发展的角度看，倾向于招用知识结构相对完整、具有工作经验的技能型人才特别是工程师、高级技师。可广西人才外流的情况依然存在，留在本地的多数是年龄偏大、长期从事单一工种的人员。广西市场要素仍不发达，懂得市场经济运转规律的领导人才和管理人才紧缺。国家所推动的沿海较为发达省份对口支援较不发达的西部，即东部地区的官员带着先进的经验到中西部去任职，除了带去相对开放的发展理念和思维、更广袤的人脉之外，更主要的是培养当地的领导人才和市场经济的管理人才，真正实现东部和中西部合作的互补优势，加速西部的发展。

三、西部地区人们生态观念总体上滞后

生态自然观是人类对生态问题的总的认识或观点，如人与社会是自然生态系统的有机组成部分，地球生物、生态和环境的多样性神圣不可侵犯，等等。人与自然和谐相处是人类生存和发展的基本条件，也是人们认识和改造自然的基本遵循。

不容置疑，经过 10 多年的生态建设，广大人民群众在尊重自然、爱护环境、绿色发展、低碳生活等方面的生态意识、社会风气有了很大提升。也就是说，绿色发展和生态文明建设有了一定的基础，最起码对传统的粗放型的增长方式有了较为清醒的认识，这有助于摆脱初始路径和规则的依赖性。然而，由于经济发展水平、地缘、边境等诸多因素，西部在资源发展、生态文明建设方面的观念总体上还较为落后。

我国秦岭，有着"国家中央公园"和"陕西绿肺"之称。从 2014 年 5 月到 2018 年 7 月，习近平总书记先后六次就"秦岭违建"做出批示，中纪委专项整治工作组展开针对秦岭因修建别墅而被破坏的整治行动。甘肃祁连

山国家级自然保护区是黄河流域重要水源产流地，是中国生物多样性保护优先区域。可祁连山系列环境污染，违法违规开发矿产资源，部分水电设施违法建设、违规运行，周边企业偷排偷放问题突出。这说明，思想观念、形势研判与推进生态文明建设的要求还有差距，存在明显的层级递减现象，还没有从惯性思维和以往的行为方式上转变过来。

西部经济近一段时间发展较快，但由于历史欠账太多，与东部的经济社会发展相比较，还处在低水平。由此，在长期的生活中，人们的思想观念还没有受到市场经济的真正冲击，等、靠、要的思想以及生活方式保守在一定程度上还存在。长期的安于现状使人们缺乏接受新生事物的愿望和能力，缺乏创业干劲与进取精神。① 加上受传统比较优势（侧重于自然资源开发利用）的影响，人们往往从消极方面考虑得多，一味地等机会靠帮助要政策，对缩小差距常表现出束手无策，怨天尤人。有些农民从来没有离开过家，自身见识有限；有的贫困户技能缺乏，学习意愿不强；有极少数出去打工，嫌离家远；到企业上班，怕加班辛苦；参加农业合作社，又觉得体力活太脏太累……封建迷信活动依然存在，有些人信神讲命运，存在着赌博、酗酒等不良生活方式和消费方式，整体素质和能力难以适应加快生态文明建设的需要。

长期的短缺经济与粗放型增长，使得企业的环保意识与相应的措施要求在一定的时间内跟不上时代的要求，要使"GDP"变为"绿色GDP"，并非一蹴而就的。在消费习惯上，人们长期以来形成了用完即弃的生产和生活习惯，导致大量生活废弃物或工业废弃物没有得到很好的利用，结果既增加了环境负担，又浪费了资源，使生产发展建立在大量消耗资源的基础上。还有，由于对合理开发资源的认识和管理都不到位，导致一些药用植物资源已经受到不同程度的破坏，以根部和全草入药的野生资源日益枯竭，由于过度采挖或生态环境受破坏，野生资源已呈濒危稀少状态。更有甚者，某些中药

---

① 邢媛，侯辰俊. 论两种不同经济模式下的文化认同 [J]. 山西高等学校社会科学学报，2016（3）.

材，没有经过深加工就直接调出区外，经济效益较低，生产者无法享受其附加值。此外，中央政府虽然投巨资搞西气东输、西电东送、南水北调等特大工程，但这都是从全国利益出发。资源开发了，当地政府财政富裕了，开发商也一个个都富起来了，但由于中小企业在企业技术改造方面欠账太多、发展很不均衡，使得其没有带动更多的人民群众发展起来。

西部地区人们生态观念滞后不仅与其经济发展落后有关，也与其文化发展不平衡有关。近年来，虽然公共文化服务体系建设得到了长足发展，但有些公共文化产品和服务存在低水平、同质化等问题，也就是服务效能还不够高；不是设施"沉睡"、形式陈旧，就是文化资源配置错位。2017年全国规模以上文化及相关产业，东部地区实现营业收入占全国的74.7%，西部崛起速度较快，但总体相对滞后。

简言之，虽然部分人有了绿色生活的意识，但离绿色行动还有差距。要推动全民生活方式绿色化，不仅需要转变全体社会成员的消费理念，还需要加强文化建设，从制定政策制度、完善保障措施等多方面协调推进，培养、提升人们的生态意识，使美丽中国发展战略逐步形成共识。

四、西部地区科学技术发展滞后

经济发展滞后表明科技发展也落后。在科技一定水平的条件下，物质财富积累与自然资源消耗成正方向关系；而要在自然资源减量化中保持财富增值，就必须推进科技发展。

既有的实践表明，西部地区产业结构处于中低端，资源性产品在经济发展中居于主体地位，即将产业定位在"原材料和初级产品"上，以资源的消耗来换取经济的增长，换言之，以牺牲环境为代价。

西部地区整体上能耗、物耗过大，成本偏高。就选矿与采矿而言，矿产资源消耗高、浪费多、利用方式粗放、资源利用效率低，且污染严重。在治理上存在着污染防治措施不完善、监管难度大等问题，技术上有着选矿技术和装备相对落后，共、伴生矿产综合利用程度不高等问题。① 矿产资源利用效率低，资源浪费和破坏较为严重；矿山植被、景观、土地、水体均在开采过程中遭受不同程度的破坏；尾矿不合理的堆积，也破坏大量的土地；地下矿藏如煤炭、地下水等被开采后，留下大量的空壳，也会引起地面下沉或塌陷，矿山地质环境恢复治理率低。

经济发展中存在"产业单、链条短、层次低、规模小"的矛盾。初级产品、高耗低值产品比重大，工业结构性矛盾突出。工业形成了过度依赖资源的产业结构，付出了过大的资源环境代价。资源型产业比重高达70%，规模以上高耗能工业企业能源消费量占了规模以上工业企业的70%以上；三次产业结构不合理，第三产业比重偏低，工业中高消耗高排放资源型产业占比高，传统产业转型难度大，战略性新兴产业处于起步阶段，创新动力不足。

虽然具有一定的综合利用的新工艺和新技术，但总体上缺乏高水平的共性关键技术，主要污染物排放绝对量过大，工业固体废弃物产生量大。况且，许多企业现有生产工艺或流程多数缺乏科学合理的循环经济工艺与技术流程设计，一些落后生产工艺和生产技术还在使用②。高新技术产业规模小，高新技术产业增加值占全区生产总值的比重偏低，园区产业配套不完善，集聚产业的能力以及高新技术对产业发展的促进带动作用还不够强。企业的自主创新能力不足，主要表现为企业自主研发能力弱，技术集成能力差，科技成果转化率低，缺乏自主知识产权等。

高技术行业占比偏低、高耗能行业占比偏高的局面依然没有改变，资源环境问题依然突出。广西工业用能比重偏大，占全社会用能的75%以上；冶金、有色金属、电力、石化、建材、制糖、造纸等重化产业消耗了大量的能源，能源利用率相对较低，2010年万元工业增加值能耗1.99吨标准煤，高

---

① 广西壮族自治区国土资源厅. 广西壮族自治区矿产资源总体规划（2008—2015年）[A/OL]. 中国政府网，2010 – 12 – 19.
② 广西工业循环经济发展"十二五"规划 [EB/OL]. 广西壮族自治区工业化和信息化厅网站，2013 – 08 – 31.

出全国平均水平。据报载，2018 年我国的一次能源消费结构中，煤炭占
59%，石油占 19%，天然气占 8%，核电、水电、风电等可再生能源加在一
起只占 14%。市场环境的变化，劳动力成本的上升，技术创新和新型产业的
发展，也给广西经济发展带来了新的挑战；锰渣、磷石膏、赤泥等大宗固体
废物的综合利用与污染防治均需开展科技攻关、开发应用。

整体上看，农业生产模式依旧粗放，灌溉用水浪费巨大；不合理的化肥
和农药施用也会造成土壤污染——化肥、农药的利用率比世界发达国家却低
15%~20%，① 降低使用量、提高利用率势在必行。由于利用率低，大部分
化肥、农药散失在土壤、水体和大气中，直接间接地污染土壤，进而使动、
植物和各种农产品中有毒物大量积累，危害人、畜健康，影响农产品出口。
简言之，农业比较效益低下。

2013 年，广西高技术产业总产值 1195.3 亿元，比 2008 年增长 3.9 倍；
R&D 活动经费支出 6.3 亿元，新产品开发经费支出 6.6 亿元。广西高技术产
业利税总额 163 亿元。新产品销售收入 90.7 亿元，新产品销售收入占主营业
务收入的 8.1%。2013 年广西高技术产业 R&D 经费内部支出 6.3 亿元，其中
医药制造业 3.6 亿元；电子及通信设备制造业 2 亿元，约占高技术产业 R&D
经费内部支出的 32%，计算机及办公设备制造业 0.04 亿元，占 0.6%；医疗
仪器设备及仪器仪表制造业 0.7 亿元，占 10.6%。这将降低广西高技术产业
整体的竞争力，不利于广西高技术产业可持续的健康发展。

根据科技部《2015 中国区域科技进步评价报告》，2015 年广西的综合科
技进步水平指数为 42.09%，在全国排第 25 位——综合科技进步水平指数由
5 个一级指标组成。② 这反映了广西科技投入不足，全社会研发投入强度仅
为全国平均水平的 1/3，科技创新资源配置"碎片化"，科技经费安排聚焦不
够、效益不高。

---

① 林晖，王宇，于文静，等．污染总量超工业，农村环保警声疾［N］．新华每日电
讯，2015 - 04 - 15.
② 广西综合科技进步水平提升［EB/OL］．环球网，2016 - 08 - 26.

广西大部分环保企业规模小，技术和产品普遍是一些低水平的重复，集中度低，企业工艺设备落后，技术装备成套化、国产化水平较低，规模效益差。环保产业各领域的技术发展也不均衡，即使对于水污染防治、生活垃圾及固体废弃物处理的技术发展较成熟，但科技成果转化渠道不畅的问题也很突出。

要使这一方式变为集约型，产业升级换代，除了通过改革完善资源产权制度，以及确立"以人为本"的相关制度，还需要较为先进的科学技术的支撑。换言之，良好生态环境，自然资源的高效利用、循环利用以及更多发展模式的选择，都是建立在科技发展基础上的。

五、"绿水青山就是金山银山"的体制机制有待进一步理顺

生态文明建设取得成效，一是建立健全生态文明制度建设，二是依靠科学技术的发展。要把这两者有机统一起来并落到实处，并非易事。生态文明制度建设就是推动社会成员之间利益关系的调整，可一贯的路径依赖、利益固化却依然存在。此外，由于生态、环境属于公共物品——一种让公众均欲占有、享用的效果，对于存在外部非经济性的副产品，如空气污染、水污染等，在市场上会供给过量；对于存在外部经济性的行为，如生态保护、环境保护等，则会供给不足。而提供公共品的则是政府所承担的责任，换言之，公共品的供给与一系列的制度安排有关。政府在生态建设中所担负的职责：不仅要满足生态治理的需要，也要满足经济健康发展的需要。

但在现有的生态建设中，政府认识不到位或管理执法能力低下体现在：地方政府政绩考核评价体系不够科学，环境监管存在漏洞，企业违法成本较低，环保设施建设不健全；生态治理协调合作机制（部门间、政府间）不健全，生态治理中社会参与缺位——企业参与意愿不强、环保组织力量薄弱、公众参与渠道不畅。例如，绿色发展的内生动力、完善的机制尚未根本形成，工业结构性污染依然相对突出。① 绿色产品与不顾环保、浪费资源的产品相比较，因没有政策支持，则缺乏市场竞争力。"限塑令"虽然在 2008 年 6 月 1 日实施，但多年的实践表明，效果并不尽如人意，要想真正减少塑料袋的使用，还需使百姓从思想上"限塑"，即利用多种方式加强舆论引导，使市民形成环保观念，主动参与"限塑"。

自然资源产权不明晰，更多地侵害资源效率。无序开发、过度开发、分散开发，导致生态空间占用过多，环境资源承载能力下降。因产业结构和能源结构不合理，存在自然资源及其产品价格偏低、生产开发成本低于社会成本、保护生态得不到合理回报。长期以来农村集体资产权属不清、人资分离、生产要素市场主体地位缺失、资产身份与身价不等、设施产权与金融产品不对称、大量农村集体资产闲置无法实现市场化配置等。因各种原因，资源产权市场发展滞后（实际上在这一领域全国也不完善）：各类资源产权市场，条块分割，规则不统一，更大的发展需要一个统一的产权市场。② 这表现在，许多基建项目用地不报请批准或先用后报，宽打宽用，甚至征而不用，可以用劣地、空地、荒地却占用良田现象普遍；出现高能耗、高污染、粗放式经营带来外部负面的溢出效应。看似问题发生在企业身上，但实际上有些地方政府在其中没有起到应有的作用。也就是说，在利益丰厚的地方，政府容易越位；在利益寡淡的地方，政府容易缺位；在利益纠结的地方，政府容易错位。农村土地产权明晰长期滞后，使得土地这一对于农民而言最重要的资源，无法将其变成资产，进而将资产变成资本，也就是无法通过市场机制优化资源配置，这就制约了农民发展生产、增加收入。③

自然资源的市场定价机制没有形成，人为的自然资源的价格，使得租金偏低，自然资源的自我补偿、自我增值效益分享有限。④ 如自然资源价格低，

---

① 舒庆. 生态和经济：一体共生一体共建 [N]. 光明日报，2016 - 03 - 30.

② 杜蔚涛. "七突出"推进国资国企改革 [N]. 广西日报，2014 - 11 - 25.

③ 王可达. 实现经济发展方式转变的制度安排 [J]. 江西财经大学学报，2010 (5).

④ 谢高地，曹淑艳，王浩，等. 自然资源资产产权制度的发展趋势 [J]. 陕西师范大学学报（哲学社会科学版），2015 (9).

使得企业即使采用落后的生产技术和工艺流程，也能够获得足够的利润空间，加大了资源环境压力。在自然资源上所形成的高附加值，都被生产者占有。生态环境治理中存在"头痛医头、脚痛医脚"的问题，多部门全社会协同联动不够。各相关部门基本是独自为政，未真正形成建设合力，生态治理推进力度不够。在促进循环经济发展方面，节能、节水、资源综合利用等地方性法规有待完善。目前工业循环经济发展主要局限于企业和产业内部，尚未构建起企业之间、园区之间、产业之间、区域之间、上下游产品之间的循环、反馈、共生耦合的生产流程和布局。同时，企业、行业之间也缺少信息交流与合作，很多跨园区、跨区域、跨行业的循环经济项目无法从更高层面上进行协调处理，循环经济发展尚未跳出单个企业、园区、产业的局限性，难以在更高层次、更大范围和更大规模上形成物质循环链。

生态补偿机制尚未完全建立，或生态补偿力度不够。生态补偿是以保护生态服务功能、促进人与自然和谐相处为目的，根据生态系统的服务价值、生态保护成本、发展机会成本，运用财政税收、市场等手段，调节生态保护者、受益者和破坏者经济利益关系的制度安排。生态文明建设中存在重规划，轻实施的问题，已编制的部分与生态文明建设有关的专项规划基本上是束之高阁，未真正按照规划的时限、项目去落实。一些地方落实资源有偿使用和生态补偿等制度不严格，不同程度地存在监管职能交叉、权责不一致、违法成本低的问题。一些工商资本以发展特色小镇、乡村旅游、休闲农业等名义变相搞房地产开发；一些工商资本规模化流转耕地后，同质化竞争容易出现问题，损害了农民利益。

生态产业化需要相关的配套政策，现在的支持政策不够。农村生活垃圾的处理虽然遵循"户分类、村收集、镇转运、县处理"的原则，但面临缺钱、缺设施、缺人的情况——已经建设的垃圾填埋场存在设计容量不足、分类无法实施，缺乏懂技术的专业人员。① 因此，群众使用意愿不高，更不用

---

① 向定杰. 美丽乡村建设要过垃圾处理这道坎［N］. 经济参考报，2016 - 02 - 29.

说在农村建立垃圾回收完整的产业链条市场。对生态环境破坏的惩处也不得力，挖山、挖石等有很多是旅游部门管不着的。我国环保法规执行不到位是造成当前许多环境问题的一大顽疾。农民专业合作社的发展处于探索起步阶段，存在覆盖面不够广、参与度不太高、管理不够规范、政府扶持政策不够到位等问题。

地方政府对落后工艺的淘汰和对非法企业的监管力度不足，对危险废物的申报和转移监管不到位，部门协调配合不足，存在监管盲区。这关系到一系列环境法规的执行力及其背后的利益链条和地方保护伞问题。一些干部对生态环境的脆弱性认识不足，认为生态环境总体较好，不需要使多大劲。面对复杂的国际国内经济形势，在考核中把资源、环境、生态等看作可大可小的指标，导致经济、社会、生态之间协调发展的矛盾尖锐。编制的工业、农业、畜牧业、渔业等专项规划尽管都有环保篇章或说明，但普遍没有开展规划环评，环境资源约束机制以及环境保护与产业发展协同机制尚不健全。政府启动了生活垃圾卫生填埋处理工程、生活垃圾焚烧发电项目，可这些设施全成了摆设。

例如，呼伦湖位于内蒙古自治区呼伦贝尔市扎赉诺尔区与新巴尔虎左旗、新巴尔虎右旗之间，素有"草原明珠"之称，是我国北方生态屏障。然而，呼伦湖水质与入湖水量密切相关，水环境质量"靠天吃饭"的现状尚未改变。原因在于：自治区有关部门和呼伦贝尔市在治理项目实施中，没有协同推进机制和有效的监督考核机制。当地政府敷衍应对，工程项目研究论证不够，为了当地有关监管单位利益，不惜大幅调整项目建设内容。内蒙古自治区有关部门协调配合不到位，对水利厅的组织协调职责、任务知之甚少，向督察组提供的汇报材料很少，且很少谈到实质性工作，履职尽责没有到位。

总之，从现有的西部地区的生态状况来看，需要在资源的制度安排上，从起初的产权设定与明晰，到资源有序流动的制度保障，再到废弃物资源化，使得资源得以最大化地利用等一系列制度规制，发挥出应有的作用。

第三章

基于生态系统稳定的资源效率研究

　　建设生态文明是一场全方位、系统性地对原工业文明的演进——对既有生产方式、生活方式、思维方式的深刻变革。这一变革就是"树立和践行绿水青山就是金山银山的理念，坚持节约资源和保护环境的基本国策，像对待生命一样对待生态环境，统筹山水林田湖草系统治理，实行最严格的生态环境保护制度，形成绿色发展方式和生活方式，坚定走生产发展、生活富裕、生态良好的文明发展道路，建设美丽中国，为人民创造良好生产生活环境，为全球生态安全作出贡献"①。这一变革的核心就是提高资源效率。而提高资源效率一般着眼于两个方面：制度调整与科技提高。

第一节　保护生态环境：保护生产力

　　生产力作为一种能力，涉及有没有，以及有多大的问题。一般地，首先要有这个能力，然后才是提高的问题。而生产力的提高，往往通过劳动生产率的提高、资源要素的提高或全要素生产率的提高来说明。生产率的提高是人的发展的前提条件。这就是说，在生态环境容量和资源承载能力的范围内，不仅要生产出满足人们生存的资料，也要提供人们所需的发展的资料。

---

① 习近平. 决胜全面建成小康社会 夺取新时代中国特色社会主义伟大胜利 [EB/OL]. 人民网，2017 - 10 - 27.

这就需要经济社会发展的活动必须统筹兼顾，遵循自然规律，实现生态意识、生态行为、生态制度、生态环境和生态人居的全面发展。

一、生态系统与环境

生态系统有自身的边界，资源的有限性又成为人们对美好生活追求的制约。在这种发展的动力与制约并存的条件下，如何更好地利用已有资源以便获得更多的资源？根据经济、社会、政治、文化、价值等特点，利用现代科学，如系统论、控制论和信息论，以及耗散结构论、协同论、突变论等，估量生态资源价值和生态承载力，发挥市场配置资源的决定性作用，更好发挥政府作用，建立系统完整的生态文明制度体系，在资源开发与节约中，以最少的资源消耗支撑经济社会持续发展。换言之，在环境保护中实现经济发展，在经济社会发展中维护生态系统稳定，从而使得生态与经济社会发展双赢。在生态建设与修复中，以自然恢复为主，与人工修复相结合，强化科技创新引领作用，为生态文明建设注入强大动力，通过生态经济促进经济、资源、社会协调发展。

生态环境与生态资源是对立统一的关系。它们统一于人们的生产生活中，都是人类生存与发展不可或缺的因素，且随着生产力的提高，环境逐渐转变为资源；而在特定的时空条件下，环境与资源又是确定的。

1. 西部生态环境极其重要

生态环境，一般由生态资源（具有一定结构和功能的各类资源总和，反映区域生态背景、生态特征、生态优势）、环境质量（环境要素或整体环境性质的优劣，也就是环境素质的好坏及对人类影响的程度）和生态保育（针对生物物种与栖息地的监测维护，以生态学的原理，监测生态系统要素间的相互影响）三方面组成，包括水资源、土地资源、生物资源、气候资源以及其他资源数量与质量。简言之，人类生存与发展的自然资源与环境状况的总称就是生态环境。由此，环境的好坏与人们的生活质量紧密相关。因而，需要时刻关注生态环境，如果有可能，可不定时对生态环境进行脆弱性、生态效率、生态承载力等评估，以便确定下一步行动。

生态资源中最主要的是生态承载力、生态系统的自我维持和自我调节能力、资源与环境子系统的供给能力及其维持的社会经济活动的强度。这可从生态弹性能力（地形地貌、土壤、植被、气候和水文五大要素的承载力）、资源承载力（土地、水、旅游和矿产四种资源承载力）和环境承载力（水环境、大气环境和土壤环境）得以测量。如果资源的耗竭速度大于资源的再生速度，污染物排放量大于环境容量，生态破坏能力大于生态抵御能力，生态环境很快就会遭到破坏；若相反，则能促进生态环境优化、资源可持续利用和生态良性循环。

据此，西部地区要强化源头保护，下功夫推进水污染防治，保护重点湖泊湿地生态环境；加强绿色屏障建设，实施天然林保护和防护林工程，加强六盘山、贺兰山等自然保护区建设，推进封山禁牧、退耕还林还草。换言之，构建生态廊道和生物多样性保护网络，加强生态修复，减少人为干预，降低生态负债。"生态＋"要建立负面清单，推进划定生态保护红线、永久基本农田、城镇开发边界三条控制线，甄别适合生态型地区发展的功能业态，充分考虑自身特色、供给潜力和未来需求。也就是说，我们要真正做到严格坚守生态保护红线、环境质量底线、资源利用上线的三条红线，保障国家生态安全的底线，以及还人民群众"青山就是美丽，蓝天也是幸福"的生命线。

例如，青藏高原是世界屋脊、亚洲水塔，是地球第三极，是我国重要的生态安全屏障、战略资源储备基地，是中华民族特色文化的重要保护地。通过聚焦水、生态、人类活动，开展科学考察研究，揭示青藏高原环境变化机理，优化生态安全屏障体系，着力解决青藏高原资源环境承载力、灾害风险、绿色发展途径等方面的问题，对推动青藏高原可持续发展、推进国家生态文明建设、促进全球生态环境保护将产生十分重要的影响。①

---

① 习近平致中国科学院青藏高原综合科学考察研究队的贺信［EB/OL］. 新华网，2017 – 08 – 19.

　　进而，青海的生态地位重要而特殊：青海是长江、黄河、澜沧江的发源地，其三江源地区被誉为"中华水塔"；青海湖是阻止西部荒漠向东蔓延的天然屏障，是维系青藏高原东北部生态安全的重要节点；祁连山作为"青海北大门"，其冰川雪山融化形成的河流不仅滋润灌溉着青海祁连山地区，也滋润灌溉着甘肃、内蒙古部分地区，被誉为河西走廊的"天然水库"；独特的生态环境造就了世界上高海拔地区独一无二的大面积湿地生态系统，是世界上高海拔地区生物多样性、物种多样性、基因多样性、遗传多样性最集中的地区，是高寒生物自然物种资源库。可青海生态就像水晶一样，弥足珍贵而又非常脆弱，全省72万平方公里国土面积中，90%属于限制开发或禁止开发区域。针对如此重要的位置，习近平指出，"青海生态地位重要而特殊，必须担负起保护三江源，保护好'中华水塔'的重大责任"[①]。还有，黄河是中华民族的母亲河。现在，黄河水资源利用率已高达70%，远超40%的国际公认的河流水资源开发利用率警戒线，污染黄河事件时有发生，黄河不堪重负！作为黄河流经的省份，一定要加强黄河保护。习近平总书记在宁夏视察时曾指出，"宁夏是西北地区重要的生态安全屏障，要大力加强绿色屏障建设。要强化源头保护，下功夫推进水污染防治，保护重点湖泊湿地生态环境。要加强黄河保护，坚决杜绝污染黄河行为，让母亲河永远健康。"[②]

　　2. 提高生态资源的制度环境

　　生态文明建设不是为了生态而生态，而是推动资源适得其所，得以高效配置，推动经济社会的可持续发展。既要保护好生态环境，也要推动这些区域经济社会可持续发展，同全国人民一道追求美好生活，这必然要从资源节约和环境友好两个视角进行考量。资源节约主要从保护水、土地、森林等自然资源和节约能源的角度来构建；环境友好主要从改善环境质量、加强污染

---

① 罗藏. 深情牵挂青海各族人民——习近平总书记在青海省考察纪实［N］. 青海日报，2016 – 08 – 29.
② 习近平在宁夏考察强调：确保与全国同步建成全面小康社会［N］. 光明日报，2016 – 07 – 21.

防治和发展绿色农业等方面来构建。说到底，推动垃圾最小化，如低投入、高产出、低排放；或推动垃圾资源化，"本没有垃圾，只是放错地方的资源"。

要提高生态资源配置与利用效率，必须在以下几个方面下功夫。

一是推动民众树立生态制度意识，这主要包括制度与意识，即生态世界观念、文化结构协调、文明认知提高、制度建制、民生决策、投入保障、信息公开等方向。正如著名经济伦理学家 R. 爱德华·弗里曼等人提出，在今天的世界中，任何经济观念都要经过环境保护主义的审视，任何经济主体都必须把经济发展方式、经济运行体制、人类兴旺、伦理规范与环境所有的思想整合在一起，环保意识深藏于基于价值的商务观念中，"它反映着人们最深层次的关爱，增益着我们的自然人性。它既是利润和员工效率的驱动者，更是一种新商务逻辑和价值观念的源泉"①。

二是生态意识的形成与确立，需要在一定的环境中才能实现。这一环境不仅是物质基础，也是有制度的强制性推动的——环保工作占党政实绩考核的比例、环境信息公开率、千人拥有卫技人员、公众对居住生产生活环境的满意度等。如果从系统论的角度看，企业的生存与发展，离不开员工的辛勤劳动，离不开社会成员对其的支持与关爱。也就是，没有广大社会成员购买、消费其生产的产品，就不可发展壮大，甚至生存都困难；企业在社会中，要给社会带来更多的福祉，不仅承担经济责任，还要履行生态责任、社会责任以及发展责任，即企业把绿色、低碳、循环经济的理念整合到生产、消费、投资等实践过程中，营造企业与其他社会成员共存共荣的局面。"生态环境没有替代品，用之不觉，失之难存。在生态环境保护建设上，一定要树立大局观、长远观、整体观，坚持保护优先，坚持节约资源和保护环境的基本国策，像保护眼睛一样保护生态环境，像对待生命一样对待生态环境，

① R. 爱德华·弗里曼. 环境保护主义与企业新逻辑［M］. 苏勇，译. 北京：中国劳动社会保障出版社，2004：38.

推动形成绿色发展方式和生活方式。"① 为此,习近平指出:"要加强制度建设,完善绿色发展长效投入机制、科学决策机制、政绩考核机制、责任追究机制。"② 简言之,倡导绿色的消费方式,需要引导公众从身边的小事做起,在全社会树立起"同呼吸"的行为准则。

三是建立在生态制度、生态意识以及生态环境基础上的绿色经济发展。从经济、环境、制度保障等三个方面构建生态文明建设体系,较全面地反映地区的发展水平、平衡度、协调度、管理效率等特征。换言之,生态文明建设的顺利推进,就是要在一定的生态环境基础上,在生态意识与生态制度内在一致的条件下,把事关国家生态安全的重要生态区域统一纳入一条红线的管控之中,解决生态环境问题作为民生优先领域,因地制宜建立最严格的生态环境保护制度和监管制度,转变毫无节制地开发、利用自然资源的竭泽而渔、杀鸡取卵式的发展方式,构建绿色生态产业体系。绿色生态是最大财富、最大优势、最大品牌,走出一条经济发展和生态文明水平提高相辅相成、相得益彰的路子。③ "生态+"是以人类与生态系统和谐共存为导向,通过恢复生物多样性,提升生态涵养与生态保育的核心功能。

绿色经济是自然资源的经济效益、社会效益与生态效益高度融合的一种经济形态。生态经济是利用生态理念和生态技术推动生态系统和经济系统有机地耦合,使能源资源消耗最少、产业提供的产品绿色化较多,实现经济发展与环境友好、人类进步与自然和谐的物质生产方式和生活消费方式,形成有序转换和循环的复合系统。④ 走绿色经济发展道路就是维护生态环境良好的道路,也就是生态经济发展的路径。说到底,生态经济强调自然资源生产力——单位自然资源能生产多少有用产品的数量的比率"自然资源效率"。这一效率,既取决于生态系统,也取决于生产力水平。生态经济包括生态工

---

① 习近平参加青海代表团审议 [EB/OL]. 新华网,2016 – 03 – 10.

② 努力实现经济繁荣民族团结环境优美人民富强——深入学习习近平同志在宁夏考察时的重要讲话精神 [N]. 人民日报,2017 – 07 – 28.

③ 习近平在江西考察工作时的讲话 [N]. 人民日报,2016 – 02 – 04.

④ 潘文峰. 以生态经济为抓手 深入推进生态文明建设 [J]. 广西经济,2015 (07).

业和生态农业。

生态工业，是依据生态学原理，以清洁生产和废弃物多层次循环利用等为特征，以现代科学技术为依托，运用经济规律和系统工程的方法管理的一种综合工业发展模式。工业生态系统，就是一批相关的工厂、企业组合在一起，它们共生共存，相互依赖，其联系纽带是废物，即这家工厂、企业的废物是另一家或几家工厂、企业的原料。这样，使资源的利用率达到最高，而将工厂、企业对环境的污染和破坏降到最低。这一系统的最好载体是生态工业园区。换言之，工业生态系统是人造的，是人类仿照大自然而着意设计出来的系统——通过模拟自然系统建立经济系统中的"生产者——消费者——分解者"的循环途径，利用废物交换、循环利用和清洁生产等手段，建立互利共生的零排放。

该模式是由"资源开发""资源利用""资源再利用"三大部分构成的工业生态链。其中，"资源开发"主要承担自然资源（包括可再生和不可再生资源）的开发利用，为工业生产提供初级原料和能源；"资源利用"是资源的最大化利用即无浪费、无污染的生产过程，将初级资源加工转换为满足人类生产生活需要的工业品；"资源再利用"将资源利用后的各副产品（废弃物）再资源化，转化为新的工业品的原材料。换言之，发展生态工业经济是以生态环境承载力为基础，以产业发展生态化、生态建设产业化为手段，一方面发展新型生态工业产业，改造传统优势产业，铝、有色、水泥、糖等传统优势产业可通过生态化改造转型升级并延伸产业链；① 另一方面加强生态基础设施建设，推进环境保护与治理，最大限度减少能源资源消耗污染排放，建立具有良好经济效益和生态效益的产业体系。

发展生态农业，遵循自然生态系统物质循环方式，将生态系统同农业经济系统综合统一起来，将农业生产、加工、销售综合起来，推动一、二、三产业融合发展，适应生态文明建设的需要。广西具有丰富的生物资源以及品

---

① 陈武. 坚持生态立区 促进绿色发展 [N]. 广西日报，2015 – 07 – 30.

种繁多的特色经济作物等原材料，发展生态农业具有得天独厚的优势，此以昭平县和恭城县的生态农业发展为例做个说明。

昭平县规划"三区两带"布局，推动旅游业发展。"三区"即以黄姚古镇为核心的大黄姚旅游区，以大脑山和桂江为核心的桂江休闲养生区，以温泉为核心的富罗温泉度假区；"两带"即黄姚古镇至县城的60公里"走马观画"乡村旅游景观带和昭平桂江至桂林漓江的水上旅游观光带。也就是，旅游业依托"生态、古镇、茶寿"三大特色，确立"长生福地、美丽昭平"的发展定位，打造古镇寻梦、田园观光、民宿体验、茶园度假、山水养生、温泉休闲六大产品体系。依托生态优势，昭平打造三个百亿元生态产业——茶产业、天然饮用水产业以及旅游产业。恭城以"恭城模式"而出名。恭城模式是"养殖—沼气—种植—加工—旅游"五位一体生态农业发展模式。恭城推进旅游与生态农业、瑶乡文化、特色村镇融合发展，引导村民组建旅游合作社，发展农家乐，因此乡村旅游发展红红火火。恭城县实现月柿种植规模化、标准化、科技化和产业化。恭城县以莲花镇红岩村、平安乡社山村为代表的一批新农村实现果园变公园、农家变旅馆、农民变老板，以及农民就地转移就业、农村就地城镇化的变化。这不但改善和保护了生态环境，同时也发展了旅游业。由此，获得了"全国休闲农业与乡村旅游示范县"荣誉称号。

3. 资源利用效率的指标

在资源约束的前提下，要引导居民在衣食住行等方面向绿色低碳、运动健康方式转变。习近平指出，"既要创造更多物质财富和精神财富以满足人民日益增长的美好生活需要，也要提供更多优质生态产品以满足人民日益增长的优美生态环境需要"①。要实现这一任务，就必须按照尊重自然、顺应自然、保护自然的理念，贯彻节约资源和保护环境的基本国策，把生态文明建设融入经济建设、政治建设、文化建设、社会建设各方面和全过程，自觉

---

① 习近平. 决胜全面建成小康社会 夺取新时代中国特色社会主义伟大胜利［EB/OL］. 新华网，2017－10－18.

推动绿色发展、循环发展、低碳发展，形成节约资源、保护环境的空间格局、产业结构、生产方式、生活方式，为子孙后代留下天蓝、地绿、水清的生产生活环境。①

生态经济指标是反映有关生态经济系统输入、输出、内部结构及整体功能经济信息的数值。它是衡量、对比、分析和评价生态经济系统状况和发展趋势的基础，也是制定社会—经济发展规划的依据。这些指标总根据来自生态系统的承载力状况，直接依据是由产量、收入、费用等这些反映经济活动的结果中推演出来的。这些指标，既包括社会污水集中处理率、生活垃圾无害化处理率、农业面源污染防治率、水土流失治理率、农村卫生厕所普及率、单位 GDP 能耗、单位 GDP 碳排放量、二氧化硫排放强度、单位 GDP 水耗等；也包括生态用地，畜禽生态养殖达标率，节能电器普及率，节水器具普及率，公众节能、节水、绿色出行的比例，第三产业增加值占 GDP 的比重，森林覆盖率，科技进步贡献率，农村集中式供水人口比例，规模以上工业企业开展环保公益活动，主要农产品中有机、绿色及无公害产品种植面积，城乡居民收入增长比，生物多样性受保护程度，农村可再生能源利用率，清洁能源使用率，环保投资占 GDP 比重，研发经费支出占 GDP 比重，生态文明宣传教育普及率，旅游区环境达标率，自然保护区占辖区面积比重，等等。

在这些指标考量下，生态经济体系逐步形成并具有较强的竞争力：以风电工程为载体，引进风电装备制造企业，生产风力发电机、叶片、储能等设备；推进光伏电站和分布式光伏发电项目建设，扩大太阳能利用领域和规模；开发生物质能，发展生物制油、生物燃气、生物质发电，推进养殖小区、农村联户及大中型沼气建设，以及地热能、海洋能等可再生能源开发利用，统筹研究推广非粮车用乙醇汽油，力争光伏以及生物质发电装机。

自然资源中的不可再生资源，是在漫长的地壳运动中形成的，数量有

---

① 习近平. 致生态文明贵阳国际论坛二〇一三年年会的贺信［N］. 人民日报，2013 – 07 – 21.

限，人类开发利用一点就少一点；而且又是生态系统的必不可少的组成要素。这对于构建相应的资源开发利用指标，显得非常重要，因而在其开发利用中，尽可能少取，物尽其用，并且废弃物资源化，尽可能少排。对采矿产业的指标一般有，主要金属矿产采选综合回收率（％）、主要非金属矿产采选综合回收率（％）、煤矿平均回采率（％）、共伴生矿产综合利用率（％）、遗留矿山地质环境恢复治理率、遗留矿山废弃土地复垦率等。

评价主要工业行业，如冶金、有色金属、建材、制糖、化工、电力、轻工（啤酒酿造）的循环经济指标，主要是废弃物资源化率。这表现在，钢铁行业的高炉渣回收利用率、废钢铁回收利用率，铝行业的赤泥回水利用率，铜行业的工业固体废物综合利用率、粗铜冶炼回收率，锌锭行业的工业固体废物综合利用率、金属回收率，有色金属的工业固体废物综合利用率、总硫利用率、铅金属回收率、锑金属回收率，水泥产品的原料配料中使用工业废物、窑系统废气余热利用率，白砂糖行业的滤泥处置率、蔗渣利用率、废糖蜜利用率、炉渣利用率，化工行业的工业固体废物综合利用率、含氰废水回收利用率、含氨废水回收利用率、含炭黑废水回收利用率，燃煤电力行业的工业固体废物综合利用率、烟气脱硫效率，啤酒酿造业的炉渣回收利用率、酒糟回收利用率、废酵母回收利用率、废硅藻土回收处置率，以及在工业园区的矿产资源综合利用率、共伴生金属综合利用率、余热回收利用率、废渣处置率、工业用水循环利用率，等等①。

在推动产业升级、改善资源质量、提高资源利用效率、提高环境保护水平、促进经济结构优化方面，需要有高质量的工具与技术手段，如：高效太阳能热水器及热水工程、太阳能中高温利用技术开发与设备制造，生物质直燃、气化发电技术开发与设备制造，农林生物质资源收集、运输、储存技术开发与设备制造，农林生物质成型燃料加工设备、锅炉和炉具制造，以畜禽养殖场废弃物、城市填埋垃圾、工业有机废水等为原料的大型沼气生产成套

---

① 指数分别依据《中国统计年鉴》《中国环境统计年鉴》、国家统计局、有色金属协会、建材协会、钢铁协会和海关的统计资料计算得到。

设备、沼气发电机组、沼气净化设备、沼气管道供气、装罐成套设备制造，海洋能、地热能利用技术开发与设备制造，等等。除此，还有农林业中低产田综合治理与稳产高产基本农田建设，水利工程用土工合成材料及新型材料开发制造、农田水利设施建设工程，煤层气勘探、开发、利用和煤矿瓦斯抽采、利用，煤矸石、煤泥、洗中煤等低热值燃料综合利用、提高资源回收率的采煤方法、工艺开发与应用，等等。

在厨余垃圾回收方面，根据国务院的《生活垃圾分类制度实施方案》，将垃圾分为有害、易腐烂、可回收等三类，使垃圾分类便于操作。在政府主导下，推动人员、设施、空间、机制的"四个融合"实现：严格落实垃圾分类管理责任人管理责任，有收集运输处理餐厨垃圾、建筑垃圾、可回收物、有害垃圾、其他垃圾等能力的有资质的单位，有谁制造垃圾谁付费，厨房垃圾"不分类、不收运"和"不分类、多缴费"的政策安排，以及通过设立绿色账户、环保档案等，以鼓励消费者参与垃圾分类的激励机制。这一垃圾分类方案的实施，带来多种直接经济效益：一是减少垃圾处理设施的建设，二是垃圾处理经费不断下降，三是垃圾发电效果显著。

物流行业的繁荣兴盛带来数以亿计的包装材料和垃圾，包括运单、编织袋、塑料袋、封套胶带和内部缓冲物等。国家邮政局数据显示，2016年中国快递所用的瓦楞纸箱原纸多达4600万吨，相当于砍伐7200万棵树木，或消耗了46.3个小兴安岭的林业。在包装废物管理与回收方面，国家界定各类包装设计、生产、流通、回收、处理、利用链条上各相关方的责任，包括个人、企业和政府行为。一是通过给予补贴等方式，让企业参与，加强外卖垃圾分类回收、资源化利用，让更多垃圾变废为宝；二是加大科技研发力度，研发成本低、更合适的环保材料，来代替传统包装材料。

此外，有研究表明，我国外卖消耗的一次性塑料餐盒量巨大。如果每单外卖所消耗塑料餐盒/杯3.27个，每天消耗6000万个，以每个5cm计算，则相当于339座珠穆朗玛峰高；若以每单1个塑料袋、0.06平方米计算，每天消费的塑料袋则覆盖120万平方米的面积，铺满168个足球场。① 关键是这些塑料制品材质多为聚丙烯、聚乙烯，填埋会使垃圾长时间保留在土壤中；焚烧则增加有毒有害物质的生成概率。为此，美团外卖联合中国烹饪协会、中华环境保护基金会与百家餐饮外卖企业，成立"绿色外卖联盟"，并共同发布了"绿色外卖行业公约"，推动使用绿色餐具。除此之外，政府还推行生产者责任延伸制度，即外卖平台、供应链上的商家和消费者各方需要承担共同但有区别的环境责任：政府创造条件由外卖企业以及消费者承担相应的外卖垃圾回收和处理成本。

自然资源中的可再生资源，也不是用之不竭的，开发利用方式适当，可持续利用；若开采利用方式不当，也会破坏系统的稳定。对可再生自然资源的评价指标而言，在可再生能源方面，建立多元化的安全清洁能源保障体系，一是积极推进光伏电站和分布式光伏发电项目建设，扩大太阳能利用领域和规模；二是鼓励支持开发生物质能，发展生物制油、生物燃气、生物质发电，推进养殖小区、农村联户及大中型沼气建设，推广非粮车用乙醇汽油；三是推进风力、地热能、海洋能等可再生能源开发利用。

农业不仅有经济功能，还有生态、社会和文化等功能。发展高产、优质、高效、生态、安全的现代农业，一是尊重自然规律，发展一村一品、一乡一业，形成区域特色，为农村一、二、三产业融合提供了巨大空间；二是深度挖掘农业的多种功能，实现农业产业链整合和价值链提升；三是培育农民增收新模式——支持农户采取"保底收益＋按股分红"等方式，让农户共享利益。②此外，根据国家颁布的《产业结构调整指导目录（2014年本）》中所指出的产业，要提高资源利用效率、提高环境保护水平、促进经济结构优化升级，就需要现代化的科学技术。如：农产品基地建设、蔬菜、瓜果、花卉设施栽培（含无土栽培）先进技术开发与应用，优质、高产、高效标准化

---

① 三大外卖平台被环保组织起诉 原因是制造了大量垃圾［N］. 人民日报，2017-11-25.
② 冯华，王浩. 培育壮大农村新产业新业态［N］. 人民日报，2016-01-31.

栽培技术开发与应用，畜禽标准化规模养殖技术开发与应用，重大病虫害及动物疫病防治，农作物、家畜、家禽及水生动植物、野生动植物遗传工程及基因库建设，农作物秸秆还田与综合利用，生物质纤维素乙醇、生物柴油等非粮生物质燃料生产技术开发与应用，等等。习近平指出："农业出路在现代化，农业现代化关键在科技进步。我们必须比以往任何时候都更加重视和依靠农业科技进步，走内涵式发展道路。"①

二、提高生态环境质量需遵循的原则

根据生态系统的整体性、稳定性和层次性所具有的自组织性，以及人们实践所具有的特点，提高生态环境质量需遵循以下几个原则。

一是坚持整体性与层次性相结合的原则。生态文明内含人与自然和谐相处的价值观和经济社会的可持续发展方式，且将人类纳入生态系统，有助于该系统有序演进。处理好生态系统中每一个要素，尤其是人和自然的关系，既能保障人的生存，又能促进人的发展，就要遵循生态学规律，即生态系统自身的规律：一是生物体自身作出调节以适应环境变化的规律，二是生态系统各种因素——物种之间、生物与环境的各种因素之间的作用与反作用，三是使生命系统的保持和进化成为可能的物质循环、转化和再生规律，四是使生态系统成为适应的系统、反馈的系统和循环再生的系统的发育进化规律。这四种关系所构成的生态系统是具有动态平衡性的自组织系统。也就是说，系统内部各要素是作为整体一部分发展变化着的。生态系统一经形成就具有稳定性，某一要素的变化具有"牵一发而动全身"的作用。

社会整体是人们在劳动、实践过程中，在交往的过程中形成和发展的，表现为各种人的实践活动形成社会事件、社会状态的综合统一体。社会体系中各种要素，包括社会主体、客体、主体客体之间，以及主体间、客体间的经济关系、政治关系、意识关系、血缘关系、伦理关系等，表现出一定的运

---

① 习近平. 给农业插上科技的翅膀 培养新型职业农民［EB/OL］. 中新网，2013 - 11 - 28.

行秩序，以形成复杂状态中有规律的活动。经济生活、政治生活、文化生活、社会生活等方面不断地提高人民的生活质量，促进人的全面发展。

自然资源具有整体性，这种整体性突出表现为任何一种自然资源都不可能脱离于生态系统之外而独立存在，任何一种自然资源类型的存在都为其他自然资源提供了存在的物质基础和前提。换言之，构成系统的每一要素都是资源——各要素（气候、地形、水文、生物、土壤）之间相互联系、相互制约和相互渗透，构成地理环境的整体性，要单独改变其中任一要素和部分是困难的。换言之，一些生态比较脆弱的地区——对维护生态系统安全具有不可替代的作用的地区，不宜对其中某些要素大规模的开发，否则将对生态系统造成破坏，损害提供生态产品的能力。

遵循自然界发展规律，如能量守恒定律即热力学第一定律——能量既不能无中生有，只是形式的转变，或者是物体的转移，在转移和转化的过程中，能量的总量不变，不同的能量形式与不同的运动形式相对应。又如，热力学第二定律，揭示了大量分子参与的宏观过程的方向性，使人们认识到自然界中进行的涉及热现象的宏观过程都具有方向性；一切自然过程总是沿着分子热运动的无序性增大的方向进行。

建设生态文明，是为了人类更好地发展，而不是为了生态而生态。不能为了生态而囿于经济不发展，主要是既要经济发展，又要不破坏系统的稳定。而这就需要在遵循规律中满足人们不断增长的物质文化需求。绿色循环低碳发展，是当今时代科技革命和产业变革的方向，可以为经济转型升级添加强劲的"绿色动力"。按行业、领域制定符合生态环保要求的标准。国家和社会公众对资源综合利用、环境污染防治及污水和垃圾处理等项目，对清洁生产、环境标识产品、环境友好型产品等生产和消费行为给予鼓励。如国家对这些企业给予政策上的倾斜，社会公众购买这些企业的产品。在垃圾回收处理上，建立生产责任制和消费责任制。环保产业的发展取决于多种因素，必须全盘考虑，将"产业链"作为一个整体来设计、规划和培育，使各环节都协调发展，实行产业化处理以提高回收利用率。习近平总书记指出，要统筹推进生态工程、节能减排、环境整治、美丽城乡建设，加强自然保护区建设，搞好三江源国家公园体制试点，加强环青海湖地区生态保护，加强沙漠化防治、高寒草原建设，加强退牧还草、退耕还林还草、三北防护林建设，加强节能减排和环境综合治理，"确保一江清水向东流"。①

随着对发展规律认识的不断深化，人们越来越认识到改善生态环境就是发展生产力。绿水青山推动广西农业产业转型，以及乡村生态经济和服务业经济的快速发展。各地利用山水风光、地域文化等资源，开发以生态农业、田园风光、民族风情为卖点的乡村旅游，将乡村建设活动与转变农业发展方式有机结合，发展高效节水灌溉等农业清洁生产技术，打造以初步休闲旅游业为基础的乡村旅游发展格局。也就是说，一大批生态农业、旅游观光等产业进驻广大农村，村民们有的经营农家乐，有的成为产业工人，年龄稍大一些的就当保洁员、卖土特产，广西走出了一条具有壮乡特色的绿色转型发展之路。② 隆安县将生态乡村建设与农村文化基础设施建设、文化惠民并进，在美化村屯环境的同时补齐农村公共文化服务短板，建好"广播村村响""电视户户通"以及农家书屋、文化广场等群众家门口的文化基础设施；相关部门因势利导，将"送文艺下乡"等文化惠民活动向偏僻村屯倾斜。县文化馆与乡镇文化站积极向群众开放多功能厅、舞蹈排练厅、书法室、老年学校等厅室，每周开放活动不低于 60 小时，乡村社区和谐文艺大展演延伸到"月月演"广场文化活动中，逐步实现生态乡村建设与文化惠民的完美"联姻"。③ 这一原则在实践中就是要做到整体规划，重点任务与阶段性任务相结合。"在生态环境保护建设上，一定要树立大局观、长远观、整体观，坚持保护优先，坚持节约资源和保护环境的基本国策，像保护眼睛一样保护生

---

① 罗藏. 深情牵挂青海各族人民——习近平总书记在青海省考察纪实 [N]. 青海日报，2016 - 08 - 29.
② 王云娜. 广西推动农村绿色转型 [N]. 人民日报，2016 - 11 - 26.
③ 孟振兴，黄初艺. 隆安生态乡村建设与文化惠民联姻 [N]. 广西日报，2016 - 11 - 22.

态环境，像对待生命一样对待生态环境，推动形成绿色发展方式和生活方式。"①

二是坚持特色与共性相结合的原则。大生态系统是由多个相互联系的子系统构成的有机整体。这些子系统是由更小的系统组成，且子系统也不完全相同。这决定了坚持共性和特色相结合的原则的必然性。习近平指出："我们要认识到，山水林田湖是一个生命共同体，人的命脉在田，田的命脉在水，水的命脉在山，山的命脉在土，土的命脉在树。"②

虽然都是系统，且目标都是保持系统的平衡和稳定，但各地的自然资源和人们自身的资源却有差异。因而，为了这一良好生态环境，不同的系统需不同对待。建立基于主体功能区和主要生态功能区的发展和生态环境政策、差别化的产业准入标准、生态补偿机制、多元化的环保投入机制等有效机制。

自 2013 年初农业部在全国开展"美丽乡村"创建活动以来，各地积极探索和实践美丽乡村的建设，涌现出一大批各具特色的典型模式。国家有关部委总结出产业发展型、生态保护型、城郊集约型、社会综治型、文化传承型、渔业开发型、草原牧场型、环境整治型、休闲旅游型和高效农业型等美丽乡村十大创建模式。广西在创建中逐渐形成一套有效的做法。理顺市各县区之间开发秩序和功能定位，推动错位发展和相互间分工协作。由于各地区差异较大，在探索农村垃圾处理技术路径时，广西坚持因地制宜，不照搬城市垃圾处理办法和技术路线，组织专家进行科学论证、实地勘察、审慎推荐适合广西实际的农村垃圾处理技术方案。同时，各地在实践中充分考虑农村地理位置、发展水平等因素，由农民群众自主选择处理方式，探索出堆肥处理、沼气池处理、焚烧处理、垃圾热解、水泥窑协同处置、就地填埋等一批垃圾就近就地处理的技术路线。经济薄弱村的转化路径，没有固定模式，要

---

① 习近平在参加十二届全国人大四次会议青海代表团审议时的讲话［N］.人民日报，2016－03－11.

② 参见生态环境保护多重要，听习近平怎么说［EB/OL］.新华网，2018－05－17.

坚持因地制宜、分类实施，一镇一村一策。

广西依据《全国主体功能区规划》，编制《广西壮族自治区主体功能区规划》。这一规划的主要内容是：1. 桂西生态屏障，着力加强以石漠化治理、恢复林草植被、水源涵养、生物多样性保护为主要内容的生态建设；2. 桂东北生态功能区，着力加强以水源涵养、森林生态和维护生物多样性为主要内容的生态建设——2016年，根据《国务院关于同意新增部分县（市、区、旗）纳入国家重点生态功能区的批复》，阳朔县、灌阳县等11个县（自治县）被新增纳入国家重点生态功能区范围；3. 桂西南生态功能区，着力加强以石漠化治理、恢复林草植被、生物多样性保护为主要内容的生态建设；4. 桂中生态功能区，着力加强以石漠化治理、恢复林草植被和水土流失为主要内容的生态建设——完善农田水利设施，提高农机装备水平，推进以良种良法为主的农业科技进步，提高粮食综合生产能力；5. 北部湾沿海生态屏障，着力加强以沿海防风林、湿地保护、海洋生态恢复为主要内容的生态建设；优化养殖布局，扩大养殖规模，推进水产健康养殖；建设优质糖蔗生产基地，巩固蔗糖在全国的优势地位；6. 桂西地区实施优势资源开发战略，发展特色产业。

为了落实这一规划，保证主体功能区建设有成效，多种措施保驾：健全财政、投资、产业、土地、人口、环境等配套政策，引导各类主体功能区把激励政策与限制、禁止性政策相结合，把开发和保护相结合，按照主体功能定位谋发展，约束不合理的空间开发行为。此外，广西人文资源与自然资源交相辉映，增添了民族村寨的旅游吸引力和竞争力。如，区域性的南国民族风情，丰富多彩的民族文化，多姿多彩的喜庆节日，等等。通过少数民族村寨的旅游开发，依据民族歌舞表演、服饰表演、特色饮食等，推出该民族的品牌建设体系。

这一原则在实践中就是经济发展需因地制宜保持人与自然和谐相处。"坚持绿色发展是发展观的一场深刻革命。要从转变经济发展方式、环境污染综合治理、自然生态保护修复、资源节约集约利用、完善生态文明制度体系等方面采取超常举措，全方位、全地域、全过程开展生态环境保护。"①

三是坚持定性与定量相结合原则。系统中的每一个组成要素对于整个系统来说都有着不可或缺的作用，要素之间相互影响、相互作用，各个要素彼此独立形成子系统，子系统内部各个组成部分之间，都具有内在的、本质的关联。生态系统有自身存在的稳定的阈值，也有自我净化的能力。资源开发不超过这一阈值，废弃物排放也在其净化的能力范围之内，进而资源利用不破坏系统各要素间的关系。发挥这一系统的整体优势去解决问题，开辟了探索复杂性的一条独特途径。德国物理学家普朗克认为："科学是内在的整体，它被分解为单独的整体不是取决于事物的本身，而是取决于人类认识能力的局限性。实际上存在着从物理到化学，通过生物学和人类学到社会学的连续的链条，这是任何一处都不能被打断的链条。"②

政府制定分类的排放许可制度：重点开发区域积极推进排污权交易制度，制定合理的排污权有偿取得价格，鼓励新建项目通过排污权交易获得排污权，合理控制排污许可证的发放；限制开发区域要从严控制排污许可证发放；禁止开发区域不发放排污许可证。③ 根据环境容量提高环境准入标准，加强环境影响评价和环境风险防范，提高污染物排放标准，推进清洁生产，强化监督管理，控制主要污染物排放，从源头上控制污染，限制开发区域要通过治理、限制或关闭污染严重、技术设备落后、生产水平低下的企业等手段，实现污染物排放总量有效控制；限制开发区实行矿山环境治理恢复保证金制度，并实行较高的提取标准；禁止开发区域要按照强制保护原则设置产业准入环境标准，依法关停迁出所有排放污染物的企业，确保污染物的"零

---

① 习近平在山西考察工作时的讲话 ［N］. 人民日报，2017－06－24.
② 杨风禄，徐超丽. 社会系统的"自组织"与"他组织"辨 ［J］. 山东大学学报（哲学社会科学版），2011（3）.
③ 广西壮族自治区主体功能区规划 ［N］. 广西壮族自治区人民政府公报，2013－03－10.

排放"。①

矿产资源开发利用，以地域空间的环境承载能力、自净能力为依据，关注政策选择和过程实施。矿产资源开发利用中，依靠产业结构升级，转变产业发展的资源利用方式与环境干预模式，约束地方政府的资源寻租和环境寻租行为，执行更加务实的减排措施，是有效控制矿产资源开发利用环境影响的战略需要。从自然生态系统获取的资源不以损害生态系统的稳定为前提，向系统排放的废弃物应是在系统自我净化的能力范围之内的。推动绿色产品生产和绿色基地建设，扶持绿色产业。资源消耗减量化稳步推进。2013 年与2005 年相比，单位 GDP 用水量下降49.1%，单位 GDP 生物质资源消耗下降37.5%，单位 GDP 能源消耗下降26.4%，单位 GDP 非金属消耗下降17.4%；单位 GDP 工业废水化学需氧量排放量下降60.3%，单位 GDP 工业废水氨氮排放量下降48.6%，单位 GDP 工业二氧化硫排放量下降62.8%，单位 GDP 废水排放量下降38.5%；污染物处置水平大幅提高，能源回收利用率提高0.5 个百分点，工业用水重复利用率提高4.4 个百分点，工业固体废物综合利用率提高5.5 个百分点，废铅回用率提高8.8 个百分点。②"构建科学适度有序的国土空间布局体系、绿色循环低碳发展的产业体系、约束和激励并举的生态文明制度体系、政府企业公众共治的绿色行动体系，加快构建生态功能保障基线、环境质量安全底线、自然资源利用上线三大红线，全方位、全地域、全过程开展生态环境保护建设。"③

如，恭城设立广西第一个"农村污水处理项目远程控制中心"，实现远程控制污水处理设备的运行，远程监控设备和仪表的状态，远程综合收集分析实时数据和历史数据，实现县域范围内所有污水处理项目管理的信息化和

①　广西壮族自治区主体功能区规划［N］. 广西壮族自治区人民政府公报，2013 – 03 – 10.
②　朱剑红. 我国循环经济发展成效明显［N］. 人民日报，2015 – 03 – 20.
③　习近平. 在十八届中央政治局第四十一次集体学习时的讲话（2017 年 5 月 26 日）［M］//中共中央文献研究室. 习近平关于社会主义生态文明建设论述摘编. 北京：中央文献出版社，2017：37.

自动化，做到现场无人管理、少人值守。针对恭城县的秀美景色和民族风貌，项目将互联网远程管理技术与绿色发展理念相结合，项目外观设计将按照污水处理与生态景观结合的理念，把项目建设成乡村休闲景点，实现人与自然和谐相处。乡镇级项目采用的技术工艺是目前处于国内领先水平的双膜内循环生物反应处理系统（DMBR 工艺），村级项目采用的技术工艺是生物膜＋纤维膜动态分离技术，是入选第一批《广西"清洁乡村·美丽广西"适用技术名录》工艺之一。

人与自然关系的系统性和人在生态系统中的主体性决定了人必须尊重自然规律，按照合目的性和合规律性的统一来改造自然，进而是在自然的承载力之内，在一定生产力水平上适度地消耗自然资源和生活资料——节俭消费、文明消费、合理消费，是质量型、生态型和公正型的消费生活。绿色发展不能超出地域自然资源承载能力和环境容量。正如习近平指出："不仅要研究生态恢复治理防护的措施，而且要加深对生物多样性等科学规律的认识；不仅要从政策上加强管理和保护，而且要从碳循环机理等方面加深认识，依靠科技创新破解绿色发展难题，形成人与自然和谐发展新格局。"①

第二节 改善生态环境：发展生产力

党的十九大报告指出，加快建立绿色生产和消费的法律制度和政策导向，建立健全绿色低碳循环发展的经济体系；实行最严格的生态环境保护制度，形成绿色发展方式和生活方式，坚定走生产发展、生活富裕、生态良好的文明发展道路。这条道路不是以要素驱动、投资规模驱动发展为主，而是"以创新驱动发展为主"。经济社会的发展需要自然资源和生态环境支持。发展生产力是提高改造自然的能力。

---

① 习近平. 为建设世界科技强国而奋斗［M］. 北京：人民出版社，2016：12.

保护和改善生态环境实质是促进经济社会绿色发展的重要推力。自然资源开发利用的质量如何，直接关系生态文明建设的成效。自然界不会自动满足人们的需求，人们必须发挥自身的主观能动性遵循自然规律去改造自然。自然资源的效率状况究竟如何，关键看人类自身资源发挥如何。

一、人力资源：人尽其才，才尽其用

生产力是人们从自然界获取财富的能力。作为劳动力的所有者，在这能力中劳动者居于主导地位。而要真正体现这一主导地位，就需劳动者把自己的聪明才智发挥出来，且社会不但要为他们能力的发挥提供相应的平台，而且为他们培养这一能力，或社会为他们提高自身素质创造一定的条件。换言之，作为人力资源，能否做到人尽其才，才尽其用？

劳动者要适应社会发展的需要，就要具备一定的就业能力、劳动技能和适应社会需要的思想政治素质（包括生态意识）。换言之，在新时代，一般劳动者一般应接受中等教育（普通高中、职业高中或职业中专等），不仅能够从事马克思所说的简单劳动，也能够积极参与各级组织举办的技能培训——"积财千万，不如薄技在身"与"一技在手，终身受益"。也就是说，劳动者拥有一项技术是根本性的、可持续的。

联合国教科文组织研究表明，人均受教育年限与人均 GDP 的相关系数为 0.562，即不同层次受教育者提高劳动生产率的水平不同，创造财富的能力不同，两者之间呈正相关关系。再加上义务教育在人的成长与发展过程中起着基础性地位、先导性功能。地方政府需要采取更加切实的措施保证每个劳动者接受过九年义务教育，有条件的县市可以普及高中阶段的教育。在精准扶贫的前提下，无论对义务教育阶段投入多少，有多重视都不过分。这不仅包含适应现代化要求的基本教育设施，还要有高素质的教师。各级政府真正要按照有关法律法规的要求，真正解决教师的待遇问题——按照《教师法》《义务教育法》的要求，一定要确保乡村教师享受当地不低于当地公务员的工资水平；使之能够"下得去""留得住""教得好"，为他们实实在在地做一些实事，支持和鼓励、吸引人才从事教育事业，才是提高义务教育质量的一个非常有效的途径。

地方政府应通过各种途径提高人民群众的科学素养，为实施创新驱动发展战略，建设社会主义现代化供有力支撑。社会成员科学素质的高低在很大程度上受其接受的教育水平的影响。整体上看，西部人们科学素质较东部低，不仅在于初等教育的差异，也在于高等教育的缺乏，还在于思想接受新事物的条件受限。不可否认，西部地区含义务教育在内的基础教育水平赶不上东部，高等教育水平更是无法与东部相比。基于各种因素的影响，在现代化的传播媒介方面，在信息获取上，西部地区也与东部有一定的差距。基于第九次中国公民科学素质①调查、第十次中国公民科学素质抽样调查，数据表明公民在获取科技信息的方式渠道上，电视仍是公民获取科技信息的主要方式，公民利用互联网及移动互联网（微信、百度）获取科技信息增长速度最快等。实际上，获取科技信息，旨在使自己逐步具备科学精神、掌握科学方法。

农业现代化，需要农民的现代化观念和科技素质提升。新型职业农民符合市场经济的需要，就是推动农村资源市场化配置，推进农业向二、三产业延伸。因而，新型职业农民除了是生产者，还是投资者、经营者、决策者。以农业职业院校、农广校为主体，农业科研院所、农技推广机构、农业园区、龙头企业、合作社及其他社会力量构建教育培训体系，涌现了有知识、懂技术的现代新型职业农民，引进外资发展现代农业，让村民们实现在家门口脱贫致富。一是探索农广校集中培训＋实训基地观摩实操＋农技推广部门跟踪服务、职业农民学院集中培训＋田间学校实操实训＋农技推广部门跟踪服务的培训，低收入家庭享受免费职业教育；二是让未升入大学的农村普通高中学生普遍接受6个月至1年的职业教育；三是推进农民培训，农村劳动力培养成为技术工人，把农业专业大户、农场主培养成为现代农业生产主

---

① 公民科学素质一般指了解必要的科学技术知识、掌握基本的科学方法、树立科学思想、崇尚科学精神，并具有一定的应用科学处理实际问题、参与公共事务的能力。

体，把农业龙头企业和中小企业经营者、农民专业合作社社长培养成为农民增收致富的带头人；四是发展农村职业教育和成人教育，充分发挥广播电视大学、农函大、成教等多种教育培训载体作用，加快提高农民文化水平和就业技能，让种植农户掌握农业科技新知识，提高种植质量和种植水平。此外，选拔科技特派员、科技挂职干部服务农村，服务农民工返乡创业和大学生到农村创业；做好大学生村官、三支一扶、大学生志愿服务西部计划等工作；组建科技专家服务团，开展新成果示范推广、专题讲座、现场培训和技术指导等。

打造百姓参与平台，建立基层服务机制，给农民赋权、放权，激发村民的首创精神和内生动力。广西农产品流通协会是自治区商务厅牵头指导成立的全区性行业组织，将为行业企业提供政策指导和咨询、产销信息、农业科技等服务。村里的村委、村民理事会、村民监督委员会、村支部会的组织，支持和鼓励农民就业创业。在现代新型职业农民的带动下，推动种桑养蚕及桑菇配套、中药材、百香果、园林苗木等产业和生态发展实现双丰收，生态乡村建设和村民致富奔小康实现良性互动，广大农村地区将涌现更多的"美丽南方"。

重视科学普及与科技创新，营造良好创新环境，在人才成长的培养机制、人尽其才的使用机制、竞相成长各展其能的激励机制、各类人才脱颖而出的竞争机制，为实现科技成果及其快速转化奠定坚实基础。一是切实调动用人主体和人才两方面的积极性，在岗位设置、公开招聘、职称评审、薪酬分配、人员调配等方面赋予用人主体更大的自主权，赋予人才更大的技术路线决策权、更大的经费支配权、更大的资源调动权，以优质服务引才聚才，推动知识、技术、管理、技能等生产要素按贡献参与收入分配，让人才更有获得感；二是建立以创新创业为导向的人才培养机制，实行差异化的评价考核方式，突破户籍、地域、身份、学历、人事关系等方面的瓶颈制约，推行政府、企业、社会多元投入机制，加大人才开发投入力度，促进人才资源的合理流动和有效配置，提高人才培养的精准性和实效性。

在新兴产业发展环境上，进一步完善投资环境与法制环境之外，还必须从舆论、政策、服务等方面全面营造"尊重人才、崇尚创新"的良好社会环境，促进市场主体形成创新型人才的作用发挥、自身价值的实现与企业需求的满足相对应的利益关系，打造促进产业区域化发展的良好载体与环境。除了常规的培训，还需紧跟新时代的要求，培养、培训新能源和清洁能源汽车、节能环保装备制造、新能源和可再生能源开发、生物医药、机器人产业、海生态产业发展方面的劳动者，也要培养制糖、有色金属、石油石化、茧丝绸等传统资源型产业转型升级为生态化、循环经济模式发展的劳动者，还要有学会运用"互联网＋"、智能装备及多种先进适用工艺技术延长产业链与精深加工方面的劳动者，等等。

二、发展科学技术，推动自然资源高效率利用

习近平强调，"坚持和贯彻新发展理念，正确处理经济发展和生态环境保护的关系，像保护眼睛一样保护生态环境，像对待生命一样对待生态环境，坚决摒弃损害甚至破坏生态环境的发展模式，坚决摒弃以牺牲生态环境换取一时一地经济增长的做法，让良好生态环境成为人民生活的增长点、成为经济社会持续健康发展的支撑点、成为展现中国良好形象的发力点。"①

这一论断，给我们三方面的信息：一是经济增长与生态恶化的关系；二是贯彻新发展理念，能够处理好经济与生态的关系；三是良好的生态所具有的意义。生态恶化，源于损害生态环境的发展模式，即通过牺牲环境换取经济一时的增长。要生态修复，就必须贯彻新发展理念，通过创新、绿色等推动生态与经济协调发展。而这一协调，推进经济社会持续健康发展，也展现中国良好形象。实际上，这就是在中国制度优势的基础上，利用科学技术实现经济发展方式的转变。习近平总书记指出："我国要建设世界科技强国，

---

① 习近平. 在十八届中央政治局第四十一次集体学习时的讲话（2017 年 5 月 26 日）[M]//中共中央文献研究室. 习近平关于社会主义生态文明建设论述摘编. 北京：中央文献出版社，2017：36 - 37.

关键是要建设一支规模宏大、结构合理、素质优良的创新人才队伍，激发各类人才创新活力和潜力。"①

　　如果西部地区能在能源、环保、材料、生命、农林、食品安全和生态环境科学等领域有所突破，会极大地减少生态环境的压力。通过建设一批重点实验室，主要包括中药药效评价、药物安全性评价、地中海贫血防治、区域性高发肿瘤防控、造血干细胞移植工程的实验与临床研究、脑血管病防治、空间信息与测绘、水牛遗传繁育、重大动物疫病防控新技术、作物病虫害生物学、水稻和玉米遗传改良、食品及饮用水安全检测技术研究、土壤资源及农业可持续发展、农产品贮藏与加工技术、热带亚热带蔬菜种质创新与遗传改良、特色经济林、森林资源与生态环境和岩溶动力学等重点实验室，以及加强优势中草药、农林经济作物、水产、畜禽等种质资源及良种繁育基地和医疗卫生临床与基础研究资源建设及推广应用。

　　进而，开辟新的高科技领域的增长点，培育发展新能源、新材料、物联网、低碳技术、生物医药、信息技术、节能环保等新兴产业的人才；引进海内外创新创业领军人才和研发团队，以及加强生态文明建设急需的专业人才引进和培养，造就一批高水平生态科技专家和生态文明建设领军人才。在这些人才的鼎力参与下，加大科技投入，加强技术攻关，突破关键技术，加强节能技术成果的转化和产业化，强化精深加工，延长产业链；或采用先进适用的技术、工艺和装备，实施清洁生产技术改造，建立技术引领机制；或研发和生产制造工业生活污水处理、污泥和垃圾无害化处理、固体废弃物处理、难采冶矿产资源综合利用、废旧汽车电器五金拆解加工等装备，以及环卫机械、节能环保锅炉、余热余压利用装置、大气污染监控设备、危化废物与土壤污染治理专用设备等。

　　更为直接的是，加强技术改进，推动传统企业优化升级。西部地区具有

---

① 2016 年 5 月 30 日，习近平参加全国科技创新大会、中国科学院第十八次院士大会和中国工程院第十三次院士大会、中国科学技术协会第九次全国代表大会强调 [M] //彭森主编．中国改革年鉴，2017：8.

极大的资源优势，如果这一优势能和先进科学技术相结合，必然提升资源型产业的经济效益、生态效益。如通过企业与高校或科研机构、行业与区域之间循环，推动资源综合利用和环境治理等方面的合作，加快技术研究开发与应用进程——糖业、汽车、工程机械、柴油机、铝加工、碳酸钙、朗姆酒、新能源汽车、林产加工、中药、壮药、罗汉果、矿业、生物质、桑蚕丝绸、绿色水泥、日用陶瓷、钢铁、锡铟锑矿冶、城市矿产、水产加工、电器、节能环保、大数据和智慧城市等，以及"城市矿产"和再生资源循环利用已初具规模，电子信息、生物工程及制药、新能源等新兴产业增加，生态旅游、健康养老、休闲农业等生态服务业也在发展。这些变化，源于科技的发展和结构的调整。

根据西部地区的煤、石油与天然气等不可再生能源以及水能、风能等可再生资源丰富的基础上，进一步科学规划能源开发布局，在既有的能源输送的渠道上，加快加大西电东送，或推动煤炭安全绿色开采和煤电清洁高效发展；利用先进技术开发利用煤层气，以及油气勘探，提高油气自给能力；同时发展水电、风电、光电等可再生能源，增强油气安全储备和应急保障能力。进而，推进能源领域市场化改革，放宽油气勘探开发和油气管网、液化天然气接收站、储气调峰设施投资建设以及配售业务市场准入；探索先进储能、氢能等商业化路径，依托互联网发展能源新产业、新业态、新模式，鼓励各类社会资本积极参与。在能源利用中，通过新技术，推动重化工业、交通、建筑等领域节能改造，促进通用设备能效提升，提高终端用能电力比重，实施港口岸电、空港电路改造；倡导绿色生活方式和消费文化，推广应用节能产品。

在国家激励科技研发政策的前提下，广西根据《中共中央 国务院关于深化科技体制改革 加快国家创新体系建设的意见》（中发〔2012〕6 号），出台了《中共广西壮族自治区委员会 广西壮族自治区人民政府 关于提高自主创新能力 建设创新型广西的若干意见》（桂发〔2012〕21 号）和《中共广西壮族自治区委员会 广西壮族自治区人民政府关于深化科技体制改革 加快广西创新体系建设的实施意见》精神，以及《国家科研条件"十二五"专项规划》（国科发计〔2012〕89 号）、《"十二五"国家自主创新能力建设规划》（国发〔2013〕4 号）、《广西壮族自治区中长期科学和技术发展规划纲要（2006—2020 年）》和《广西壮族自治区科学技术发展"十二五"规划》的要求，新设立创新驱动发展专项资金支持科技创新，2017 年至 2020 年将安排 50 亿元，支持关系自治区经济社会发展的重大科学研究、重大科技攻关、重大新产品开发和国家级、自治区级的创新平台等建设。① 通过《广西科技重大专项管理办法》《广西重大科技创新基地建设管理办法》《广西重点研发计划管理办法》等相关配套文件。

通过先进技术的研发与利用，广西的传统优势产业，如石油、化工、建材、冶金、有色金属、电力等六大高耗能行业工业固定资产投资的比重逐年下降，汽车、机械、电子等先进制造业产值逐年增加；不断提升汽车、冶金、造纸与木材加工、建材、食品、石化、机械、有色金属、轻纺等受环境和资源约束较大的传统产业的产品的升级换代；也不断提升钢铁、石化、有色、建材、食品等传统产业的价值链和产品附加值；从而实现制糖企业综合循环利用全国领先，核电、风电等新能源产业取得突破性进展，生物工程及制药培育壮大，现代物流业、生态旅游、健康养老等现代服务业加速发展。② 还有，通过推广应用锌冶炼渣等综合回收技术、新型阴极结构电解槽技术、预焙铝电解槽"三度寻优"控制技术、乙烯—氧—醋酸气相合成法（乙烯法）生产醋酸乙烯技术、壳牌煤气化技术、木薯深加工综合废水治理及沼气回收发电技术等；提高含银、铟、铋等贵金属废渣的综合回收率，推进机电产品再制造，实现工业固体废物综合利用、工业余热余压综合利用，以及制糖、冶金、有色、化工等行业的废水循环使用。

广西博世科环保科技股份有限公司从草创时的轻工行业废水治理，到逐

---

① 庞革平，王云娜. 广西将设立创新驱动发展专项资金支持科技创新［EB/OL］. 人民网，2016 – 09 – 22.
② 莫艳萍. 广西新型工业化脚步铿锵［N］. 广西日报，2016 – 01 – 01.

渐涉足水、气、固体废弃物处置、土壤重金属污染治理及生态修复等环保领域全产业链服务。广西鱼峰水泥股份有限公司，在集中力量对"磨粉节能及水泥绿色制成"科研攻关，取得新技术的武装下，不仅实现生产过程中的节能减排，还把大量工业"垃圾"利用起来，从而减少了对大自然的索取，并带动全区90%以上新型干法水泥生产企业实现了余热发电。

三、文化资源：文化事业与文化产业互相促进

文化是人们在长期的社会实践中形成的，有时可借助少量的物质工具，丰富人们精神生活的各类社会现象。进而，一个民族或地区的文化元素一旦转变为文化资本，就可以与一定的物质要素相结合，体现出市场化和产业化的趋势，呈现出越来越多的财富形式。基于此，在当今世界，文化可分为两类：一类是文化事业，一类是文化产业。

文化事业，能够满足人们的文化精神生活需求。党的十七届六中全会提出，在全社会形成积极向上的精神追求和健康文明的生活方式。[1] 党的十八大和十八届三中全会要求形成覆盖城乡、便捷高效、保基本、促公平的现代公共文化服务体系。2014年底，中央全面深化改革领导小组第七次会议审议了《关于加快构建现代公共文化服务体系的意见》，强调构建现代公共文化服务体系是保障人民群众基本文化权益、建设社会主义文化强国的重要制度设计。为此，要遵循文化发展规律，在广泛开展文化志愿活动，形成文化志愿服务体系基础上，更高水准建立保障群众基本文化权益的现代公共文化服务机制；进而加强社区公共文化设施建设，鼓励其他文化单位、教育机构等开展公益性文化活动，真正让人民群众在活动中感受文化品位，享受文化生活。

党的十八大以来，全国"三馆一站"（博物馆、公共图书馆、文化馆，综合文化站）公共文化服务设施全部免费开放；建设省级公共文化设施的同

---

[1] 中共中央关于深化文化体制改革推动社会主义文化大发展大繁荣若干重大问题的决定［A/OL］. 中华人民共和国教育部门户网站，2011 – 10 – 25.

时，建设了一批功能齐全、服务优良、设施先进的镇街文体中心；构建农村公共文化服务建设新格局，村民开展以生态文明建设常识为主要内容的宣传教育活动，实施农村文化小广场、宣传栏、文化室、农家书屋、农民文化家园、村级农民体育健身工程、乡村学校少年宫等文化服务设施，广播电视村村通、文化信息资源共享、农家书屋等重大文化惠民工程；文化服务设施有健全的管理使用制度，农家书屋藏书增加并定期补充和更新；在提升村（社区）继续推进图书室、文体活动室、公共电子阅览室等公共文化设施建设。

生根于农村的传统文化，历经农业文明到工业文明，一部分成为"乡愁"，另一部分在城市中发展。要使传统优秀文化适应时代的需要，适应"陌生人的世界"，适应社会主义市场经济发展的需要，就要坚持文化创新性发展。例如，挖掘丰富的农村文化资源——农村民间故事、民间园艺、民间餐饮和文化遗址等，并在现实公共文化生活中加以发展，这不仅体现其经济价值，更有助于提升农村人力资本存量，具有产业溢出效应①——有助于推动公共资源均衡配置、文化要素的城乡合理流动、公共文化服务能力和普惠水平的提高。但其中不仅仅是经济价值，更在于蕴含其中的思想观念、人文精神、道德规范，激发人民群众追求梦想和希望的内生动力。

广西村级公共文化服务中心已覆盖约80%的行政村。广西桂剧团、广西壮剧团、广西彩调剧团、广西京剧团、广西木偶剧团、广西杂技团、广西话剧团、广西歌舞剧院持续组织开展惠民演出活动；广西各级文化馆的服务内容、服务手段、服务方式不断创新，事业呈现出蓬勃兴旺、健康发展的良好局面，满足人民美好精神文化生活新期待。广西文化艺术中心，包括文化艺术中心和文化交流配套设施等，以及动作漫画展示厅、艺术交流厅、文化展示厅、图书阅览室、人工湖等及其附属配套设施，广西美术馆、广西规划馆、广西民族博物馆一样成为学习交流展示的场所。

文化产业的发展，有助于贴近民心，改善民生，满足人们精神文化需

① 李因果，陈学法．农村资源资本化与地方政府引导［J］．中国行政管理，2014（12）．

要，增强其内生竞争力；有利于传统和现代文化产业发展的便利化、传播的扩大化。文化产业具有高知识性、高增值性和低消耗、低污染的特点，既环保，又提高文化产业在经济总量中的增长率。2011年，党的十七届六中全会提出："加大对拥有自主知识产权、弘扬民族优秀文化的产业支持力度，打造知名品牌。发掘城市文化资源，发展特色文化产业，建设特色文化城市。"① 2012年，《国家"十二五"时期文化改革发展规划纲要》中特别提出"发掘城市文化资源，发展特色文化产业，建设特色文化城市"。同年《文化部"十二五"时期文化产业倍增计划》中将生态文化作为现代公共文化服务体系建设的重要内容，挖掘优秀传统生态文化思想和资源，创作一批文化作品，创建一批教育基地，满足广大人民群众对生态文化的需求。创新文化产业发展，需要建立灵活适应群众文化需求的公共文化产品供给机制、文化资源配置机制、文化服务评价监督机制，强化资金、人才、资源等要素保障。

广西的桂林广维文华旅游文化产业有限公司、桂林愚自乐园、桂林临桂五通镇、百色靖西旧州绣球村、广西钦州坭兴陶艺有限公司、广西榜样传媒集团有限公司等企业（单位）被评为国家级文化产业示范基地。据广西壮族自治区统计局数据，2012年广西文化产业实现增加值356.67亿元。2013年广西文化产业增加值与GDP的比值与全国3.63%的水平相比，低0.89个百分点；2013年广西城镇居民人均娱乐教育文化服务支出为2083.99元，比全国少210.01元；2013年广西农村居民人均文教娱乐用品及服务支出276.23元，比全国少209.37元。②

"十二五"期间，广西打造"美丽中国·美丽广西"文化交流品牌——以富有广西民族特色的壮锦纺织、蜡染工艺、绣球制作、各式美食等，特色

---

① 中共中央关于深化文化体制改革推动社会主义文化大发展大繁荣若干重大问题的决定［A/OL］. 中华人民共和国教育部门户网站，2011 - 10 - 25.
② 广西壮族自治区统计局. 广西文化及相关产业增加值构成分析——广西第三次全国经济普查数据分析之五，2015年3月10日。

鲜明的桂林山水文化、北部湾海洋文化，组织系列文艺演出、杂技表演、民族风情展演、文物展出、书画摄影作品联展等活动。其中，"刘三姐"歌舞由单纯观光型转向具有高科技内涵与视听震撼力的参与式、体验式，形成规模效应与品牌效应的影视、文化、旅游三位一体的发展模式，探索出了一条设施现代化、项目产业化的特色发展之路。①

广西文化系统精心组织和培育了一批面向东盟国家的文化活动和品牌，服务国家东盟开发开放战略，增进广西与东盟国家之间的交流合作，如南宁国际民歌艺术节和中越青年界河对歌联欢活动，还搭建了中国—东盟文化论坛、中国—东盟戏剧周、中国—东盟戏曲演唱会等文化交流合作平台，承办文化和旅游部的海外"欢乐春节"活动。这一系列文化活动，让当地民众能够全方位、多层面、立体形象地认识广西的自然山水生态美、绚丽多彩文化美、民族团结和谐美，广西正在建设成为中国与东盟的文化交流枢纽、中国文化走向东盟的主力省区。

还有，立足广西文化贸易业中图书报刊批发零售业务较好的优势，把广西特有的民族文化风情推介到海外市场。《国务院关于加快发展对外文化贸易的意见》（国发〔2014〕13 号）特别提出："立足当前，着眼长远，改革创新，完善机制，统筹国际国内两个市场、两种资源，加强政策引导，优化市场环境，壮大市场主体，改善贸易结构，加快发展对外文化贸易，在更大范围、更广领域和更高层次上参与国际文化合作和竞争，把更多具有中国特色的优秀文化产品推向世界。"②

---

① 许立勇，张宜春，许华. 文化科技融合驱动乡镇特色发展［N］. 中国文化报，2014－08－28.

② 国务院关于加快发展对外文化贸易的意见［N］. 中国文化报，2014－03－20.

第四章

西部地区推动资源资本化　促进经济与生态共发展

西部经济社会发展较之于东部缓慢，很大一部分是没有很好地利用既有资源，没有使资源流动起来。故而，要推动西部经济持续、健康、快速发展，需要加快资源市场化和资本化，而这离不开政府、企业、社会等各方面的共同努力：通过资源产权的明晰，盘活既有的各类资源，推进资源资本化和资源市场化，让资源价格反映资源的供求关系，反映资源开发利用的经营成本，以及反映环境破坏、环境修复、生态保护、资源再生的成本，推动资源高效利用；在这一过程中实现"绿水青山就是金山银山"，即实现经济与生态文明建设双赢。

第一节　政府创造资源资本化的条件

资源资本化、市场化的条件，也就是市场经济存在和发展的条件。在此领域，政府主要负责资源的产权安排和制度设计，使之市场主体产权明晰，并保障权益人的合法收益和维持市场的底线秩序，以此激励人们实现在资源利用过程中外部性的内在化；通过市场激活各类资源，在竞争机制、价格机制、供求机制作用下实现市场主体利益最大化，从而使市场在资源配置中起决定性作用。

一、政府对资源产权作出安排

资源产权是资源所有制关系的法律表现形式，包括资源的所有权、占有权、支配权、使用权、收益权和处置权等。科学合理的产权制度，是用来规范、约束人的经济行为，推进资源高效、有序的流动，实现物尽其才。换言之，产权在一定程度上具有激励功能、约束功能、资源配置功能、协调功能。在市场经济条件下，由于资源具有客观存在性、可分离性、独立流动性等特征，因而产权也可作为商品进行让渡与流通。在人类很长的时间里，所有权是产权的唯一内容；进入现代社会，产权越来越得以丰富。

改革开放以来，随着经济的高速发展和生态环境问题的逐步显现，以及完善市场体系、提高国有企业竞争效率的需要，我国逐步建立和完善资源产权制度。在这一进程中，需要指出的是，在发展的科技帮助下，人们对产权这一范畴研究的深入和对资源属性认识的深化，从资源能够充分利用的视角，由长时间的以所有权为中心向以使用权为中心的产权转变，推动自然资源转变为自然资产以及资本。

在社会主义市场经济发展中，逐步形成以公有制为主体、多种所有制经济共同发展的所有制结构。在我国，公有资产包括矿藏、水流、海域，城市的土地及属于国家所有的农村和城市郊区的土地，森林、山岭、草原、荒地、滩涂等自然资源（法律规定属于集体所有的除外），法律规定属于国家所有的野生动植物资源，无线电频谱资源，法律规定属于国家所有的文物，国防资产，铁路、公路、电力设施、电信设施和油气管道等基础设施，依照法律规定为国家所有的；《物权法》规定属于集体所有的土地和森林、山岭、草原、荒地、滩涂，集体所有的建筑物、生产设施、农田水利设施，集体所有的教育、科学、文化、卫生、体育等设施，集体经济组织的基本生产资料，如运输工具、牲畜、某种特定的生产性永久设施等。

从既有的生态文明建设与经济发展关系的实践来看，对产权非常清晰的资源而言，一般都能得到有效利用；而对产权不明晰或不能（易）明晰的资源而言，存在资源使用权边界模糊，或使用权界定不明晰，或产权无法明晰，导致权利冲突等问题，容易出现生态问题。鉴于国有资源的特性，即所有权属于国家，但其支配权、使用权、开发权和收益权的大部分却在地方或个人手中。地方或个人在利益驱使下，很难转变粗放型的增长模式，这就是生态问题出现的主要原因。

为了国有资源得以充分利用，《中共中央关于全面深化改革若干重大问题的决定》中提出，健全"边界清晰、利益平衡、权责对等"的所有权系统；"健全自然资源资产管理体制，加强自然资源和生态环境监管，推进环境保护督察，落实生态环境损害赔偿制度，完善环境保护公众参与制度"。还在《中共中央国务院关于完善产权保护制度依法保护产权的实施意见》中提出进一步完善产权保护，保证各种所有制经济依法平等使用生产要素、公开公平公正参与市场竞争。《建立以绿色生态为导向的农业补贴制度改革方案》《自然资源统一确权登记办法（试行）》等指出，要坚持资源公有、物权法定和统一确权登记的原则，对各类资源进行确权登记，形成归属清晰、权责明确、保护严格、流转顺畅、监管有效的自然资源资产产权制度。

根据国家的法律以及中央的有关精神，西部地区应推动自身（国有的、集体的、个人的）各类资源进入市场，让资源流动起来，促进资源尽其用。首先，对于国有资源，划清公共资源和市场资源两者的界限。尤其是存在于生态系统的非实物形态的、非能个别化存在的能量和条件，同一种资源的不同用途之间，或者不同资源的相同用途之间的情形或状况。公共资源的管理权和分配权，掌握在"以人民为中心"的政府手中，更多地提供基本公共服务，进而以"四两拨千斤"的方式，通过政府和社会资本合作模式（即PPP模式），合作建设基础设施项目，或为提供某种公共物品和服务。

科学评估国有资源中市场部分资源资产的价值，为国有资源资产的转让、入股、抵押、财产保险等提供依据。进而，建立要素交易市场和投融资平台，促进资源的市场交易和配置，使资源要素科学有序流动和有效合理配置；建立健全资源资产交易、抵押、入股等制度规则体系，明确交易范围、方式、程序、行为规范和监督管理等，促进资源资本化过程的科学化、规范化；通过明晰其占有权、收益权、使用权等权益主体，由市场决定其价格，遵循市场法则，在市场竞争中使资产增值，以此来尽可能减少"公用物悲剧"的发生。

对于集体资源以及个人所拥有的资源而言，首先予以确权登记，同时建立完善资产评估、资产登记、资产抵押、资产交易、信息查询、法律服务、会计服务、信贷服务、产权变更和争议处理等各类中介服务组织。进而，通过这一平台，资源作为产品在公共交易平台进行交易，通过交易实现资源产权中的所有权转移，这其中让市场机制、竞争机制以及价格机制等发挥作用，提高资源利用效率。完善这些资源在市场运行的条件与环境，推进资源资本化的激励政策和措施，政府从资金、技术、信贷、税费等方面对资本化经营组织、要素市场建设等给予扶持。鉴于资源与人们的生存与发展紧密相连，因此资源价格与人们的劳动能力和需求能力也就紧密相连。这是因为，资源价格偏高会导致生活必需品价格上涨，居民生活成本上升，尤其是那些生活水平本来就不高的困难群众；资源价格偏低，导致资源开发、利用和使用浪费无序，会影响社会的和谐和稳定。

从所有权方面看，绿水青山不是国有资产就是集体资产。在坚持"明晰所有权、放活经营权、落实处置权、确保收益权"的同时，培育新型经营主体，健全生态公益林管护机制，扶持林下经济发展。绿水青山蕴含着丰富的生物资源、基因资源和能源，也是金山银山的宝库。林业和草原部门通过明晰森林、草原、湿地等产权，继续放活经营权，不断强化其他权益保护，健全社会化服务体系，增强各类经营主体培育和守护绿水青山的内生动力。由于既有的行政划分和区域特点，有些资源不可能由一个主体独占或享有，如河流等。因而，需要全面开展流域上下游生态补偿，坚持责任共担、水质优先，综合考虑不同地区受益程度、保护责任、经济发展等多种因素筹措和分配资金，促进流域上游地区可持续发展和全流域水环境质量的改善。通过政府赎买、置换、收储、租赁、入股等多种方式，把商品林当生态林、生态公益林来保护，既优化了生态公益林布局、维护好了生态环境，也有助于科学管理发展，让林权所有者从中受益，盘活了这些"绿色财富"；引入"农业＋旅游"模式发展林下经济，把林业资源与观光、体验等旅游项目相结合，使林农山上的"摇钱树"变为了绿色"不动产"，越来越多的林农从中受益，破解生态保护与林农利益之间的矛盾，为林业又一次带来勃勃生机。

党的十九大报告提出："设立国有自然资源资产管理和自然生态监管机构，完善生态环境管理制度，统一行使全民所有自然资源资产所有者职责，统一行使所有国土空间用途管制和生态保护修复职责。"由此，西部地区根据实际，在遵循国家法规的前提下，创新公有资源的有效配置与利用。一是围绕主体功能区建设，进一步健全自然资源产权，促进节能量交易、碳排放交易权、排污权交易、水权交易等，对耕地和水资源进行生态红线管理，更要完善环境保护责任追究和环境损害赔偿等制度。以提高资源产出效率为目标，遵循"谁开发、谁保护；谁破坏、谁治理；谁投资、谁受益"的原则，建立各类资源有偿使用制度、流域水资源保护生态补偿制度、落后产能退出政策，促进资源开发与环境保护协调统一。

完善相关污染防治法律法规体系，加大高新技术在财政贴息、企业所得税、增值税、金融等方面的政策优惠力度，引导金融机构和不同渠道民间资本设立股权基金、产业基金、绿色信贷等。制定排污费等环保价格政策，推进生产、流通、消费各环节循环经济发展。通过立法逐步规范各类市场开设、审批程序。这一切，让市场起决定性作用：对于可直接通过产权界定和明确责任的资源，通过劳动力市场、人才市场以及技术市场等，促进人尽其才，物尽其用；完善"农村综合产权交易""招投标选择资源开发商""碳排放权交易""资源税"等制度安排。

西部地区对乡村资源的市场化，也是为了促进资源流动起来，更好地发挥其效能。对农村土地的"三权分置"，符合生产关系适应生产力发展的需要，更为具体地，符合社会主义市场经济发展的需要。改革开放之初，农村家庭联产承包责任制，将土地所有权和承包经营权分设，所有权归集体，承包经营权归农户，极大地调动了亿万农民的积极性。随着生产力的进一步发展，将土地承包经营权分为承包权和经营权，实行所有权、承包权、经营权分置并行，通过明晰土地产权关系来维护农民集体、承包农户、经营主体的权益，进而构建新型农业经营体系，发展多种形式适度规模经营，促进土地资源合理利用，提高土地产出率、劳动生产率和资源利用率，展现了农村基本经营制度的持久活力。与此同时，完善农民闲置宅基地和闲置农房政策，按照"落实宅基地集体所有权，保障宅基地农户资格权和农民房屋财产权，适度放活宅基地和农民房屋使用权"的方向，探索宅基地所有权、资格权、使用权"三权分置"改革，吸引资金、技术、人才等要素流向农村，使农民闲置住房成为发展乡村旅游、养老、文化、教育等产业的有效载体。

《中共中央关于引导农村土地承包经营权有序流转发展农业适度规模经营的意见》，提出推进土地经营权流转——抵押、担保、入股等，建立抵押资产处置机制，拓展土地流转业务，完善金融服务流程，帮助农户唤醒更多土地潜力。一是对所有农业资源资本化组织的设立、操作章程、经营范围、运作程序、收益分配、资产评估等，都要有职能部门对应监管，确定资本化过程依法有序进行。二是以市场需求为导向，出台配套政策促进各地土地流转、林地租赁等，推动农村生产要素有效流动。三是建立农村综合产权流转交易中心，使得经营权可以自由交易、让生产要素进入市场、唤醒土地价值，在保障农民公平分享土地增值收益的前提下，真正让农户受益。

还要指出的是，国有资产可以与民有资产共建混合所有制企业，也可推动社会财富不断积累。科学技术的发展使得资源的不同层面的使用价值展现出来，也使得同一属性的使用价值在不同时段可以满足不同主体的需求。而这些主体相互之间并不熟悉，即享用陌生人暂且不用的闲置资源。这种关系依赖于网络平台提供的"信任"。简言之，盘活各类资源，推动资源资产化，进而使之资本化、市场化，推动经济与生态健康快速发展。

二、政府创造市场竞争的环境，推动市场主体有序竞争

根据社会主义市场经济体制中政府与市场的关系——"政府引导，市场

导向，优势互补，互利共赢"的原则，政府除了履行资源产权规制之外，还需承担提供社会公共品的职能。也就是说，仅仅明晰资源市场化的产权还不足以带来财富的增加，还需要有一个稳定的市场环境和秩序，还有相关的激励机制，来调动市场主体的积极性与创造性。

政府综合运用法律、经济和行政手段，处理好国家、集体、企业、其他社会组织、个人之间的关系，打造一个为社会主义市场经济发展的服务型高效政府。在既有的条件下，理论与实践都表明，市场经济较之于计划经济更能有效地、低成本地利用所有的知识和信息——市场经济是一个不确定的社会，在这样的社会中，每一个人都可能因经济增长而获得收入，过上富足的生活，但不确定性也使得每一个人都可能因工作收入急剧下降而陷于贫苦之中……这个时候政府就应该采取行动了，但政府有且只有当这些非正规的或者私人解决办法被证明难以奏效时才应插手干预。

政府依据宪法和其他法律与法规，如行政许可法、土地管理法、环境保护法等法律法规在"市场在资源配置中起决定性作用"下承担生态保护相关领域的法律责任、义务机制；加大信息公开和民主决策力度，消除公众的环境污染恐慌，把生态保护红线和公众环保诉求作为公共决策的基本考量。

政府是环保的责任主体，不断提高标准和日益严格监管。以政府为责任主体的污水垃圾处理、城镇污染场地修复，农村环境、江河流域、土壤重金属、无主尾矿库治理，公共节能以及生态修复、生态保护等项目工程，应当通过政府采购，以政府和社会资本合作模式（PPP）、特许经营、委托运营、合同能源管理、环境绩效合同服务等方式引入第三方治理。政府研究制定餐厨垃圾管理法规，加快餐厨废弃物定点收集、密闭运输、集中处理体系建设，鼓励利用餐厨废弃物生产沼气、生物柴油、工业油脂、有机肥等，加大监管力度，严厉打击用餐厨废弃物生产"地沟油"违法行为；按照规模开发、专业管理和品牌经营的产业发展模式，建设生态基础设施和实施保护生态环境工程，有效兼顾生态效益和经济效益。

政府利用土地、财政、税收等各种政策，提高农村土地的利用效率，推动城乡一体化进程。这主要包括，培育多元投资主体，探索建立股权共有、经营共管、资本共享、收益共赢的"四共一体"模式——合作双方共担管理费用、共享经营利润；促进农产品产业链延伸拓展以及相关服务产品附加值提高，激活包括市场主体与创新者在内的微观基础的发展活力。除此，根据自然禀赋与资源优势，着力提升自产品研发、技术设计到品牌培育、市场营销整个环节的知识与人力资本的附加值，优化生态景观的协同异质效应等。

政府创造公平竞争的环境，培育多元化规模化节能环保服务中介机构，发展第三方节能环保服务业，鼓励推行合同能源、环境绩效合同服务方式，支持节能评估、环境评价、节能环保工程设计、污染治理、环境修复、节能和环境监测等服务。这有助于填补政府在放权进程中或退出过程中留下的空白，推动市场正向功能的发挥。政府把社会责任放在经济利益之上提供公共产品——教育、人力资源、环境质量、基础科学、环境、医疗等，将会带动更多社会力量投入到创造更多公共资源中去，为健康的市场发展提供源源不断的活力元素。除此，政府应进一步完善知识产权保护法律，加大对侵犯知识产权的惩罚力度，提高知识产权侵权的成本，在平等互利的前提下提高资源信息共享水平，以此激发科技工作者的积极性和创造性，以减少对自然资源的损耗。

广西根据国务院发布的《关于政府向社会力量购买服务的指导意见》，建立自治区级排污权交易平台、碳交易平台与公共资源交易平台有机结合的业务运行机制，实行污染物、碳排放总量控制（可交易的商品权益，探索生态资源无形资产评估），开展节能量、排污量、碳排放量交易，允许地方和企业通过购买节能量、排污量、碳排放量的方式完成节能减排任务，如污染物、碳排放多的市、企业向污染物、碳排放少的市、企业购买污染物、碳排放配额。①

按照党的十八届三中全会《中共中央关于全面深化改革若干重大问题的

---

① 昌苗苗. 优惠政策优化生态经济［N］. 中国环境报，2016－01－26.

决定》要求，企业投资项目除关系国家安全和生态安全、涉及全国重大生产力布局、战略性资源开发和重大公共利益等项目外，一律由企业依法依规自主决策，政府不再审批。但政府还可以严格控制煤炭消费总量，抑制不合理的煤炭消费需求，优化终端煤炭利用结构，淘汰大中城市工业锅炉窑炉，加大散烧煤治理力度；指导排污单位通过淘汰落后和过剩产能，清洁生产、技术改造升级等增加市场上排污指标的交易量；还需要建立人才培养和研发的科技支撑体系，从税收优惠以及引导风险投资等方面鼓励、推动产业链延长，集聚绿色产业，形成新的绿色支柱产业。而在这一进程中，更需要推进政府引导和市场配置紧密结合，协同二氧化碳减排和大气污染治理，以促进经济效益和环境效益共赢。

但是，行政力量在配置资源中应有所为有所不为，一些地方政府追求更大、更靓的政绩工程，不惜污染环境和低层次重复建设。要杜绝此种情况的出现，必须严格落实绿色发展党政同责、"一岗双责"，将环保和干部的使用挂钩，建立完整的环境责任和监管体系；同时，对推诿扯皮、懒政怠政的单位和责任人严肃追责，强化"不抓环保就是失职，抓环保不到位造成环境污染事故就是渎职"的思想认识，把环保工作摆在重要位置，确保各项污染防治措施落到实处。

总之，政府着力让所有社会成员都能享受到由于经济繁荣而带来的生活舒适和安逸。其一，按规律办事，该管的管好，不该管的放手，实现"到位"，不"越位"和"错位"，避免因干预不当而造成的更多资源浪费。例如，政府加强教育、医疗卫生、文化等在内社会公共品建设，旨在弥补市场机制作用下按照要素市值贡献分配的缺陷，提高广大群众的生活水平；由此引导人们追求真正的幸福。其二，鼓励使用绿色产品，使节能、节水、节材、垃圾分类回收等，逐步成为每个公民的自觉行动；在废弃物处理环节，采取财政和税收的优惠政策，完善废弃物回收、加工、利用体系，推动不同行业通过产业链延伸和耦合，实现废弃物的循环利用；对不能回收利用的污染物，建立排污权交易市场，利用市场力量优化环境容量资源配置；等等。

政府的投入和拉动社会资本，推动环保产业成为经济发展的一支重要生力军——现在不缺社会资本，缺的是具备盈利能力的商业模式。

政府与市场主体、社会之间的关系相互影响，相互制约，也在一定程度上相互依赖，究竟他们之间应呈现出怎样的关系，才能保证社会主义市场经济健康发展？正如埃德加·莫兰指出："无序的观念不仅不能从宇宙消除，而且它对于认识宇宙的本质和进化还是不可缺少的。我们审慎思考的时候，会发现一个决定论宇宙与一个随机的宇宙都是完全不可能的。一个唯一地随机世界显然将没有组织、太阳、生物与人类。一个完全决定论的世界将因没有革新而没有进化。这说明一个绝对决定论的世界与一个绝对随机的世界是两个贫乏的片面的世界——一个不能产生，一个不能进化。我们必须把这两个在逻辑是彼此排斥的世界混合起来。"① 社会主义从整体利益出发推动个体的发展，市场经济则在彰显个体的积极性和创造性的基础上推动社会进步。

第二节　资源、资产变资本的途径

资源资本化遵循"资源—资产—资本"的演化路径。资源在不同阶段具有差异性的价值形态表现，资源形态和价值的不断变化使得资产实现增值效应。资源资本化主要经历资源资产化、资产资本化、资本可交易化等阶段。

一、建立资源产权交易中心，推动资源市场化

随着社会主义市场经济的发展、社会主义和谐社会的构建、社会主义新农村建设的推进、精准扶贫的不断推进，以及乡村振兴战略的实施，城乡差距以及区域差距这些都在不断缩小。从而这也为更好利用更多资源提供了前

---

① 埃德加·莫兰. 复杂思想：自觉的科学 ［M］. 陈一壮，译. 北京：北京大学出版社，2001：169.

提条件。公共资源产权交易中心为公共资源资本化提供了前提。

公共资源产权交易中心，是从事公共资源交易和提供咨询、服务的机构，是公共资源统一进场交易服务的平台。交易的公共资源包括，如工程建设招投标、土地和矿业权交易、企业国有产权交易、政府采购、公立医院药品和医疗用品采购、司法机关罚没物品拍卖、国有的文艺品拍卖等所有公共资源交易项目等，都可进入中心进行集中交易。这些中心都严格遵守国家现行法律制度，规范开展交易服务；为产权依法流转、要素对接资本。

农村产权流转交易中心，建立在市、县、镇、村四级农村产权交易信息平台的基础上，将为交易双方提供合法合规的交易流程，实现更广阔的信息互联、资源共享。该中心交易的公共资源包括，以家庭承包方式承包的耕地、草地、养殖水面等经营权，农村集体林地经营权和林木所有权、使用权，农村集体所有的荒地、荒沟、荒丘、荒滩使用权，由农村集体统一经营管理的经营性资产（不含土地）的所有权和使用权，农户、农民合作组织、农村集体和涉农企业等拥有的农业生产设施设备，农户、农民合作组织、农村集体和涉农企业等拥有的小型水利设施的使用权，涉农专利、商标、版权、新品种、新技术等，农村宅基地使用权及宅基地上的房屋所有权、使用权，生长中的大田作物、蔬菜、用材林、存栏待售的牲畜等消耗性生物资产和经济林、薪炭林、产畜、役畜等生产性生物资产，区域水资源使用权、取用水户水资源使用权，农村建设项目招标、产业项目招商和转让等其他农村产权。

农村产权流转交易中心，为农村产权流转交易市场和服务平台，为农村产权流转交易提供了有效服务；包括农村土地承包经营权流转服务中心、农村集体资产管理交易中心、林权管理服务中心和林业产权交易所，以及其他形式农村产权流转交易市场。市场流转交易主体主要有农户、农民合作社、农村集体经济组织、涉农企业和其他投资者，农户拥有的产权是否入市流转交易由农户自主决定。农村产权流转交易市场是政府主导、服务"三农"的非营利性机构，可以是事业法人，也可以是企业法人。农户承包土地经营权、林权等各类农村产权流转交易需求明显增长，在村民分享产业红利中推动农村发展。可以采取多种形式合作共建，也可以实行一体化运营，推动实现资源共享、优势互补、协同发展，探索出了"政府推动确权、群众作主还权、市场引领用权"的农村产权制度新模式，走出了一条促进农业增效、农民增收、农村发展的新路。① 在实践中，辽宁海城已开创了一个模式。② 换言之，这有利于实现农村产权信息共享，引导各类农村产权公开、公平、有序的流转交易，促进农村资源要素有效配置和利用，实现农村资源效益最大化，吸引更多社会资本进入农业农村，拓宽农村产权抵押融资渠道。

西部地区可采取政策引导、财政支持、示范推进、人才培训等措施加大力度推动专业大户、家庭农场、农民合作社、农业龙头企业等新型农业经营主体培育发展。如在财政金融支持方面，广西联合体财政共投入扶持资金2.7亿元，以及政策性融资性担保来构建了全区农业信贷担保体系，扶持农民合作社和家庭农场等新型农业经营主体开展基础设施建设和能力发展建设。广西新型农业经营主体培育模式多元化，主要包括专业大户联合成立、农户联合成立、能人带动成立、企业领办、村委牵头成立、供销社领办等；以种植业和养殖业为主，涵盖林业、服务业等，呈现出经营服务类型多样化与农民合作社相向发展的态势；引导土地流转和适度规模经营。

西部地区县镇两级搭建内设土地承包纠纷仲裁，涉及农村四项产权管理的行政主管部门统一入驻一个交易市场，进驻一个服务大厅，实现产权管理、产权交易、抵押贷款、财政贴息、机构担保、纠纷调解等功能为一体的"一厅式"办公、"一条龙"服务，打通了生产要素在城乡间优化配置和自由流动的通道。通过搭建农村产权交易中心，以土地承包经营权做抵押，通过

---

① 国务院办公厅关于引导农村产权流转交易市场健康发展的意见：国办发〔2014〕71号［A/OL］. 中国政府网，2015－01－22.

② 海城市农村综合产权交易中心搭建了融资准入、设施颁证、融资操作、抵押登记、监督管理、资产处置6个平台，赋予权属审核、条件限制、信息发布、组织交易、产权抵押等6项功能，实现了农村要素进入市场，市场优化要素配置，搭建了农民和新型农业经营主体产权交易、融资对接的平台。

"银行 + 担保公司 + 政府 + 保险"的整合，即通过担保公司质押、人行提供再贷款、政府项目实现贴息，降低农民融资成本；向金融、保险、政府、企业等多部门联结转变，实现了现代农业发展的市场化融资。对农村各类资产赋权，开设了信用保险保证贷款、农业担保贷款、住房财产权抵押贷款、林权抵押贷款、集体经营性建设用地使用权融资、农机具融资、惠农贷、农民专业合作社贷款、家庭农场及专业大户贷款、农机具补贴贷款等特殊金融产品。形成了"确权——颁证——抵押——担保——贷款——财政贴息"的一条龙服务模式，完善从产权到资本整套链条上的每一个关键环节，"唤醒"农村沉睡资产，推动并加速农村产权融资功能的实现。

农村产权交易中心打通了涉农设施可抵押、农村用益物权权能可贷款的通道，为现代农业发展注入了资金活水。一是具有用益物权的属性，可以作为农民间接融资的抵押物，如农民手里的土地林地资源、农民各类种养设施、农产品仓储设施、农机具、农房等资源资产，农业设施包括粮食晒场、仓储设施、农业大棚、养殖禽舍、果品保鲜库等。二是由此形成各类资产赋权，形成有效抵押解决融资问题：信用保险保证贷款、农业担保贷款、住房财产权抵押贷款、林权抵押贷款、集体经营性建设用地使用权融资、农机具融资、惠农贷、农民专业合作社贷款、家庭农场及专业大户贷款、农机具补贴贷款等。在此基础上将企业和农民手上的资源整合起来，可进一步发挥劳动技能、农产品品牌、专利、新品种等无形资源的作用，通过资本化经营。扶持涉农企业上市，发行债券，建立农业产业投资基金，建立资金互助合作社，建立富民股份合作社。

简言之，在搭建县、镇农村产权交易有形市场和信息服务网络平台，促进新型农业经营主体培育和现代农业发展，提升农村金融服务的能力和水平的同时，进一步发挥村级公共服务中心整合资源的功能，有效整合农村资源，将农村就业、医疗、卫生、社保等方面的服务内容整合进来并进行量化，实现村级公共服务中心的基础性服务功能。

二、组建农业产业化联合体，盘活各类资源

联合体是农业产业化发展到新阶段的必然产物。在农业产业化快速发展过程中，龙头企业从最初的发展订单农业、指导农户种养，到自己建设基地、保障原料供应。农业产业化联合体，由一家龙头企业牵头、多个农民合作社和家庭农场参与、用服务和收益联成一体的产业新形态。联合体龙头企业从订单农业、指导农户种养，发展到建设基地、保障原料供应；在技术、信息、资金等方面优势明显，适宜负责研发、加工和市场开拓；家庭农场拥有土地、劳动力，主要负责农业种植养殖生产，农民合作社提供社会化服务，从而形成完整的产业链条。合作社作为农民的互助性服务组织，在组织农民生产方面具有天然优势，而且在生产服务环节可以形成规模优势，主要负责农业社会化服务，从而形成完整的产业链条。农民入股后真正成为合作社的一员，效益超过一家一户种植。

联合体各成员保持产权关系不变、开展独立经营，在平等、自愿、互惠互利的基础上，通过签订合同、协议或制定章程，形成紧密型农业经营组织联盟，实行一体化发展。一是各成员通过土地、资金、技术、品牌、信息等要素融合渗透，互联共通，完善产业链，提升价值链，降低交易成本，增强联合体的凝聚力和竞争力，形成比较稳定的长期合作关系，提高资源配置效率。二是各成员之间以及与普通农户之间建立稳定的利益联结机制，促进土地流转型、服务带动型等多种形式规模经营协调发展，提高产品质量和附加值，实现全产业链增值增效，让农民有更多获得感。如，鼓励探索合作社经营，村民可以将自家闲置的房屋入股，合作社统一装修、经营，经营所得收入由合作社与村民对半分成；采取"公司投资＋村民小组集体林地＋农户家庭承包林地"的模式组建合作社，各小组和村民拿林地资源入股；土地流转给企业，由企业自主经营的方式，农民以自己承包的山林、土地等资产入股合作社，跟合作社利益捆绑在一起，发挥的能量更足，农民的利益更有保障。

还有，龙头企业、合作组织和农民联合起来，贷款出现风险后，联合体首先偿还；完善补贴政策，按"谁种地、谁受益"原则，精准补贴给职业农民、专业农民，让会种地、能种地的人不吃亏，把农产品有效供给与资源环境保护有机地统一起来，形成良性循环，让资源环境等新要素能够成为生产力。除此，"土地托管 + 全程社会化服务"模式，即土地交由合作社耕种、管理，村集体负责村民和合作社之间的利益协调，以及生产过程中的监督、产后的称重等工作，所产生的利润三方分成，可实现农民、村集体、合作社三方利益有效链接，让农户当"老板"、村集体为"红娘"、合作社成"打工仔"。

推进以农民专业合作社为基础、供销合作社为依托、农村信用合作社为支撑的"三位一体"联合服务体系建设，为农民提供技术、信息、金融、营销等全方位的服务。发展新型农村合作经济，着力构建现代农业服务平台，组建以农民专业合作社为基础、供销合作社为依托、农村信用合作社为后盾、政府部门公共服务和管理为保障的服务联合体。构建"行业协会 + 龙头企业 + 专业合作社 + 专业大户"经营体系，农业产业化水平和农民组织化提高。加快培育专业化、规模化的专业大户、家庭农场和农业企业，鼓励农业大中专毕业生、农村能人从事现代农业创业，培育一批能够应用现代农业科技、打造品牌产品、带领农民勇闯国内外市场的农业龙头企业和农民专业合作社，建立健全"行业协会 + 龙头企业 + 专业合作社 + 专业大户"的产业化经营机制。把乡村旅游和农村电商有机结合，构建旅游休闲、网络购物一站式服务。发展壮大农民专业合作社或成立互助组，提高农民进入市场的组织化程度和抗风险能力。

开发包括用"土地经营权 + 农业保险单融资""土地经营权 + 农业设施所有权抵押融资""订单 + 保险 + 期货融资"、住房财产权抵押融资、农业担保公司担保融资、集体经营性建设用地使用权融资、农业经营主体信用保险保证融资、林权抵押融资、农机具融资等融资模式。围绕保险的风险保障功能和期货市场对冲功能，开发了玉米、水稻、生猪、鸡蛋、南果梨等重要农产品价格指数保险，开发了南果梨冰雹险，开发了涵盖土地租金和物化成本的农业大灾保险，开发了公共安全责任险等特殊险种，对农民公共财产安全进行全方位保障。这其中，农户买入收入保险，并按种植面积和养殖数量交付保费，而担保公司以订单和保单做担保条件，通过银行完成对农户的担保贷款。①

创立"扶贫车间"，走"车间驻村、居家就业、群众脱贫、集体增收"的新路。将村小学旧址和闲置民宅等改造，吸引户外家具、发制品、服装加工、电子配件等劳动密集型产业向车间"放活儿"，留守妇女、老人在家门口实现就业。家庭经营可以采取多种方式：一是生产要素融入，农户把土地流转、入股，参与新型经营主体的生产活动；二是农户土地不流转，通过购买社会化服务等方式参与现代农业；三是打造"龙头企业＋合作社＋农户"的现代农业产业化联合体。经营主体通过联合、合作，利用专业化分工和农业社会化服务实现全产业链服务，有效降低成本。村里的合作社采取"三股确权"：村集体入股，借助政策支持，整合各类资源，投资配股10%，每年提取利润的10%作为村集体收入；合作社资金入股，占股40%，负责经营管理；农户土地入股，入股农户占股50%，每年提取50%利润，按亩分红。

宁明县岜莱贝侬成立农民专业合作社，通过"公司＋合作社＋农户"的模式，在传统制糖工艺的基础上，合作社通过深加工制成了玫瑰、红枣、桂花等口味的花山红糖系列产品——花山石雕、花山刺绣、花山竹编、花山酒等30多种产品；组建起了铜鼓队、战鼓队、山歌队，参与景区实景演出，"钱袋子"越来越鼓。钦州市大路村建设了包括肉猪养殖场、大青枣基地、构树基地、光伏发电项目在内的产业扶贫示范小区，由村党支部领导村民合作社进行经营管理。肉猪养殖场由加盟企业负责技术、销售，赊账提供猪苗、饲料，并签订保价回收猪肉协议；贫困户出工，按照出工天数和质量累加积攒，年底除享受合作社固定基础分红外，还可从肉猪养殖和大青枣销售

---

① 海城金融改革撬动现代农业［N］.人民日报，2018－08－19.

收入中提取部分收益作为提成分红，有效激发了他们依靠自身辛勤劳动实现脱贫的内生动力。

三、成立股份公司，推动资源资本化

一般地，股份公司是股东以其认购的股份为限对公司承担责任的企业法人。通过向社会公众广泛地发行股票筹集资本，任何投资者只要认购股票和支付股款，都可成为股份有限公司的股东。全部资本划分为金额相等的股份，股份是构成公司资本的最小单位；股东对公司债务仅就其认购的股份为限承担责任；公司的经营状况不仅要向股东公开，还向社会公开，使社会公众了解公司的经营状况。而这里，农业农村农民发展，以股份公司的组织方式，整合农村现有的资源，市场化运作，使各种农产品或水果的附加值尽可能留在农村。

将资源作为资本，通过资源入股、股份合作和抵押贷款等方式整合利用，如兴办合资企业，资源所有人通过资源资产与他人合资成立企业；或将资源评估作价入股与他人成立股份制企业，资源所有人成为企业股东，参与企业决策，分享企业收益；或把集体资产折股量化到所有集体经济组织成员，实行资产变资本，农民变股民。可作为股份的有：土地承包经营权、集体建设用地使用权、农村房屋所有权、农村集体土地所有权（即土地承包经营股权化、集体资产股份化）等。农民领到了股权证，被赋予了集体资产的占有、收益、有偿退出、抵押、担保、继承等各项权能。发展土地股份合作，土地入股芦笋种植合作社，合作社为当地村民发放工资。至于村集体资产，在尊重村民意愿的前提下，盘清集体经济——社区居民委员会、集体资产公司，折股量化。除分配到户的资源性资产外，将未发包的集体资源性资产纳入集体经济公司注册资本，使得资金变股金，盘活"死钱"，用好"活钱"。

在一般农业方面，利用区位优势、资源优势和产业基础，推广设施农业、循环农业、精准农业、休闲农业、有机农业等高效生态农业模式。把生

态优势转化为发展优势，推广高效节水灌溉、测土配方施肥等农业清洁生产技术，推动果蔬、茶叶、糖料蔗、茧丝绸、中药材、养殖等传统产业提质增效，引导资金、技术、人才、产业加速向农村集聚，培育农业主导产业和有市场竞争力的品牌农产品。农民工返乡创业和工商资本下乡，直接带动知识、技术、资本等生产要素流向农村，按照专业化、区域化、产业化的要求，形成贸工农一体化的农业块状经济发展新格局。水稻、生猪、家禽优质良种率在90%以上，农业科技贡献率达到56%以上，也就是说，新技术、"绿领"融入现代农业生产和经营体系，直接推动农村电商、现代农业、休闲旅游等发展。

就林业资源而言，鼓励家庭林场、林业专业合作社、林业托管合作社、股份林场等不同类型的林业合作经济组织间自发展开"二次合作"，以乡镇为单位再次融合，成立一定规模的大型林业经营体，并为其定制森林经营方案，共享林业政策。换言之，对集体林场进行股份制改造，尝试对林地资源进行资本化运作，村民以林地经营权入股，成为股东，实现集体林地所有权、承包权、经营权实现"三权分离"。对于森林资源，一是提高林场森林蓄积量和防灾抗灾能力，实现可持续开发利用；二是实行"镇聘、站管、村监督"的三级联防联动管护机制。以乡（镇、街道）为单位，成立森林生态巡护（防火）大队，对辖区内的生态公益林实行集中统一管护；以行政村为单位，按就近原则划分为若干片区，各片区聘用专职护林员1～2名，护林员由村推荐、林业站管理、乡（镇、街道）统一审核聘用，打破了管护上的村级地域限制。

通过明晰林业产权，围绕"归属清晰，权责明确，保护严格，流转顺畅，监管有效"的林权改革总体思路，推进林地所有权、林地承包权、林地经营权、林木所有权、林木使用权五权有效配置；通过成立林地股份合作社，按照"入社自愿，退社自由，利益共享，风险共担"原则，组建了多种形式的林地股份合作社。通过搭建林业科技服务、农村金融服务等多个平台，整合"银政企保担"五方资源，健全流转交易、价值评估、融资服务、信用评价、风险防控、担保收储、政策支持"七大体系"。对林业职业经理人和职业林农，制定了产业、科技、创业信贷贴息扶持等配套政策。以大中专毕业生、返乡农民工、外出经商人员、种养能手等作为培育林业职业经理人的对象，成立"职业经理人＋职业林农"的专业生产经营管理团队。

在这一过程中，除了自有资本资源化，还需工商资本下乡。工商资本因其组织化程度较高，通过对农业农村的投资，带动人力、财力、物力以及技术、理念、管理等各类要素进入农业农村，促进土地流转和规模化经营、降低农业交易成本、推动技术应用、促进就业创业和农民增收、激发农村资源资产要素活力等多个方面发挥其重要作用。但由于工商资本的特性，更多的是进入农业农村中利润相对高的加工、流通等环节，如在某些"公司＋农户"的制度安排中，体现出了农户利益的不一致，使得农户的家庭经济状况并没有与公司一同发展，反而导致贫富差距拉大。因此在利用规范工商资本下乡中促进保证小农户与现代农业发展的有机衔接，从而保障农民再组织化实现政府与市场的有机统一，在完善利益链中实现共同发展。

例如，四川崇州以放活林地经营权为主攻方向的集体林权制度改革，构建"林地股份合作社＋林业职业经理人＋林业综合服务"三位一体的"林业共营制"，促进了林业专业化、集约化、产业化经营，形成了"共管共赢共享"长效机制，破解了"谁来经营""谁来管理""谁来服务"三大难题；也解决了经营规模小、管理水平低、服务跟不上等问题，极大地调动了当地农民发展林业经济的积极性。此外，发展林业经济，种植樱花树，进而在樱花树下种植了重楼、黄精等多种中药材，来自成都等地的游人络绎不绝，村里办起了100多家农家乐。如今，培育树苗、种植药材、旅游赏花、避暑养老等已成为村里的主导产业。做大做强牛尾笋、"寸金簪"枇杷茶、中药材"三特"产业，提升竹编、藤编、棕编"三编"非遗产业，推动林产品线上销售、线下体验，构建"公共品牌＋区域品牌＋企业品牌"营销体系，村民七成以上的收入来源于与林业有关的产业。

第三节　废弃物资源化的制度安排

由于企业是追求利润最大化的，在资源低价或无价，或资源产权不明晰状态下，使用原资源要比废弃物资源化更获利。而当使用一定量原材料时成本要高于废弃物资源化的费用，废弃物的资源化也就必然提上日程。但这一举措需要制定与其相关的法律、行政性法规、地方性法规及政府规章制度等，形成一套完整的法律体系，这是根本保障。也就是说，废弃物能否资源化，不仅仅是一个技术问题，也要看能否给市场主体带来收益。

一、明晰废弃物排放的责任主体

在现代社会，每个人每天都会产生废弃物，但谁排放废弃物不必负责任，谁产生垃圾要为之埋单，都有明确的法规认定的。当前，世界范围内流行一种排污权。

排污权是资源产权的一种具体表现形式，是政府收储的排污权有偿拍卖给企业使用的一种权利。排污权，是排放污染物的权利，是排放者在环境保护监督管理部门分配的额度内，依法享有的向环境排放污染物的权利。污染者可以从政府手中购买这种权利，也可以向拥有污染权的污染者购买，污染者相互之间可以出售或者转让污染权。以前的排污量由政府无偿划拨，现在所有的排污权都要有偿取得。通过市场手段逼迫企业引进新工艺，提升污染治理技术，减少污染物排放或腾出富余排污权的指标上市获利，推进污染减排。排污权的推行是废弃物排放在生态系统能够自我净化能力之内的重要举措。

排污权交易是在污染物排放总量不超过区域允许排放量的前提下，内部各污染源之间通过货币交换的方式调剂排污量。排污总量，由环境保护部门根据当地污染治理成本、环境资源稀缺程度、经济发展水平等因素确定。对环境容量使用权的有偿分配方式，改变过去政府无偿发放许可证的分配办法。排污权交易赋予企业自由选择权，是用经济手段促使企业限制排污、主动治污，最大限度减少治理污染的成本，提高治理污染效率的一种控制污染的环境保护手段。企业之间通过货币交换的方式相互调剂排污量，排污指标可以交换、互相拆用，把高污染、高耗能的生产工艺淘汰掉。企业通过参与整个经济过程中的定价和分配，形成外部成本内部化、外部效益内部化，从而使生态环境最大限度地得到补偿和恢复。

排污者是污染治理的责任主体，强化其环保责任有助于改善环境质量，推动形成规范公平的市场竞争环境。健全信息强制性披露制度，让排污者自我公开环境信息，促使其自觉履行环保社会责任，有利于环保部门监管和社会舆论监督。完善环境保护法律法规体系，强化排污者法律责任，大幅提高违法成本。既要创造更多物质财富和精神财富以满足人民日益增长的美好生活需要，也提供更多优质生态产品以满足人民日益增长的优美生态环境需要。然而，要想废弃物资源化，必须具备一定的条件，最基本的是要达到一定的规模——处理废弃物的边际成本会随着剩余物的减少而急剧增大，在通常情况下要实现零排放非常困难或者成本极高。

碳的排放权交易，在一定区域、一定时限内的温室气体二氧化碳排放总量，以配额或排污许可证的形式分配给个体或组织，使其有合法的碳排放权利，并允许这种权利像商品一样在市场参与者之间进行交易，确保碳排放不超过限定的排放总量。建设碳市场，通过市场竞争机制实现优胜劣汰，促使企业以最低成本进行节能减排，有利于从源头减少化石能源消费，协同降低二氧化碳和大气污染物排放，有利于推动企业化解过剩产能和转型升级，促进绿色低碳产业发展。

我国在生态文明建设方面取得了令世界瞩目的成就，但在排污权落实方面还刚刚起步。相信在不久的将来，在一系列系统性的循环经济法律法规和政策，如《中华人民共和国节约能源法》《中华人民共和国清洁生产促进法》《中华人民共和国可再生能源法》《中华人民共和国循环经济促进法》《中华人民共和国环境保护法》《中华人民共和国水土保持法》等法律法规,《国务院关于加快发展循环经济的若干意见》《国家鼓励的资源综合利用认定管理办法》等促进企业节能、节材、节水和资源综合利用的政策、标准和管理制度的配套下,排污权的落实与推进,必将为进一步发展循环经济、建设资源节约型和环境友好型工业提供强有力的政策导向与法律保障。

废弃物排放权的推行,有利于进一步保障循环经济得以实践。西方国家的循环经济建立在把资源产权与废弃物排放权落到实处。德国的《循环经济与废物管理法》规定对废物是从避免产生到循环使用,再到最终处置;日本的《推进形成循环型社会基本法》《促进资源有效利用法》《食品循环资源再生利用促进法》《废弃物处理法》等,对不同行业的废弃物处理和资源再生利用等作出具体规定。西方许多企业在实践中形成了一些良好的运行模式,如杜邦化学公司模式——企业组织厂内各工艺之间的物料循环。

此外,还有两种权利或责任主体。一是将生产者付费原则拓展为生产者延伸责任制。生产者生产出来的产品经消费后,产生垃圾。处理这一垃圾的费用——环境保护税还原污染排放的成本,则由生产者承担,推动生产者更加注重对环境保护设施、设备的投入,促使其开展绿色的技术创新,从而也激励自己生产的材料减量化。这是欧美国家的一般做法。

二是消费者付费原则,按照"谁污染谁治理"的原则,让商家、平台、消费者为自己制造的垃圾回收处理埋单,支付与其污染所造成的社会成本同等的税负。用税收的方式来减少污染物排放,尽可能使得社会收益与私人收益对等。消费者购买外卖时先支付部分押金给平台,待用餐完毕后,将外卖餐盒送至自助回收机器或人工回收点,如日本餐盒回收处理费由消费者承担。

二、废弃物资源化的路径

理论上任何废弃物都有回收利用价值,主要是要看科学技术、经济、环保的合力。废弃物不只存在于企业和其他社会组织中,也存在于家庭的日常生活中。因而，废弃物资源化有两条基本路径。对于企业产生的废弃物，通过工业园区、生态工业园区，促进循环经济、生态经济、低碳经济的发展。这在第一章和第六章有相关论述，这里不再重复。这里主要论及生活垃圾资源化的路径。

生活垃圾处理关乎居民自身利益。生活垃圾非常复杂，绝大部分是无害的，但也有有害的成分。前者包括易腐垃圾（餐厨垃圾，以及市场上的蔬菜瓜果垃圾、腐肉、肉碎骨、蛋壳、畜禽产品内脏等）和可回收物（废纸、废塑料、废包装物、废旧纺织物、废弃电器电子产品、废玻璃、废纸塑铝等）；后者则指各种废电池、废荧光灯管、废温度计、废血压计、废药品及其包装物、废油漆、溶剂及其包装物，废杀虫剂、消毒剂及其包装物等——这些垃圾从收集运输到处理利用的各个环节都可能产生新的污染，以及污染控制难度远大于那些可控的工业原料，如果要保证质量，就必须付出较高的经济成本。

垃圾处理对政府而言，是基础性公益民生事业，是政府的基本职能。为此，政府在垃圾分类、垃圾处理中需要完善法律与规章制度，从起初的监管严格，强制实施垃圾分类到鼓励使用再生资源产品，虽然废品再生利用成本较高且它们品质相对较低（可降级利用），但同样能为再生利用提供更大的市场空间。这为垃圾资源化提供了更多的盈利空间，也为环保事业开辟了更大的发展空间。2016 年 12 月中央财经领导小组第十四次会议要求，普遍推行垃圾分类制度。习近平总书记强调，"要加快建立分类投放、分类收集、分类运输、分类处理的垃圾处理系统"。2017 年在《生活垃圾分类制度实施方案》中提出，在基本建立健全垃圾分类相关法律、法规和标准体系的基础上，探索出可复制、可推广的生活垃圾分类模式。

垃圾分类涉及每个人的行为习惯、多个利益相关方，以及法律、文化、教育等差异，因而执行起来并不容易。根据各地实际情况，通常将强制性手段与激励性措施结合起来，培养社会成员进行垃圾分类的习惯。换言之，通过政府采取强制性的政策，与市场惩罚性的亏损相结合，倒逼前端立法、执法、制度、规范等，迫使居民适应生活垃圾分类。激励性措施，引导居民养成绿色生活绿色消费的习惯。政府财政补贴和税收优惠，对可再生资源的回收处理进行补贴，激励污染者减少废弃物产出，对相关企业的科技研发进行补贴，对可降解产品减免税收，使公众获得更加方便环保的替代产品。

要推进垃圾资源化，首要的是垃圾分类。对于易腐垃圾，引导居民将"湿垃圾"与"干垃圾"分类投放，或由环卫部门、专业企业采用专用车辆运至餐厨垃圾处理场所，或利用易腐垃圾与秸秆、粪便、污泥等联合处置。对于可回收物，建立再生资源回收利用信息化平台，提供回收种类、交易价格、回收方式等信息。联合国国际电信联盟、联合国大学和国际固体废弃物协会发布的《2017 年全球电子垃圾监测报告》显示，全球共产生 4470 万吨电子垃圾，包括手机和电脑等，其中所包含的金、银、铜等高价值金属材料价值高达 550 亿美元，但只有 20% 被回收。我国快递塑料袋产业链形成"原料生产（回收料、全新料以及环保料）——使用（减少外卖垃圾的产生）——回收（专业处理）"的资源循环。塑料餐盒等制品可以通过回收渠道得到有效的循环利用。数据显示，全球只有 14% 的塑料包装得到了回收。对于有害垃圾，通过垃圾分类督导员引导居民单独投放至专门储存有害垃圾的容器，社区居委会或物业公司负责管理，并定时集中收运。

总之，推动资源的高效开发利用，必须整合各种手段，使之成为一种合力——借助市场逐利的特点，淘汰一些区域经济中形成的落后产能；采用必要的法律手段，改变资源的滥挖滥采局面；需要必要的行政手段，规范政府对发展经济的利益诉求。在法律手段不能够企及的一些领域，我们还要用调整干部、调整部门领导以及采取一些必要的行政手段来推动经济发展方式的转变。推动垃圾资源化，构建政府为主导、企业为主体、社会组织和公众共同参与的环境治理体系。

三、通过制度创新，鼓励减少废弃物的排放

减少废弃物的排放，就是最大化地提升资源的使用效率。这有 3 个路

径：一是低投入，在产品的研发上下功夫；二是低排放，如企业自身回收利用；三是因企业承担生态与社会责任而减少生产出现的损失，需要相关方给予补偿，即生态补偿。

生态补偿制度是国家保护生态环境的重要举措。建立了重点生态功能区转移支付、森林生态效益补偿、草原生态保护补助奖励、湿地生态效益补偿等生态补偿机制。合理补偿，是滋养生态经济的重要"肥料"。广西建立制度探索自治区级生态补偿方式，上下游城市以河流跨界断面水质达标为主要标准，下游城市按年度给予上游城市一定生态补偿；碳排放实行总量控制，开展节能量、排污量交易试点研究，允许地方和企业通过购买节能量、排污量的方式完成节能减排任务；在中央财政对公益林补贴的基础上，自治区本级财政适当予以配套补贴并逐年提高。

例如，2008年，来宾市委市政府《来宾市经济社会发展目标管理考评办法》对金秀瑶族自治县、忻城县、合山市实行"差别考核"，考核指标中取消了传统的GDP、财政收入和工业产值，用生态环境保护和治理、旅游业发展、城镇化建设等为主，探索符合实际的特色发展道路。具体情况是，生态环境占考核总分的12.5%，内容涵盖植树造林、木材采伐生产、森林防火、有害生物防治、林业案件查处、生态公益林保护、农村能源建设、节能减排等九大方面的内容；旅游产业发展占考核总分的12.5%，考核与旅游产业发展相关的11个方面的内容；城镇化建设占考核总分的7.5%，内容涵盖城镇化管理、城镇规划、镇区社会经济、基础设施、旧城改造、环境卫生、镇容景观、交通投资八大方面的内容。而其他各项考核指标所占比重均在5%以内。金秀瑶族自治县受益于差异化的考核，挖掘、扩展生态价值内涵，推进生态民俗旅游业、生态农业、生态林业及林下经济、瑶族医药特色产业，将生态优势转化为经济优势，逐步探索出了一条独特的生态强县之路。

来宾市对下辖6个县（市、区）中生态保护任务较重的金秀、忻城、合山3个县市实行差别考核，即不考核GDP、工业增加值、财政收入等传统指标，而将生态环境保护、旅游产业发展、城镇化建设列入考核目录。对此，把全区 111 个县（市、区）分为城市核心区、生态经济区、生态保护区三类，在设置共同指标的基础上，增设不同的指标及权重分值，实行差异化分类考核。通过这样差异化的考核，引导经济发展朝着生态化的正确轨道健康前行。

在珠江—西江经济带发展生态工业、生态农业、生态旅游、生态文化和生态服务业等生态经济产业，夯实生态环境基础。把经济带生态廊道建设作为一个多层次、多目标、多维度的复杂系统。据统计，珠江—西江经济带内有自然保护区 43 个，自然保护区总面积为 74.53 万公顷，占全区自然保护区总面积的 51.15%，保护经济带内包括 90% 以上陆地生态系统类型、90% 以上的野生动物种群、几乎全部高等植物和 150 多种珍稀濒危野生动物的主要栖息地。坚持"绿色通道、提前介入、专人服务、定期跟踪、及时调度"的重大项目推进机制；做好其他各项环保工作，从而为经济带增添绿色发展动力；建立该经济带环境污染联防联控体系，强化区域环境风险管理，严密监控和预警环境变化，及时消除环境隐患。

第五章

推动西部资源生成的制度分析

生态系统的稳定有其自身的条件。但自然资源的有限性与人们需求的无限性之间的矛盾的发展，使得这一条件有可能被打破。因而，要使生态系统保持稳定，人们开发利用自然资源的活动必须有应遵循的基本原则和制度规范。这些原则和规范将社会的利益与每个人的利益结合起来，将社会的局部利益和整体利用结合起来，将个人的眼前利益和长远利益结合起来，使得人们在自然资源开发利用中有章可循、有据可依，从而建设一个美好的生态文明示范区。

第一节　西部资源生成原则

生态文明建设是一项系统工程。建设生态文明，不是为了生态而生态，而是为了人民群众更好地生存与发展。更为准确地说，生态文明是人们追求的更高层次的文明形态。因而，建设生态文明，不仅需调动每个社会成员的积极性，也需要发挥社会的整体能量。因此，通过构建政府主导、企业推动和社会公众参与的全方位、多层次的格局，来建设生态文明。

一、以人为本的原则

以人为本，在此处有两层含义。一是创造财富以人类自身资源为本，以人的聪明才智作为社会财富增加的主要驱动力，代替以往的"以物为本"；二是由于社会财富是人民群众创造的，由人民群众共享。习近平总书记在省部级主要领导干部专题研讨班上的讲话中指出，"牢牢把握人民群众对美好生活的向往"。进入新时代，人民群众的需要呈现多样化、多层次、多方面的特点，如期盼有更好的教育、更稳定的工作、更满意的收入、更可靠的社会保障、更高水平的医疗卫生服务、更舒适的居住条件、更优美的环境、更丰富的精神文化生活。

人及人类本身就是生活在自然环境、生态系统之中的。自然环境、生态系统的状况直接影响到人们的生存与发展。也就是，人类经济子系统通过在生态系统中开发、消费资源而获得负熵的同时，有一定量的伴生物不可利用而以废物和废热的形式释放到生态系统中，这些废物和废热排放使生态系统的熵值增大，最终影响人类的生存与发展。换言之，生态文明建设关乎每一个社会成员的切身利益，充分激发群众的主观能动性，是生态文明建设必须遵循的根本原则。生态文明建设将建立一个人与自然界合作的全面经济模式，为人的全面发展创造坚实的物质基础和条件。

人们既是生态文明的建设者，也是生态文明的直接受益者。建设生态文明需要充分发挥人们的积极性、主动性、创造性。将生态文明建设融入经济、政治、文化和社会建设，会形成人人、事事、时时崇尚生态文明新风尚，引导公众通过提升自身素质，形成人人节约资源、保护环境的社会氛围。在利益多元化的社会格局中，鼓励和培育宽容的社会文化氛围和道德文化制度，构造全社会的"尊重自然、顺应自然、保护自然"的理念，承认社会成员和群体存在不同的、不相容的甚至冲突的利益，也承认每个社会成员和群体都有追求其利益的权利，每个社会成员和群体在追求自身利益的过程中不能损害其他社会主体的合法利益和社会的整体利益，提高全社会的生态文明自觉行动能力。而社会成员合法利益的实现在某种程度上也会受到其他社会成员和群体利益的影响，也会受到社会整体利益要求的限制。只不过这种限制是利益不一致时的表现，如果都是追求生态系统的稳定，如果公众和社会都行动起来，自觉参与和践行环境保护，实现生活方式和消费模式的绿色化，将带来巨大的环境效益和经济效益。

"美丽广西·乡村建设"成功的经验千条万条，最根本的一条是顺应了农民群众对美好生活的新期待，得到人民群众的广泛支持，受到人民群众的普遍欢迎，激发了全民参与的热情和内生动力。由此提示我们，不管做什么决策，干什么事情，都要问需于民，问计于民，问问老百姓愿不愿意、高不高兴、满不满意，并以此作为我们工作的着重点和着力点。换言之，把群众拥护、群众参与、群众满意作为衡量乡村建设成效的根本标准，凝聚民心、集中民智、汇集民力，推动生活方式绿色化。①

农民群众世代居住在乡村、劳作在乡村，对乡村的环境最了解，是生态乡村活动的直接受益者。在制定方案时，结合当地条件，就村屯怎样绿化、饮水怎样净化、道路怎样硬化与群众一起想办法、共商量，充分尊重群众意愿、汇聚群众智慧，问计于民、问需于民。在实施过程中，要探索建立有效的群众参与机制，不断提高群众参与活动的积极性和组织化程度。探索科学有效的激励机制，完善以奖代补、以工代赈等政策措施，让群众投工投劳有回报、出资出智有收益，充分激发群众的创造活力。发扬基层民主，接受群众监督，把投票器、表决器交到群众的手中，以群众认同、群众参与、群众满意作为检验活动的标准。

如在"美丽广西"乡村建设活动中，宾阳县的大陆村的村民一改以往观点相左的状况，将19个小祠堂变成一座公共大祠堂，使多年来没有什么变化的村庄成了南宁市农村新户型住宅建设示范村和生态乡村建设综合示范村。这一变化源于，通过召开村民大会、公开投票等方式，以"群众评、评群众"评选出一批卫生户、星级文明户，用先进典型的正能量引领社会风气，巩固生态环境整治成果；屯里还成立了义务保洁监督队，让老人和妇女每天在村里巡查，看到有人乱丢垃圾就上前劝阻，看到有垃圾就随手捡起

---

① 环境保护部．环境保护部关于加快推动生活方式绿色化的实施意见：环发〔2015〕135号〔Z/OL〕．中国政府网，2015 – 10 – 21.

来，监督和教育村民自觉养成良好的环境卫生习惯。① 于是，村庄变美了，宽敞明亮的别墅错落有致，人居环境大幅改善，香米、小龙虾等生态产业快速发展，收入不断增加。大陆村引导村民以土地入股组建合作社，参与农业公司经营；打造香米产业区，推进全程机械化、生态化生产，降低生产成本，提高效益，逐步打响"古辣香米"品牌；公司请来农业专家进行技术指导，开辟绿色稻谷实验田，减少农业生产对化肥、农药的依赖，保障稻谷品质。

　　"美丽广西"乡村建设在八桂大地展开，在村屯环境整治、道路修建、产业发展过程中，都离不开群众的主体作用。桂林市荔浦县双江镇大厄厂屯把村屯绿化管护内容纳入村规民约，使群众互相监督，形成人人自觉管护的长效机制。林业部门引导村民及时解决管护中存在的问题，维护建设成果，设置植物标识牌、养护牌、警示牌，加强培训，提高村民的技术知识水平和管理能力，及时让村民了解各项新技术，提高管护的技术含量。

　　完善基层群众自治，搭建群众参与平台，引导群众建立完善村规民约，成立乡村建设理事会、保洁协会等群众自治组织和农民专业合作社等农村经营主体。通过建立财政奖补、市场运作与群众缴费相结合的多元投入机制，采用设立专项资金、公助民办、以奖代补等多种方式；畅通社会资金进入渠道，一批企业参与投资兴建垃圾焚烧发电、利用水泥窑协同处理垃圾等项目。在乡镇设立了农事村办服务中心，提高群众参与乡村建设的组织化程度，群众自我教育、自我管理、自我服务、自我监督能力增强。

　　推广村级民主恳谈会、村民议事会、民情沟通日、村干部"双述双评"、村务监督委员会等有效的民主形式，让农民群众充分享有知情权、选举权和监督权。组织基层群众、"第一书记"、驻村工作队员等基层一线人员召开一系列座谈会，认真吸收基层干部群众的意见建议。宣传群众、发动群众、组织群众、依靠群众，全面实行村委会直选，创造村级民主恳谈会、村民议事

---

① 文彩云等．大陆村发挥群众主体作用建设生态乡村〔N〕．广西日报，2016－01－05．

会等群众广泛参与的民主形式，推行村干部"双述双评"、村务监督委员会等民主监督办法，推进村务决策和管理民主化，保障农民群众的知情权、参与权、表达权、监督权。积极开展"民主法治村"创建活动，推广新时期"枫桥经验"，探索依靠农民群众，加强农村社会管理、维护农村社会稳定的有效机制。

南宁市青秀区长塘镇定西村的团岩坡推行"一组两会"村民自治机制，发挥党小组的核心领导作用，以户主会为主体，成立了团岩坡11人理事会，建立村规民约，村民自治民主管理得到体现。团岩坡绿化管护进行网格化管理，制定了责任牌，将管护责任落实到人，明确了每一片绿化区管护人、管护职责等相关内容，促进了村庄整体环境的提升。2013年10月，西乡塘城区启动忠良屯的综合示范村建设工作，通过"一产带三产，三产促一产，一三产互动"发展建设休闲农业观光旅游综合示范村。忠良村内绿化多种植黑榄、柳树、竹子、扁桃、三角梅、黄槐、桂花树、草皮和水柳等多种花草植物；池塘周边在保留原绿化的基础上，以种植垂柳、竹子为主，辅以黄槐、三角梅点缀；生态停车场、道路两侧以种植扁桃树、三角梅为主，形成"乔、灌、花、草结合"的绿化、美化模式。为巩固绿化成果，城区还落实专业管护队伍进行管护，全面加强新造林浇水、扶直、除蘖、病虫害防治等抚育管理，定期淋水施肥修剪，确保造一棵活一棵、植一片绿一片。

政府不仅营造人们的生态意识，更要提供与保障社会成员参与生态文明建设的途径。在制定方案时要问计于民、问需于民，与群众一起想办法，汇聚群众智慧，使方案更加符合农村发展需要。根据实际情况，建立群众合作的经营管理实体，不断提高群众参与活动的组织化程度，让群众投工投劳有回报、出资出智有收益，充分激发群众的创造活力；做到群众的事情和群众商议，群众的事情由群众做主，以群众认同、群众参与、群众满意作为检验活动的标准。

政府对辖区内全体社会成员，应有为他们的经济社会发展负责的意识，给群众一个安全、舒适的生活环境。垃圾焚烧厂的技术已经达到了目前世界先进水平，烟气排放数据也可以在网上实时查询，学校、企业、社团等团体还可以预约组团参观，发现问题也可以向相关部门举报。垃圾焚烧处理除了一些焚烧技术不过关之外，主要的因素就是信息不对称，部门监管不严，以及群众监督机制的不完善。垃圾焚烧厂的排放数据公开常态化，群众监督常态化，而不是走形式主义。政府与社会公众要增强企业的环保责任感，构建企业的生态推动机制，加强企业环保自律，积极引导企业参与生态治理工程。政府部门支持新技术、新模式、新业态、新产业发展，为它们"培土施肥"；又致力于传统产业"挖潜开荒"，促进"老树发新芽"。推行政府绿色采购制度，在机关事业单位率先实施节能、节水、节材行动。从源头保护生态环境，减少污染减排。

二、效率与公平相统一原则

效率是指对资源开发利用的有效性，即投入与产出或成本与收益的对比关系。也就是说，在利用一定的技术生产一定产品所需要资源的状态下，高的效率表示对资源的充分开发利用或能以最有效的方式进行生产，低的效率表示对资源的利用不充分或未能以最有效的方式进行生产。公平，是指资源开发利用的公平。这里首要的是指资源产权界定公平，其次是资源流动的公平，再次是资源消费的公平。市场追求效率，政府着力公平。资源公平配置推动资源效率的实现。

在市场经济中，虽然价值的实现依赖于使用价值的实现，但两者不可能为同一主体所拥有：得到使用价值需让渡价值，得到价值就不能得到使用价值。在物物交换的时代，两者的对立并没有带来什么危害。但当作为交换媒介的货币出现后，情况则大不一样。"货币在质的方面，或按其形式来说，是无限的，也就是说，是物质财富的一般代表，因为它能直接转化成任何商品。但是在量的方面，每一个现实的货币额又是有限的，因而只是作用有限的购买手段。货币的这种量的有限性和质的无限性之间的矛盾，迫使货币贮藏者不断地从事息息法斯式劳动"①。这种劳动发展到一定程度,"当内部不独立(因为互相补充)的过程的外部独立化达到一定程度时,统一就要强制地通过危机显示出来。商品内在的使用价值和价值的对立,私人劳动同时必须表现为直接社会劳动的对立,特殊的具体劳动同时只是当作抽象的一般劳动的对立,物的人格化与人格的物化的对立"②。

这在当今世界突出表现为生态恶化(资源枯竭、气候变暖等)与贫富悬殊。究其缘由,在市场经济中,市场主体之间的关系是随机的、对称的、平权的。但由于各种因素的存在,市场主体之间的相互作用力并不均等。市场主体在力求成本最小化、收益最大化的过程中,使得成本与收益不对等,效率与公平相脱离。如市场主体只考虑价值——"我们力求获得金钱,那是因为金钱能给我们最广泛的选择机会去享受我们努力的成果;在现代社会里,我们是通过货币收入的限制,才感到那种由于相对的贫困而仍然强加给我们身上的束缚"③ ——而忽视使用价值,必然不断去扩张、"占领"那些尚未被其"占领"或者不能占领的市场,最终则因使用价值问题(使用价值链条的断裂)无法使其继续运动下去,从而使市场走向无序和混乱。这种无序的背后浸透着个人与集体、社会的对立,也蕴含着人自身的经济生活、政治生活以及精神生活的对立。

在人类实践活动中,实现成本最小化、收益最大化一般有减少成本与转嫁成本两种方式。人们在生产或消费过程中所付出的成本包括物质成本、社会成本以及由此组成的系统的功效减弱等。其中,物质成本是指物质形态转换过程中的消耗,由技术水平决定;社会成本,则由人适应自然的成本(包括生态成本、系统变化中资源维持成本)和处理人与人关系时所消耗的成本组成。这些成本的存在要求实践活动尽可能"靠消耗最小的力量在最无愧于

---

① 马克思. 资本论:第1卷 [M]. 北京:人民出版社,2004:156.
② 马克思. 资本论:第1卷 [M]. 北京:人民出版社,2004:135.
③ 哈耶克. 通往奴役之路 [M]. 北京:中国社会科学出版社,1997:87.

和最适合于他们的人类本性的条件下进行这种物质变换"① ——在尽量少的劳动时间里创造出尽量丰富的资源,合理地调节人与自然之间的物质变换。减少成本,一般的是通过科学技术或调整经济结构提高资源利用效率来实现。科学技术在生产、分配、交换、消费四个环节运行中表现其功能。"在不同的历史条件下发生变化的,只是这些规则借以实现的形式"②。生产过程是一个转换过程,在转换中以少量的消耗获取较大的收益。"消费的真相在于它并非一种享受功能,而是一种生产,也是一种沟通体系、一种交换结构。作为社会逻辑,消费建立在否认享受的基础上。这时享受不再是其目的性、理性目标,而是某一进程中的个体合理化步骤,而这一进程的目的是指向他处。"③

公平是资源开发利用的公平,即资源开发利用活动的规则、权利、机会和结果等方面的平等和合理,如在国家给予的贫困户生态搬迁补贴的基础上,出台住房建设贴息及产业发展贷款贴息等优惠政策,支持贫困户易地搬迁和后续发展,是一种公平的体现;此外,产业扶贫、教育培训扶贫、生态移民扶贫、整村推进扶贫,也都是社会公平公正的必然要求。转嫁成本意味着生产者得利,成本尽可能由他人、社会或自然来承担。成本由自然承担,意味着物质资源被用来生产而完全不管原有的植物、动物群落的特点,所产生的废弃物任意向环境排放,不考虑或不知如何考虑它们对他人和生态的影响。这种成本降低只是市场主体自身的成本减少,而因其获利的总成本却没有减少,此时只是为了生产而生产,不是为了满足人的需要。换言之,只是为了交换价值而生产,而不是为了使用价值而生产。

建立自治区森林生态效益补偿基金制度和水资源生态补偿机制,落实水

---

① 马克思,恩格斯. 马克思恩格斯全集:第 25 卷 [M]. 北京:人民出版社,1974:927.

② 马克思,恩格斯. 马克思恩格斯全集:第 4 卷 [M]. 北京:人民出版社,1972:580.

③ [法] 让·波德里亚. 消费社会 [M]. 刘成富,全志钢,译. 南京:南京大学出版社,2001:68-69.

土保持补偿措施，建立矿山地质环境恢复保证金制度等。广西2008年开始实施以小流域为治理单元的石漠化综合治理工程，至2014年，全区75个石漠化县全部纳入工程建设重点县，其中石漠化土地面积减少45.3万公顷，净减19.0%，占全国减少总面积的47%；石漠化程度也逐步减轻，轻度石漠化土地面积比2005年增加3.9万公顷，净增16.9%，中度、重度、极重度石漠化土地面积分别比2005年减少9.2万公顷、30.5万公顷、9.4万公顷，分别减少了14%、23.4%和52.5%。① 通过石漠化治理，许多石山区农村呈现出了"石山增绿、群众增收、村在林中、家在绿中"的景观。

占主导地位的社会思潮影响政府的体制与制度安排，是决定一个国家和地区发展的最根本因素。"以人民为中心"的社会主义国家，公平就是内在的价值追求，财富的创造就是为了不断满足人们对美好生活的追求。因而，要积极发挥政府提供良好法律政策环境和公共服务的职能作用，综合运用法律、经济、技术和必要的行政手段，充分调动各方力量，形成政府主导、部门分工协作、全社会共同参与的工作格局。广泛开展了万家工商企业、万个城镇文明单位、万名科技人才等结对活动，形成了社会共建的强大合力。企业在资源开发利用中必须坚持责、权、利的统一，改变以往企业只计算经济成本而把生态成本。加强农民工权益保护，进一步消除农民工进城务工的歧视性政策，完善农民工工资支付保障制度，加快推进企业职工的养老保险、医疗保险、工伤保险向农民工覆盖。

积极探索多元投入方式，发挥各级财政资金的引导和"杠杆"作用，搭建各类投融资平台，最大限度利用社会资金，积极争取社会捐助，发动群众投工投劳。政府要加强对生态建设的投入，加大环境整治力度——农村环境污染治理是公益事业，需进行村屯绿化、饮水净化、道路硬化。在贷款、税费减免、土地使用等方面制定优惠政策，就能够通过市场力量对多类污染进行治理。例如，对于污染治理设施建设，在建设用地方面原则上应按照社会

---

① 黄俊毅. 石漠化生态修复之路怎么走——广西石漠化地区生态修复调查［N］. 经济日报，2015 - 12 - 31.

事业性质建设用地；农村聚居点和工业园区在新建污水集中处理工程时，政府应减免相应的建设规费；等等。实施集体经济薄弱村办公场所建设，做到村村都有活动场所。不断壮大村级集体经济实力。积极探索资源开发、资产管理、资本经营、社区服务等市场经济条件下发展壮大村级集体经济。推行农村社区股份合作制改革，促进集体资产保值增值，保障农民享有的集体资产权益。

开展生态乡村活动是把生态优势转化为发展优势的重要举措，把开展生态乡村活动与建设新农村、发展新产业深度融合起来，推动生态经济、绿色经济、有机经济、循环经济一体化发展，生态人居、生态环境、生态文化、生态家园同步建设；强化清洁能源的开发利用，提高产业准入门槛，实行负面清单管理，坚决淘汰"两高一剩"落后产能，坚决杜绝污染项目；发展生态产业、循环经济，优化生产力空间布局，走绿色发展之路。资料显示，瑞士的垃圾回收率是非常高的，70%的废纸、95%的废玻璃以及近90%的铝罐都得到了回收，废旧电池的回收率达到了2/3。厨房剩余垃圾则会跟落叶之类的生态垃圾一起放在每个住宅区都有的特殊的垃圾箱里进行堆肥。总之，让绿色生态有机成为西部地区农产品的公认品牌，让环境整洁优美成为西部乡村的新形象。

三、节约与创造并重原则

节约：节省，俭约，避免不必要的浪费。人尽其才，物尽其用。如人们在日常生活中步行、骑自行车，乘坐公共交通工具，爱护、协助维护公物、保护珍稀植物和动物，对电池类不可降解物分类回收，不用方便筷和一次性用具，捐旧物、旧书给需要的人，回收报纸和一切可回收的物品，出差旅行自己带杯子、人走关灯、饮水机电源、电脑电源，使用节能灯和节能电器，等等。简言之，节约的实质是提高资源的使用效率，即使资源配置效率不断提高，产品质量得到改善，人们对稀缺性资源合理使用与充分利用，生态环境得到有效保护。

创造就是使物质形态向着满足人的需要的方向变化；利用现有的知识和物质，在特定的环境中，改进事物、方法、元素、路径、环境，以满足社会需求。这也是不断解决人的需要的无限性与资源有限性之间矛盾的方法。科学的节约，本身就是在"创造"价值，并且创造的是"含金量"高的价值。换言之，节约本身就是创造，创造是更大的节约。

进而，不论是节约还是创造，资源生成效率的高低，不仅取决于人们的生态观念，也取决于资源的产权界定状况以及资源配置的原则和方式，以及由此带来的调动社会成员的积极性和创造性的程度。

随着时代的发展，节约贯穿于消费、生产、流通、储存、科研、设计的全过程。分配、交换是生产与消费的中介。分配、交换过程必然消耗一定的资源：从信息的收集、劳动量的测定以及一套详尽的权利体系——规定在什么情况下人们可以得到和使用资源，进而付诸实施等相应的机构的设立等，都需要提高资源利用效率，进而也促进生产、消费效率的提升。只有经济结构合理（尤其供需结构、产业结构、城乡结构），才有可能使得资源在经济活动的各组成部分、各个环节有机连接和相加、分解和分化，生成使用价值链。生产和消费构成经济活动的两极。生产一极需淘汰落后产能、压缩过剩生产能力，推进传统产业技术改造，发展现代农业与服务业，支持节能环保、新能源、新材料、新医药、生物、信息等战略性新兴产业的发展，通过这些促进经济结构不断优化、升级；消费一极需提高消费对经济发展的贡献，积极开拓国内市场，改善农村居民的生活状况等，实现经济发展方式的转变。

转嫁成本意味着生产者得利，成本尽可能由他人、社会或自然来承担。成本由自然承担，意味着物质资源被用来生产而完全不管原有的植物、动物群落的特点，所产生的废弃物任意向环境排放，不考虑或不知如何考虑它们对他人和生态的影响。也就是，人类经济子系统通过从生态系统中开发、消费资源而获得负熵的同时，有一定量的伴生物不可利用而以废物和废热的形式释放到生态系统中，这些废物和废热排放使生态系统的熵值增大，最终影响人类的生存与发展。这种成本降低只是市场主体自身的成本减少，而因其获利的总成本却没有减少，此时只是为了生产而生产，不是为了满足人的需要。换言之，只是为了交换价值而生产，而不是为了使用价值而生产。成本让他人、社会承担，是对他人权利的一种侵犯和利益的剥夺，也是对社会公平的侵犯。

以资源为中介的公平，指通过社会整合，使人们得其能得，得其应得，既充分尊重人们的选择，最大限度地激发人们的活力，又充分考虑人的先天禀赋、社会背景等个体差异。然而，每个社会成员在资源使用上能否公平，不取决于自身，而由人与人之间的力量对比关系来解释。"贫困不在于财富的量少，也不在于简单地理解为目的与手段之间的关系，归根结底，它是一种人与人之间的关系。丰盛不是建立在财富之中的，而是建立在人与人之间的具体交流之中的。它是无限的，因为交流圈没有边际，哪怕是在有限数量的个体之间，交流圈每时每刻都增加交换物的价值"①；"其结果，每个人在为自己取得、生产和享受的同时，也正为了其他一切人的享受而生产与取得。在一切人相互依赖全面交织中所含有的必然性，现在对每个人来说，就是普遍而持久的财富"②。换言之，人类实践活动的本性，在于追求人、人的活动与人的活动的结果的一致性——人自由配置自己的劳动成果。

在节约的问题上，应克服只重直接节约，而忽略间接节约——只重节约的省钱功能，而忽略了节约的创造功能的做法。直接节约一分钱，只是一分钱；而利用节约新技术、新工艺、新材料和新设备，可节约了资源，降低了成本，在节约创造中给社会增添更多的财富。节约除了创造财富功能外，还有创造产业和创造岗位之功能。在发展循环经济中，崛起的"节约"产业——废物利用在废气、废水、废渣中掘出了无数宝藏。资源的"高耗费"以及粗放的生产经营，可"推进"一个地方的 GDP 上升，或"促使"一个

---

① 让·波德里亚. 消费社会 [M]. 刘成富，全志钢，译. 南京：南京大学出版社，2001：56.
② 黑格尔. 法哲学原理 [M]. 北京：商务印书馆，1996：210.

企业的产值增长。例如，如果把全国的传统照明灯泡都变为节能灯，一年省下来的电相当于三峡电站的发电量；同时，因此我国能源利用效率如能每提高1个百分点，差不多是一个中型城市一年的GDP总量。再如，有一家五星级宾馆，用淘菜水、游泳池换的水以及收集的雨水浇花。这一举措，使宾馆在接待客人数量逐年增加的情况下，用水量却在逐年下降。而节水的结果，就是创造了直接的价值。

要推进创造与节约，依赖于社会主义市场经济体制的保障，即充分发挥市场的决定作用和更好地发挥政府的作用。以党的十九大提出要建立健全绿色低碳循环发展的经济体系，构建市场导向的绿色技术创新体系，壮大节能环保产业、清洁生产产业、清洁能源产业为例。因山水林田湖草等构成的是生命共同体，因而只能将流域作为管理单元，统筹上下游、左右岸、陆地水域，进行系统保护、综合治理。这需要以市场配置资源为主，优化资源利用结构和布局，通过推行循环经济模式有效提升资源综合利用效率——在技术可行和有利于保护环境的前提下，按照减量化优先的原则在工业生产过程中减少资源消耗和废物产生，实现废物再利用、资源化；强化生态保护红线、环境质量安全底线、自然资源利用上线和产业准入负面清单"三线一单"硬约束，建立健全绿色低碳循环发展的经济体系。

在推进乡村现代化进程中，既要有"乡愁"的根据，也要有现代化的元素。这就是，通盘谋划生态建设、环境改造、产业发展、社会治理、文明创建等，整合各种资源，集中力量见实效。因此，坚持不同条件不同要求，不同地方不同标准，巧借山形、善用水势、活用资源，石山有石山的特色，丘陵有丘陵的风格，河谷有河谷的韵味，平原有平原的风貌，形成别致多样、各具特色、和谐自然的美丽乡村——村屯道路硬化，人行道路就地取材，铺设石板路、青砖路；农村房屋改造，砖瓦房、吊脚楼更具民族风情；重视古村落、古民居、古建筑、古树名木的保护利用，加强对历史文化、传统技艺及各类非物质文化遗产的发掘传承，将丰富的岭南文化、边关文化、海洋文化和民族文化融入乡村建设，培育乡村文化产业，发展乡村休闲旅游，打造地域文化名村，形成一村一品、一村一景、一村一韵；把农村独特的山、水、田、林、路充分凸显出来，把丰富的民族文化、边关文化、海洋文化和岭南文化深度融入进去，保持韵味、留住乡愁。进而，村屯种植多种乡土树、多种果木经济林，房前屋后种瓜种豆；保证符合安全卫生标准的农村泉水、溪水、井水；宜农则农，宜林则林，宜草则草，宜渔则渔，宜旅游则旅游，宜工则工，宜加工业则加工业。根据每个村的不同特点采取不同方式和办法，可以发展乡村旅游和配套特色休闲农业，建设农家乐、民宿。

文化发展本身就是一个低成本。发展文化生产力，处理好基本文化需求与多样化、多层次、多方面文化需求的关系，处理社会效益与经济效益的关系，做到"两个效益"有机统一，推动观念、形式、体制、管理到操作实践层面的文化领域的各个方面的文化创新；立足各地特色文化资源和区域功能定位，充分发挥文化产业优结构、扩消费、增就业、促跨越、可持续的独特优势，构建具有鲜明区域和民族特色的文化产业体系，促进特色文化资源与现代消费需求有效对接，拓展特色文化产业发展空间使文化产业成为国民经济新的增长点和现代服务业的支柱产业。

第二节　西部资源生成的制度保障

建设生态文明，必须以培育和践行生态价值观为基础，以生态文明制度建设为核心，形成建设生态文明的价值指引、严格规范。生态价值观融合于社会道德文化中，对各项生态文明制度建立、完善和落实起到积极的推动作用。而思想又随着自身利益的需要而变化。制度是管根本、管长远的，治理环境不仅要在科技创新上下功夫，更要在完善制度上下功夫。只有让人们自觉地把制度设计的行为规则变成自己的行为规范，在保护生态环境的过程中"形成内生动力机制"，生态文明制度才有实效。构建政府为主导、企业为主体、社会组织和公众共同参与的环境治理体系，形成一个生态意识自觉、生产行为自重、生活行为自束的生态文明建设新模式。

一、营造建设生态文明的社会环境

既有的生态环境是广西的优势和资源，也是广西"生态立区、绿色发展"的自然前提，更是建设生态广西和生态文明示范区的先决条件。科学技术发展到今天，建设生态文明不再是一个技术难题，而是一个理念问题——将"经济中心"思维转变到"和谐发展"的新思维上，将生态文明纳入社会主义核心价值体系，加强生态文化的宣传教育，倡导勤俭节约、绿色低碳、文明健康的生活方式和消费模式，转变以往"头痛医头、脚痛医脚"的传统"线性思维"做法。也就是，根据人类面临的生态困境，积极培育生态文化，提高全社会生态文明意识。

（一）宣传生态文化，政府责任当头

伦理是一个社会的价值观。伦理力量，在社会多元化的今天，就是相互之间的信任。一般地，既能防止公共产品和公共服务的缺失，也能防止政府的过度干预。马克斯·韦伯认为，伦理道德对社会政治经济的发展是"支持性资源"。① 新制度经济学派的代表人物科斯，也把道德看作是"人力资本"。"我为人人，人人为我"与"己所不欲，勿施于人""己欲立而立人，己欲达而达人"这一历史积淀的文化资源，是能为大多数人接受的"共同价值观"，需要政府想办法把这一准则渗透到民众的意识中去，变成他们的生活常规。

在资源环境约束日益严峻的当代，自然资源和优美生态环境是大家共有的稀缺的生态产品。生态文明建设需要改变传统的财富观念、生产观念、消费观念，让生态价值观念成为社会的主导意识形态。亚当·斯密在《道德情操论》中指出："自爱、自律、劳动习惯、诚实、公平、正义感、勇气、谦逊、公共精神以及公共道德规范等，所有这些都是人们在前往市场之前就必

---

① 王正平. 道德建设：市场经济的一种支持性资源［N］. 光明日报，2001 – 06 – 14.

须拥有的。"① 诺贝尔经济学奖获得者诺思也说过："自由市场本身并不能保证效率，一个有效率的自由市场制度除了需要一个有效的产权和法律制度相配合之外，还需要在诚实、正直、合作、公平、正义等方面有良好道德的人去操作这个市场。"② 阿马蒂亚·森在《伦理学与经济学》（1988）著作中也指出："一个基于个人或小团体的利益增长而缺乏长远的、共同合作的价值观做导向的社会，在文化意义上是没有吸引力的，这样的社会在经济上也是缺乏效率的，以各种形式出现的狭隘的个人利益的增进，不会对我们的福利产生任何好处，反而破坏了我们正常的市场经济秩序。"

生态文明是人类文明的转型，是人的世界观、价值观、思维方式等多方面的重新确立。生态文明是人类文明的新形态，是人的世界观、价值观、思维方式等的时代重塑。建设生态文明需要了解公众生态文明意识认知、生态环境宣教效果以及生态文明建设的影响；研究提高人民群众生态文明意识乃至生态文明素质的途径与方法，并力求构建适合国情的生态文明意识评价体系，从而为生态文明建设提供精神动力。

通过环境保护宣传、开展教育培训、表彰先进人员、创建生态节日等，逐步普及生态文明理念。西藏自治区通过实施综合文化体育设施工程、流动电影服务工程、农家书屋工程、村级广播信息资源共享工程、村卫生室医疗设备完善工程、太阳能公共照明工程等建设工程，实现地（市）群艺馆、县（区）综合文化活动中心、新华书店、乡镇综合文化站和农家书屋全覆盖；开展年度节能宣传周和低碳日宣传活动，增强人民群众生态环境保护意识；倡导"生态环境就是资源、生态环境就是竞争力"的发展价值观和"保护生态环境就是保护生产力、改善生态环境就是发展生产力"的政绩观。

建立生活方式绿色化宣传联动机制。利用电视、广播、报纸、网络等媒体及时报道生态文明建设的成效和好经验、好做法，努力营造"全民共建生

---

① 亚当·斯密. 财产权利与制度变迁 ［M］. 上海：上海三联书店，1991：38.

② Douglass C. North. Ethies ［J］. An International Journal of Social Political and Legal Philosophy Volume，2000（6）.

态文明"的良好氛围。并将生态环保理念纳入面向全省中小学生、党政干部、农牧民等不同层次的《甘南州生态文明教育读本》，开通环保网站，播放环保公益广告，推送手机环保短信，举办有奖征文，提高人们对生态保护重要性的认识，营造爱护环境的良好风气。青海省开展"清洁三江源，保护母亲河""青海湖生态保护"等志愿服务活动，倡导移风易俗和生产生活新风尚。可可西里申报自然遗产成功则增强了生活在高原上的人们保护自然、关爱生命的意识，进一步激发了人们建设生态文明的自豪感、责任感。

生态环境保护能否落到实处，关键在领导干部。干部教育培训体系，将生态文明内容纳入各级党校、行政学院教学计划，让地方官员真正摒弃"唯GDP论英雄"的发展观，带头使用并推广环保产品、生态消费、绿色发展。从制度建设上加强对生态环境的保护，实行差别化分类考核评价；将污染物排放、空气质量等纳入评价范畴，对节能减排不合格的市县区实行"一票否决"。开展领导干部自然资源资产离任审计试点，推动生活方式绿色化理念深入人心，使公众勤俭节约成为全社会的自觉习惯。通过实行严格的源头保护制度、损害赔偿制度、责任追究制度等，完善环境治理和生态修复机制，强化生态文明建设的引领导向作用。加强对领导干部、重点企业负责人的绿色教育培训，提高其依生态法规行政和守生态法规经营意识，严守生态红线，实现中华民族永续发展的目标就一定能实现。

（二）人人都有生态文明建设的责任

生态文明建设关系各行各业、千家万户。如一旦全球气候变暖，不论社会成员的社会地位如何、财富多少，其处境都一样；一旦某一城市发生雾霾，该城市的居民也都面临一样的境况。因而，生态文明建设，事关你我他。

广泛开展生态文明"进单位、进学校、进社区、进乡村"活动，让先进生态文明理念、生态文明行为方式和生态文明道德规范渗透到每个单位、每个家庭、每个公民，形成人人自觉投身生态文明建设实践活动的社会氛围。从娃娃和青少年抓起，从家庭、学校教育抓起，把生态文明教育作为素质教育内容，纳入国民教育体系，并鼓励和支持社会组织和大学生社团开展各项环保活动。深挖"污染源头"，约束好每个单位、每个人的生产生活方式和行为习惯，将环境保护内化于社会方方面面，生态文明建设才会真正落到实处。① 广泛开展绿色生活行动，推动全民在衣、食、住、行、游等方面加快向勤俭节约、绿色低碳、文明健康的方式转变，坚决抵制和反对各种形式的奢侈浪费、不合理消费。引导消费者购买节能与新能源汽车、高能效家电、节水型器具等节能环保低碳产品，减少一次性用品的使用，限制过度包装。推广绿色低碳出行，倡导绿色生活和休闲模式，严格限制发展高耗能、高耗水服务业。党政机关、国有企业要带头厉行勤俭节约。

　　加大节能宣传，倡导全民参与，形成绿色消费、勤俭节约的良好消费习惯。节能不仅涉及生产方式转变，也涉及生活方式改变，如我国居民遵行《全民节能减排实用手册》中衣、食、住、行、用等方面的 36 项日常行为，一年节能总量约为 7700 万吨标准煤。将生态文化作为现代公共文化服务体系建设的重要内容，创作一批文化作品，创建一批教育基地，满足广大人民群众对生态文化的需求。通过典型示范、展览展示、岗位创建等形式，广泛动员全民参与生态文明建设。组织好世界地球日、世界环境日、世界森林日、世界水日、世界海洋日和全国节能宣传周等主题宣传活动。充分发挥新闻媒体作用，树立理性、积极的舆论导向，加强资源环境国情宣传，普及生态文明法律法规、科学知识等，报道先进典型，曝光反面事例，提高公众节约意识、环保意识、生态意识，形成人人、事事、时时崇尚生态文明的社会氛围。广西电视台手拉手艺术团"美丽广西·生态乡村"主题宣传演出在田阳县田州古城欢乐上演，是广西壮族自治区党委宣传部指导的广西文艺界"深入生活·扎根人民"主题实践活动的系列内容之一。

　　社会组织应积极动员群众参与生态文明活动，践行生态文明理念。通过多角度、深层次的宣传发动，组织群众方便参与、乐于参与的主题实践活

---

　　① 大力推动生活方式绿色化 加快推进生态文明建设［N］.中国环境报，2015 – 11 – 17.

动，着力实现群众主体的健康权、优美环境享受权、日照权、安宁权、清洁空气权、清洁水权、观赏权、环境管理权、环境监督权、环境改善权等。发挥行业协会的作用，通过行业内节能竞赛、经验技术推广等活动来推动企业提高能效。企业作为项目实施者和环保直接责任方，利用自身的行业优势和技术权威性，对民众进行专业知识普及，或是邀请公众直接参与到项目风险评估中，更容易取得公众的信任。引导企业采用先进的设计理念、使用环保原材料，促进生产、流通、回收等环节绿色化；推广绿色饮食、服装、居住、出行等领域绿色化。完善公众参与制度，及时准确披露各类环境信息，扩大公开范围，保障公众知情权，维护公众环境权益。健全举报、听证、舆论和公众监督等制度，构建全民参与的社会行动体系。建立环境公益诉讼制度，对污染环境、破坏生态的行为，有关组织可提起公益诉讼。引导生态文明建设领域各类社会组织健康有序发展，发挥民间组织和志愿者的积极作用。

2014年9月19—20日，中国民营企业家王文彪、卢志强等200多位企业家，创建了中国首个"生态文明企业家年会"，其宗旨是"发展生态经济、创造生态财富、传承生态文明"，以生态经济理念商讨修复水源污染、空气污染、土地污染和土地荒漠化等问题。该年会宣言：要利用商业的智慧、力量和生态经济的理念，着力把握"生态、民生、经济"的平衡点，联手推动国家的土地修复、水源修复和空气修复等生态环境经济的发展——既想做好生意，也想做好生态，挣一份绿色、生态、体面、长远的钱；换言之，要把生态当生意做，把保护生态、发展生态当成一种商业来做，这样就能实现可持续。

要使生态意识的宣传达到更好的效果，应进一步充分挖掘中国传统文化中的人和自然和谐相处的理念使之现代化。从"万物并育而不相害"和"钓而不纲、弋不射宿"，到"民胞物与"的生态观，再到当今时代民众树立的"环境也是生产力""绿水青山就是金山银山"理念，其中共同提及的是"天人合一"思想，即倡导人与大自然和平共处。此后，这一思想不断发展，成为中华传统文化的重要组成部分，也是中国文化对人类突出的贡献之一。"不涸泽而渔，不焚林而猎""劝君莫打三春鸟，儿在巢中望母归"等箴言警句，饱含质朴睿智的自然观，为中华民族注入与自然和谐相处的文明基因。在阅读陶渊明、王维等人的诗作，欣赏中国山水画和传统音乐时，都能够体会到其中"天人合一"的思想、"智者乐水，仁者乐山"的睿智。和谐理念包括人与自然之间的和谐。积极开发介绍广西生态资源特色、普及生态知识的图书、音像、舞台艺术、动作漫画等文化产品，规划建设自然保护区、森林公园、湿地公园、植物园、动物园、民族生态博物馆、自然博物馆、地质博物馆、文化遗址公园等一批生态文明宣传教育基地，不断满足人民群众对生态文化的需求。

美丽乡村建设，不仅要解决农村的经济问题，让农民生活富裕，而且要解决生态环境污染严量、人文氛围淡化——"文化饥渴""文化沙漠"的问题，让农民群众得到美的享受、养成美的德行、过上美的生活，让城乡之间、乡村之间各美其美、美美与共，用无数的美丽乡村装扮美丽中国。在生态乡村各项活动中，培育形成保护生态的社会共识和良好氛围，注重保护生态奖惩制度建设。依法治理与保护生态，逐步把生态环境保护理念固化为尊重和改善生态环境的行为习惯，固化成每一个广西人的深刻认识和自觉行动，形成生态保护与建设的"防火墙"，广西才能天长蓝、树长绿、水长清、地长净。

简言之，每个村屯都制定了村规民约，倡议提升文明素养，共同维护美丽家园；每家每户门口都有垃圾桶，村民不再随手丢垃圾；几乎每个村屯都有保洁员……村民按照自我管理、自我教育、自我服务的基本要求，在法治框架下依法办理自己的事务——法治是治理社会的前提，增强村民法律意识，建设办事依法、解决问题用法、化解矛盾靠法的法治型乡村秩序；传承中华优秀传统文化中讲仁爱、重民本、守诚信、崇正义、尚和合、求大同等传统美德，培育弘扬社会主义核心价值观，建立村规民约，形成新的社会道德标准。人人都应在衣、食、住、行、游等方面形成节约适度、绿色低碳、文明健康的生活方式和消费方式。

二、建立健全建设生态文明的法规

生态文明建设必须通过一套完善的管理体系得到落实——把生态文明的理念落实到水资源开发、利用、治理、配置、节约、保护等各项工作的规划、建设和管理环节中，构建归属清晰、权责明确、监管有效的自然资源资产产权制度，健全资源价格机制、资源有偿使用与生态补偿制度。通过优化城市水系格局、统筹防洪排涝、改善环境、供排水格局、生态与景观，将生态文明建设的理念变成一个个政府的工作目标和指导思想，为人们营造安全、宜居和人水和谐的优美环境。

（一）推动资源利用方式实现根本转变，提高资源利用效率和效益的要求

党的十七大提出生态文明建设，党的十八大提出"五位一体"的生态文明建设。党的十八大以来，以习近平同志为核心的党中央，将生态文明建设纳入中国特色社会主义"五位一体"总体布局和"四个全面"战略布局，推动中国形成绿色发展道路。党的十八届三中全会在《中共中央关于全面深化改革若干重大问题的决定》提出要求健全资源节约利用制度。中共中央国务院在《中共中央国务院关于加快推进生态文明建设的意见》中提出要"培育绿色生活方式"，中共中央在《中共中央关于制定国民经济和社会发展第十三个五年规划的建议》提出："推动形成绿色发展方式和生活方式"，党的十八届五中全会指出"坚持绿色发展，形成人与自然和谐发展现代化建设新格局"。

党的十八大把"中国共产党领导人民建设社会主义生态文明"写入《中国共产党章程（修正案）》。2013 年 4 月，习近平总书记在海南考察工作结束时的讲话中指出，要正确处理好经济发展同生态环境保护的关系，牢固树立保护生态环境就是保护生产力、改善生态环境就是发展生产力的理念。2013年 9 月，习近平总书记在哈萨克斯坦纳扎尔巴耶夫大学回答学生提问时，回

答道："我们既要绿水青山，也要金山银山。宁要绿水青山，不要金山银山，而且绿水青山就是金山银山。"2013 年 11 月，习近平总书记在党的十八届三中全会上做关于《中共中央关于全面深化改革若干重大问题的决定》的说明时专门指出："我们要认识到，山水林田湖是一个生命共同体，人的命脉在田，田的命脉在水，水的命脉在山，山的命脉在土，土的命脉在树。"在2017 年 4 月，习近平总书记在广西南宁考察河道整治工作时指出，顺应自然、追求天人合一，是中华民族自古以来的理念，也是今天现代化建设的重要遵循。

2017 年 5 月，习近平总书记在主持中央政治局第 41 次集体学习时又强调，人与自然是一种共生关系，对自然的伤害最终会伤及人类自身。2017 年7 月中央全面深化改革领导小组第 37 次会议上，习近平总书记在谈及建立国家公园体制时说道："坚持山水林田湖草是一个生命共同体"，并多次强调："在生态环境保护上，一定要树立大局观、长远观、整体观，不能因小失大、顾此失彼、寅吃卯粮、急功近利。"党中央、国务院把低碳发展作为生态文明建设的重要内容和改善环境空气质量的重要措施，制定并实施了《中国应对气候变化国家方案》《大气污染防治行动计划》，提出阶段性调整产业结构、能源结构以及节能、减碳、降污等目标。

《中共中央国务院关于加快推进生态文明建设的意见》提出，建立领导干部任期生态文明建设责任制：健全以领导干部任期生态文明建设责任制为核心的激励约束机制，把考核指标完成情况与干部任免使用紧密结合起来，与财政转移支付、生态补偿资金安排结合起来，使生态文明建设考核真正由"软约束"变成"硬杠杠"。① 中央生态文明建设指导委员会把绿色 GDP 作为干部政绩考核依据，让生态文明建设引领执政者的决策行为。

到目前为止，国家发布的环保类法律法规，涵盖了以环境保护、资源节约为核心的方方面面。如《中华人民共和国环境保护法》《中华人民共和国

---

① 中共中央国务院关于加快推进生态文明建设的意见［N］. 人民日报，2015 - 05 - 06.

海洋环境保护法》《中华人民共和国水污染防治法》《中华人民共和国环境噪声污染防治法》《中华人民共和国森林法》《中华人民共和国矿产资源法》《中华人民共和国煤炭法》《中华人民共和国野生动物保护法》《中华人民共和国大气污染防治法》《中华人民共和国渔业法》《中华人民共和国清洁生产促进法》《中华人民共和国环境影响评价法》《中华人民共和国放射性污染防治法》《中华人民共和国固体废物污染环境防治法》《中华人民共和国可再生能源法》《中华人民共和国节约能源法》《中华人民共和国循环经济促进法》《中华人民共和国水污染防治法》《中华人民共和国水法》《中华人民共和国气象法》《中华人民共和国草原法》，以及《中华人民共和国电磁辐射环境保护管理办法》《中华人民共和国水产资源保护条例》《中华人民共和国自然保护区条例》，等等。

相应地，也出台了与之配套的生态文明建设的评价与奖惩制度、生态环境保护责任追究制度。如在《中共中央国务院关于加快推进生态文明建设的意见》中指出生态文明建设的总体要求、目标愿景、重点任务、制度体系；《生态文明体制改革总体方案》谋划了自然资源资产产权制度、国土空间开发保护制度、资源有偿使用和生态补偿制度、环境治理体系、生态文明绩效评价考核和责任追究制度等生态文明制度体系；《开展领导干部自然资源资产离任审计的试点方案》开展领导干部自然资源资产离任审计试点，为生态环境损害追责提供了科学有力的"证据"；《党政领导干部生态环境损害责任追究办法（试行）》的一系列规定，明确实施生态环境损害责任终身追究——一旦出现四类情节：一是发生重特大突发环境事件，二是任期内环境质量明显恶化，三是不顾生态环境盲目决策造成严重后果，四是利用职权干预、阻碍环境监管执法，有关领导和责任人将会被依法追责——让干部既要对任上的经济发展负责，更要对今后的生态环境负责；既要考虑当下的GDP，也要掂量为此付出的代价，为政府领导、环保部门负责人和环境优劣构成了一个共同体。这些都是对短视思维的有力约束，有利于扎紧制度的"笼子"，让领导干部面对自然资源时有权也不能任性，更加清醒生态环境保护的职责范围立体全面，促进生态文明建设。①

进而，在党的十八大这五年期间，中央全面深化改革领导小组审议通过40多项生态文明建设和环境保护具体改革方案。内容涉及生态环境损害责任追究、国家生态文明试验区等重要内容，这些内容构成了中国生态文明体制改革的"任务清单"，基本上建立起了领导干部生态环境损害"全链条"责任追究体系，即进行事前预防监测、事中强化责任、事后终身追责。事前，建立资源环境承载能力监测预警长效机制。按资源环境承载能力等级和预警等级进行综合管控；构建生态环境监测大数据平台，全国联网，实现生态环境监测信息集成共享。事中，强化自治区级党委和政府生态文明建设主体责任。对考核等级为不合格的地区，进行通报批评，并约谈其党政主要负责人，提出限期整改要求。事后，对违背科学发展要求、造成生态环境和资源严重破坏的责任人，不论是否已调离、提拔或者退休，都必须严格追责。实行党政领导生态环境保护目标责任制管理，优化干部绩效考核指标，把环保工作比重由2%提高到10%，对没有完成环保任务或发生环境事故造成恶劣影响的，在干部提拔使用和评先评优中实行"一票否决"。

（二）建立健全省自治区直辖市级生态文明建设的政策规划与法规约束

在中央的统一领导和决策部署下，各省级地方组织根据自身的实际状况，进一步完善了生态文明建设的方案与措施，构建以改善环境治理为导向，监管统一、执法严明、多方参与的环境"共治"体系；把资源消耗、环境损害、生态效益等指标纳入经济社会发展综合评价体系，大幅增加考核权重，强化指标约束。

新疆维吾尔自治区发布实施了《自治区主体功能区规划》，确定重点开发区、限制开发区、禁止开发区，对不符合国家和自治区产业政策以及对环境敏感区域产生重大不利影响、群众反映强烈的项目，一律不予审批。推进

---

① 严厚福. 给"绿色发展"装上政绩指南针［N］. 人民日报，2015－11－12.

天山、阿尔泰山天然林保护和"三北"防护林三大生态工程，实施伊犁河谷百万亩生态经济林工程。西藏自治区制定了《关于着力构筑国家重要生态安全屏障 加快推进生态文明建设的实施意见》《关于建设美丽西藏的意见》《西藏自治区环境保护考核办法》等。青海省制定了《青海省生态文明制度建设总体方案》《青海省生态文明建设促进条例》《青海省创建全国生态文明先行区行动方案》等。四川省制定了《四川省自然保护区管理条例》等。甘肃省制定了《甘肃祁连山国家级自然保护区管理条例》等。云南省制定了《迪庆州"两江"流域生态安全屏障保护与建设规划》《滇西北生物多样性保护行动计划》等。

青海省根据国家批准的《三江源国家公园体制试点方案》，制定了《三江源国家公园条例（试行）》，从公园本底调查、保护对象、产权制度、资产负债表、生物多样性保护、生态环境监测、文化遗产保护、生态补偿、防灾减灾、检验检疫等方面对公园管理做出明确规定。2018 年，国家发展改革委印发《三江源国家公园总体规划》，进一步明确了三江源国家公园建设的基本原则、总体布局、功能定位和管理目标等。

广西壮族自治区制定了《中共广西壮族自治区委员会 广西壮族自治区人民政府关于大力发展生态经济深入推进生态文明建设的意见》和 3 个配套文件及《广西生态经济发展规划》，将"发展生态经济，加快构建和谐友好的现代生态文明体系"列为广西发展的重大战略，着力推进广西生态经济发展和创建国家生态文明先行示范区工作。政府建立健全资源环境保护、污染控制、清洁生产、循环经济、生态保护与建设等地方性法规规章和标准体系。建立政策保障体系，制定价格、财政等方面发展循环经济的支持政策，设立了发展循环经济专项资金和循环经济产业投资基金；发布了循环经济《统计管理办法》和《统计实施方案》，制定了《考核办法》，将循环经济发展情况纳入政府目标责任考核。实现资源实物形态、要素形态与价值形态相结合的综合管理模式转变，全面提高资源综合利用效益。相关职能部门清理已经不适合当前高技术发展的政策规定，及时破解广西高技术产业企业在发展中遇到的难题，及时推广好经验好做法，制定出新的能有效地推动广西高技术产业发展的政策措施。《广西生态经济发展规划》采用设立生态经济发展投资基金、建立制度探索自治区内生态补偿方式、建立绿色 GDP 绩效考核指标体系等诸多创新性政策，激发绿色经济活力。对符合《广西发展生态经济鼓励类指导目录》的人才要求，建立健全激励机制，调动其积极性、创造性，为生态文明建设提供强有力的智力支撑，激励生态经济科研成果转化。在计算企业所得税应纳税额时，对企业新产品、新技术、新工艺研发费用实行加计扣除政策。对新认定的国家或自治区级高新技术企业、创新型企业，除按规定享受国家企业所得税优惠外，给予一次性补助；企业购买高校、科研院所技术成果并转化形成生产能力的给予一次性补助。

这些法规主要围绕生态文明建设的监督与考核、资金技术支持、优惠政策方面。

具体而言，一是强化系统健全的制度约束。加强对责任主体履职情况的有效监督和严格考核，提升执法队伍的职业素养与执法能力，坚决实施零容忍的问责惩戒；加强督促检查和考核评价，强化资源产出、资源消耗、资源综合利用、废物排放等指标约束，推进产业链延伸耦合、能源资源高效利用和废物"零排放"。进而，司法力量介入到生态文明建设过程中间，通过司法的力量维护我们的环境权益和环境公正；对生活垃圾实行分类袋装、计量收费制度——垃圾袋上都有一长串条形码，记录着居民的身份信息，能轻易找出乱扔垃圾的人，形成"资源有价、污染付费"的消费预期——每位市民都督促自己的行为，使城乡居民形成资源节约的生产和消费方式；鼓励了将垃圾作为能源资源进行再利用，创造了成千上万的工作岗位。

二是促进生态文明建设的，享受税收优惠政策。生态服务业企业和污水垃圾处理设施运营企业用电、用水、用气价格在现有价格基础上优惠 10% ~ 15%。企业排污低于国家或地方规定排放限值 50% 以上的，给予适当优惠。实施产业集聚区生态化改造，加快产业集聚集群发展，降低单位产值污染排放；注重集约、循环利用资源，加强可再生能源开发和综合利用，完善生物资源与终端消费品、"城市矿山"与再生制品两个对接链条，培育循环经济产业链；推广普及绿色消费模式，健全社会层面资源循环利用体系。推出生态基础设施、环境保护与治理重大项目工程包，对该类工程给予财政补贴优先补助。以政府为责任主体的污水垃圾处理、城镇污染场地修复，农村环境、江河流域、土壤重金属、无主尾矿库治理，公共节能以及生态修复、生态保护等项目工程，通过政府采购，以政府和社会资本合作模式（PPP）、特许经营、委托运营、合同能源管理、环境绩效合同服务等方式引入第三方治理。

三是对有利于生态文明建设的，给予一定的资金扶持。通过统筹生态经济领域相关财政性专项资金，以参股等方式，引导社会各类资金、金融资本设立生态经济发展投资引导基金，省与自治区级以出资参股等方式支持参与；支持设立服务生态产业园区的专业小额贷款公司，引导其以较优惠的利率为园区内的中小微生态经济企业提供资金支持；对节能环保产业、生态农业、生态林业探索以特许经营权、委托运营权、知识产权、林权、土地承包经营权、地上作物收益权等抵质押贷款。此外，企业赴国外参加重要国际节能环保会展的，在展位费方面给予一定比例的支持，从自治区外贸专项资金中安排；对农林业产业化龙头企业、农民专业合作组织、家庭农场等农业经营主体，从事生态产业生产发展产品获得国家级有机、绿色、生态认证的，除在项目建设资金安排正常支持外，从自治区农林业等有关专项资金中给予一次性奖励。

（三）严格执法，维护法律的尊严

党的十八大以来，中央在生态文明建设上采取的措施，切实解决了一批长期想解决而没有解决的生态问题，切实解决老百姓生产生活息息相关的环境问题。这不仅体现在立法上，更是体现在执法和司法上。

一是加大执法力度，严厉打击环境违法行为。开展错时突击检查，营造环境执法高压态势。企业排污浓度值高于国家或地方规定限值的，或超过规定排放总量指标的，按征收标准加倍征收排污费；浓度和总量均超标的，排污费从重征收。广西壮族自治区环保厅 2015 年 3 月 2 日通报广西自新的《环境保护法》实施以来的首批三起典型环境违法案件，涉及化工、燃油加工、洗矿，涉嫌非法排污、不正常运行污染防治设施、非法处置危险废物。一是广西南宁钻达工业燃料油有限公司环境违法案件。据查实，这一公司存在未设置危险废物识别标志、将危险废物提供或者委托给无经营许可证的单位从事经营活动、在转移过程中没有制定危险废物突发环境应急预案等违法行为，甚至将属于危险废物的废矿物油非法排放、倾倒达 3 吨以上。二是富川瑶族自治县白沙镇鸡岭桥的非法洗矿窝点，使用硫酸和碱对原料进行浸泡加工。经检测，这一洗矿点洗矿原液和处理后的废液含有铜、锌、砷和镉等重金属物质，当地安监局对窝点内原料进行现场封存。后来联合调查组发现涉案人员不仅没有对废液、原料、成品进行处理，还有继续生产的迹象。当地公安部门确定相关事实后，对两名涉案人员进行控制，并处以行政拘留 15日。这是新法实施后广西首例涉案人员因环境违法行为被行政拘留的案件。三是玉林市九洲江博白河段水质异常，疑为大量酸性物质进入水体所致。环保部门经调查取证，确定责任企业为博白县宏宇化工有限公司。

2017 年 6 月 8 日，环保部华南督查中心、广西环保厅、广东环保厅在环保部华南督查中心召开了粤桂两省（区）危险废物非法转移倾倒案件查办及后续处置工作协调会，提出了"堵源头建防线、分职责共处置、强能力重群防"等联合打击跨省转移倾倒危险废物和垃圾等违法犯罪行为，建立遏制事件频发态势机制体制。2017 年 4 月 27 日，钦州市灵山县查获 42 吨非法填埋的工业固体废物，该批固体废物来源为广东省珠海市万通特种工程塑料有限公司。7 月 13 日至 14 日，钦州市钦北区那蒙镇发生非法填埋固体废物事件，初步判断为生活垃圾与一般固体废物混合的固体废物。

二是全面加强危险废物的环境监管，实施计划污染物排放许可证核发权限。广西壮族自治区环境保护厅负责全区排污许可制的组织实施和监督，设区市环境保护主管部门、县级环境保护主管部门负责实施简化管理的排污许可证核发管理。在广西壮族自治区层面，相应地出台和完善了根据广西区情所制定的可以具体操作的规章制度。《广西控制污染物排放许可制实施计划》明确相关行业排污许可证核发的具体时间。2017 年 10 月底，配合环境保护部开展甘蔗制糖行业排污许可证核发工作，编制行业技术规范，组织典型企业开展许可证申请与核发验证；到 2020 年，完成覆盖所有固定污染源的排污许可证核发工作，基本建立法规体系完备、技术体系科学、管理体系高效的排污许可制，对固定污染源实施全过程管理和多污染物协同控制，实现系统化、科学化、法治化、精细化、信息化的"一证式"管理。

2017 年 5 月，广西环保厅启动 2017 年"清废打假促达标"督查执法行动。贺州市人民政府印发《关于开展打击危险废物非法转移专项行动的通知》，对跨界区域、废弃厂房等易被倾倒区域进行拉网式排查，同时在高速公路、国道、省道盘查危险货物运输及具备能力的运输车辆。严厉打击非法转移、处置、倾倒危险废物环境违法行为。

总之，在生态文明制度建设中，西部取得了一定的阶段性成果，获得了一些典型案例，积累了一些宝贵经验。要把这些经验上升到理论层面，促进制度创新，进而不断完善生态环境治理体系，加强相关法律、制度的统一性、整体性和协调性，提高生态环境治理能力。

第六章

西部打造"绿水青山就是金山银山"
路径（上）

生态资源是最宝贵的资源，生态优势是西部最具竞争力的优势。习近平总书记指出，要结合实际，"在推动产业优化升级上下功夫，在转变发展方式上下功夫，在提高创新能力上下功夫，在深化改革开放上下功夫"① ——这四个"下功夫"要求，必须把经济社会发展建立在生态环境可承受的基础之上，实现经济社会发展和生态环境保护的"双赢"，使西部地区成为经济资源协调、生态产业发达、生态屏障坚实、自然人文融合的和谐人居之区，在更高层次上实现人与自然、环境与经济、人与社会和谐发展，避免出现"先污染后治理"的局面。要实现这一目标，就要坚定走绿色发展途径，探索循环经济、低碳经济、生态经济发展模式，真正保护脆弱生态环境，控制资源开发利用强度。

第一节　转变经济发展方式，走新型工业化道路

西部地区经济社会发展取得了新的历史性成就，各项主要指标增速多年领先"四大板块"；但要继续各地打好组合拳，积极推动"绿水青山就是金山银山"，实现经济发展质量变革、效率变革、动力变革。通过深化改革开

---

① 布局广西发展，习近平提出4个"下功夫"［EB/OL］．新华网，2017－04－24.

放，发展先进的科学技术，按照减量化、再利用、资源化的原则，建立循环型工业，提高资源利用率和生成率。

一、利用现代科技和信息技术，推动新型工业化

新型工业化，是科技含量高、经济效益好、资源消耗低、环境污染少、人力资源优势得到充分发挥的工业化①，是由资源环境线性消耗的工业提升为资源闭合循环发展的新工业，是在信息工业基础发展起来的智能工业，是由一种以人脑智慧、电脑网络和物理设备为基本要素的工业。换言之，新型工业化不仅将改造提升传统产业，促进先进制造业的发展，更将培育发展新兴产业，促进现代服务业的发展。

新型工业化核心是打造食品、汽车、石化、电力、有色金属、冶金、机械、建材、生物、修造船及海洋工程装备等产业，培育和发展新材料、新能源、节能与环保、海洋等新兴产业②。新兴产业有信息产业、高端装备制造业、新能源、新材料（半导体材料、纳米材料、高性能的室内材料等）、新能源汽车（电动汽车，有纯电动汽车、混合式的电动汽车）、生物产业（生物医药等）、环保产业、建筑业环保产业等。按照构建现代产业体系的方向，推动传统产业转型升级，扶持食品、汽车、冶金、机械、建材、造纸等符合国家产业政策、具有发展潜力的传统优势产业，支持相关企业进行技术改造，促进信息技术与传统产业深度融合，提升企业生产能力和工艺水平。③

1. 传统优势产业升级换代，减少资源的损耗，提高资源的使用效率

依据广西已经形成的制糖、有色、冶金、电力、汽车、机械、建材、食品、医药等优势产业，积极与国内外企业深化产业合作。如在既有的基础上，广西汽车与中国一汽、上汽、东风以及美国通用、韩国大宇、法国雷诺

---

① 以信息化带动工业化 以工业化促进信息化 [N]. 光明日报，2002 – 12 – 26.

② 马飙. 关于走广西特色新型工业化道路的若干问题 [N]. 广西日报，2010 – 04 – 06.

③ 彭清华. 把握新定位新使命新机遇 构筑广西开放合作和区域协调发展新格局 [N]. 广西日报，2014 – 10 – 31.

等进一步合作，提升竞争力。

崇左东亚中泰产业园改造提升传统产业，积极推进糖、铝、机械、冶金"二次创业"和汽车跨越发展，对一批传统优势产业进行重大技术改造——糖业循环经济综合利用和制糖企业机收压榨一体化改造，创新铝产业"铝—电—网"发展模式，破解制约铝业发展"瓶颈"，且推动区域电网建设。南宁、柳州、玉林加快工程机械、内燃机、电工电器、农业机械四大产业集群化高端化发展。柳工集团轮式装载机、玉柴集团国六发动机，成功跻身国际内燃机行业第一梯队。推进盛隆冶金产业升级技术改造，实施一批汽车产业跨越发展技术改造工程——上通五 E200 新能源汽车、华奥贵港汽车项目。

防城港钢铁基地按钢铁产业循环发展要求，与化工、电力、建材等其他相关产业深度融合，实现钢铁工业副产品高效利用和钢铁产品加工集成，建成科技含量高、资源消耗低、环境污染少的示范园区和绿色产业集群基地。大新布东生态锰的产业园，以矿山绿色开采、科学选矿、清洁物流、清洁生产、副产品和废弃物循环利用、产品链延伸等为突破口，成为全国最大的新型锰的产业基地。梧州市不锈钢制品产业园区推动不锈钢边角料的再回收利用和副产品的综合利用，鼓励发展不锈钢成套机械、不锈钢配件等高附加值产品，打造专业不锈钢制品生产制造基地。

发挥矿产资源高效开发的示范效应。支持平桂管理区资源综合利用"双百工程"示范基地，以矿山绿色开采和修整复垦、天然大理石加工、边角料资源化利用为主要内容，构建生态型碳酸钙千亿元产业示范基地。贺州西湾（平桂）和旺高工业园，在发展"大理石原料—大理石板材和工艺品—大理石边角废料回收—重质碳酸钙超细粉—人造岗石—新材料（涂料、塑料母粒等）"循环产业的基础上，增加绿色产业比重，拉长关联产业链，提高产品技术含量和附加值。梧州藤县陶瓷产业园区、北流日用陶瓷工业园区产业结构调整，发展陶瓷废料利用和再生产业。

积极拓展"城市矿产"示范效应。梧州对废机电、废五金电器、废电线电缆、废铜、废钢铁等再生资源拆解，对废塑料、废纸综合加工，形成综合性再生资源加工利用产业；发展铜、铝、锌、钢铁等金属拆解、初深加工，打造再生金属回收、拆解、加工的完整产业链条。南宁的再生资源循环产业园，在已有报废车船回收拆解中心，以及废旧机械设备、废旧金属、废旧机电等综合物资分拣中心基础上，形成废旧机电产品拆解处理、废旧家电和电子产品回收处理、废旧物资深加工一条龙产业链，最终形成以提取稀贵金属，加工超细、纳米级稀贵金属粉末以及精细化工产品为目标，按清洁生产标准推进再生资源循环产业园建设。防城港再生资源加工利用中心，发展废钢铁、废船舶、废有色金属等物资回收、加工及配送、再制造产业基地。推动柳州、玉林、桂林等再制造基地规范化改造和建设，支持加快技术升级改造，发展电机、工程机械、机车车辆及其零部件，以及汽车发动机、变速器、前后桥等零部件再制造。

广西的蚕桑茧丝绸业（宜州）循环经济示范基地、蒙山蚕桑茧丝绸业循环经济工业区，抓住"东绸西移"机遇，发展"种桑养蚕—缫丝—绢纺—织绸—印染—服装"产业链。调整优化贵港国家生态工业（制糖）示范园区原有产业结构，发展循环产业和新兴产业。推进崇左"糖蜜—酵母—酵母提取物""成品糖—精糖—三氯蔗糖—乳酸""糖蜜微藻生产生物柴油"等精深加工，农垦、来宾"蔗、糖、酒、浆、纸、生物化工"一体化发展，重构以蔗糖业为基础，交集拓展多种产业和产品的新型产业链群。发展南宁、柳州、来宾、防城港和崇左开展甘蔗全茎、甘蔗叶及尾梢饲料化利用，培育"甘蔗—牛羊—沼气""有机肥—甘蔗""生态牛一体化综合加工利用"等循环经济模式。① 把甘蔗生产燃料乙醇列入中央财政生物能源和生物化工非粮奖励专项资金支持范围。

简言之，广西应加强重大科学技术问题研究，开展能源节约、资源循环利用、新能源开发、污染治理、生态修复等领域关键技术攻关；强化企业技

---

① 广西壮族自治区人民政府. 广西壮族自治区人民政府办公厅关于建设生态产业园区的实施意见：桂政办发〔2015〕67 号［Z/OL］. 广西壮族自治区人民政府门户网站，2015 – 09 – 30.

术创新主体地位，充分发挥市场对绿色产业发展方向和技术路线选择的决定性作用。支持生态文明领域工程技术类研究中心、实验室和实验基地建设，完善科技创新成果转化机制，形成一批成果转化平台、中介服务机构，加快成熟适用技术的示范和推广。

2. 发展新兴产业，提升广西经济的现代化水平

2010 年国务院发布《国务院关于加快培育和发展战略性新兴产业的决定》，计划用 20 年时间，使节能环保、新能源、生物、新一代信息技术、新材料、高端装备制造等战略性新兴产业整体创新能力和产业发展水平达到世界先进水平，为经济社会可持续发展提供强有力的支撑。依据国务院的这一文件，结合西部地区的实际，西部地区可在以下新兴产业下功夫：节能环保、新能源、养生长寿健康、生物医药、海洋产业、先进装备制造业、新一代信息技术、新材料、生物农业等产业。具体以新材料、新能源、生物医药、新能源、新一代信息技术和生物农业为例作出说明。

新材料产业，是汽车工业、电子工业、机械工业、航空航天工业、化学工业、冶金工业等都涉及的产业，是现代经济社会发展的基础，也是世界各工业发达国家和地区竞争的重点领域。西部地区可根据已拥有的科技工作和取得的研究成果（在某些方面的研究开发还处于国际先进水平），发挥资源共享、人才共享的优势，保障科技和经济的可持续发展。例如，广西可利用得天独厚的能源、黑色金属、有色金属及非金属矿产资源优势，建设南宁、柳州和沿海新型合金材、新型高分子材料、电子信息材料、新型建筑材料研发和生产基地，以及南宁、柳州、崇左等稀土功能材料、纳米粉体材料研发和生产基地。①

新能源产业，是生态文明建设中以可再生能源为主要领域的产业。现时代是以风电为代表的新能源时代。这为西部地区大力发展风能提供了契机。内蒙古高原、黄土高原和云贵高原以及新疆、甘肃的戈壁大漠，均已成为中

---

① 广西战略性新兴产业发展"十三五"规划［EB/OL］.广西壮族自治区人民政府网，2016 - 09 - 28.

国风电热土。广西还可因地制宜大力发展生物质能、太阳能等清洁能源，开发燃料乙醇清洁生产、生物废弃物综合利用技术；积极发展太阳能电池生产，利用荒地和建筑屋顶建设太阳能光伏并网发电站，建成太阳能发电装机10万千瓦；推广使用太阳能热水器，使能源结构进一步优化，成为全国清洁能源和可再生能源示范区①。

生物医药产业，具有高投入、高风险、高回报、研发周期长等特点。西部地区发展生物医药产业的资源基础得天独厚，地域面积占全国国土面积的70%以上，地貌复杂，气候差异大，生物多样性明显，孕育了有利于生物医药产业发展的巨大资源。根据资料，四川是我国生物多样性三大中心之一，拥有丰富的中药材、能源植物、农业资源，素有"中国植物缩影""物种富乡""中药之库"的美誉。四川省医药工业产值居于全国第6位；陕西省医药工业产值居于全国第16位；重庆市医药工业产值居于全国第18位。立足国内生物医药产业集聚区基础，在新药创制、高端医疗器械等领域扶持产业集群，差异化布局各产业集群产业定位，同时给予资源倾斜，快速提升产业集群的国际竞争力。《广西生物医药产业跨越发展实施方案》要求依托南宁、柳州等市工业园区或工业集中区集群发展医药工业，以建设世界级的广西药用植物园为重点，依托西南濒危药材资源开发国家工程实验室，建设广西中医药科学实验中心，推进南方民族药基地、国家基本药物重大疾病原料药基地以及大宗道地珍稀濒危动植物繁育研究及基地建设，建设南宁国家高技术生物产业基地、桂林三金和梧州现代中药产业基地等，打造我国南方民族药基地和国家基本药物重大疾病原料药基地。②

长寿特征是大健康产业发展的独特名片。康养产业也是今日新时代的朝阳产业。广西以优越的生态环境、地理区位、人文环境具备了发展大健康产

---

① 广西壮族自治区人民政府. 广西壮族自治区人民政府关于加快培育发展战略性新兴产业的意见（桂政发〔2011〕17号）［A/OL］. 百度文库，2011 - 03 - 23.

② 广西壮族自治区人民政府. 广西壮族自治区人民政府关于加快培育发展战略性新兴产业的意见（桂政发〔2011〕17号）［A/OL］. 百度文库，2011 - 03 - 23.

业的重要基础。因而，广西可依托优良的自然生态条件和丰富的养生长寿资源，推进中国—东盟医疗保健养生基地建设。如在沿海地区、桂林永福、河池巴马等旅游风景区及"长寿区"建设一批养生、疗养、康乐项目等，打造世界级养生长寿健康目的地。

此外，广西可依托南车、上汽通用五菱、玉柴机器、桂林客车等骨干企业发展新能源汽车产业——以柳州、南宁、桂林、贵港等有新能源汽车生产企业的城市为重点，加快培育发展广西新能源汽车产业。支持广西天鹅、中信大锰、广西有色等企业动力电池材料产业化建设，等等。① 云南白药"智造"一管牙膏，成"百年老店"。西安着力于千亿级新能源汽车产业以重塑"千年古都"辉煌。宁夏实施"五大科技行动"——产业重大技术攻关、科技成果转移转化、科技型企业培育、科技金融创新、知识产权创造保护运用等。成都加速构建创新生态圈，设立百亿级新经济发展基金，明确职务发明人可对科技成果享有不低于70%的股权，加快推进经济提质增效升级。贵州站到了世界发展潮流的前沿，强化对现有大数据企业的支持力度、大数据融合的高科技领域企业的招商力度、人才的引进力度，加快大数据与实体经济、乡村振兴、服务民生、社会治理的融合，坚定不移推进大数据战略行动向纵深发展，以期基本建成我国南方重要的数据加工及分析产业基地、国家重要的数据交换交易中心。

通过推动国家循环经济发展先行区建设，绿色产业框架初步构建，产业链条不断延伸，基础设施逐步完善。国家在青海省设立柴达木循环经济试验区、西宁经济技术开发区循环经济试点产业园，柴达木循环经济试验区形成了盐湖化工、油气化工、金属冶金、煤炭综合利用、新能源、新材料、特色生物等产业，园区资源集约利用水平不断提升；西宁经济技术开发区基本形成有色金属、化工、高原生物制品、中药（含藏药）、藏毯绒纺等产业。西藏自治区依托资源优势，加快产业结构优化升级，发展清洁能源、旅游、文

---

① 广西壮族自治区人民政府. 广西壮族自治区人民政府关于加快培育发展战略性新兴产业的意见（桂政发〔2011〕17 号）〔A/OL〕. 百度文库，2011 - 03 - 23.

化、特色食品、天然饮用水以及交通运输、商贸物流、金融、信息服务等绿色低碳经济。

广西推进绿色建筑全产业链发展，以绿色建筑设计标准为抓手，推广应用绿色建筑新技术——在工厂加工制作好建筑用构件和配件，然后运输到建筑施工现场装配安装，减少人力劳动，降低成本、物耗和能耗，具有"标准化设计、工厂化生产、装配化施工、一体化装修、信息化管理"等主要特征。有数据显示，与传统模式建造的高楼大厦相比，装配式建筑可减少40%用水量、40%钢材损耗、60%木材损耗、60%施工垃圾。简言之，利用生态理念和生态技术，发展低碳经济、循环经济、绿色制造，让生产过程各个环节实现绿色化、生态化。资源型产业转型升级，建设百色新山铝业示范园、平果铝铝基合金新材料产业基地、河池生态环保型有色金属产业示范基地、崇左生态锰示范基地等一批特色产业园区。左右江革命老区发挥资源富集优势，建设能源保障基地、资源精深加工基地，发展电力、油气、有色金属、生物制药、特色农业、文化旅游、健康养生等产业，打造沿边经济带。

二、发展循环经济

循环经济不仅是节能减排的工程项目，更是一种可持续发展方式，其核心是资源的高效利用和循环利用。循环经济模式在国内发展的三个层次分别是企业层面的小循环、产业园区层面的中循环和社会层面的大循环。

1. 企业层面的循环经济

在经济增长中，有创新能力的企业，或行业在聚集区形成资本与技术高度集中，具有规模经济效应，自身增长迅速并能对邻近地区产生强大辐射作用。

发展循环经济，打造广西特色的石化、有色金属等循环经济产业链，建设国家生态铝业示范基地、国家生态环保型有色金属产业示范基地。推广先进适用的采选技术、工艺和设备，进一步提高采矿回采率、选矿回收率、综合利用率、矿山复垦率，推动从氧化铝母液回收镓、钪，从赤泥中提取回收铁、贵金属等，构建"铝土矿—氧化铝—煤电铝结合—铝水—铝深加工—废铝回收利用""铝土矿采矿—洗矿—生态复垦""氧化铝—赤泥—元素回收—建筑材料"循环经济产业链。推进炼化一体化和循环化发展，以烯烃、芳烃为路径，实施"补链"项目和"延伸"项目，实现产业项目之间的纵向贯通和横向耦合。围绕聚酯、多元烯烃、炼油副产品增值加工、磷化工等领域，发展有机化工原料、合成塑料、合成纤维、合成橡胶及制品，碳一（甲醇）化工下游产品及高分子材料，以及无机酸、碱、盐化工产品，等等。推进冶炼废渣、废气、废液和余热的资源化利用，从铅锌冶炼废渣（液）中提取镉、锗、铜、银、铋、金、铟、镓等稀贵金属，从冶炼废气中回收铅、锌、砷、镉等元素。加强重金属废水处理和冶炼废水循环利用，构建"采选—尾矿—有价组分—冶炼—有色金属""冶炼—废渣—有色金属""冶炼—炉渣—建材""冶炼—尾气—化工""冶炼—余热—发电""冶炼—有色金属—再生金属—冶炼"等循环经济产业链。

百色市矿产资源丰富，把矿产资源开发利用作为推进新型工业化的突破口，矿业经济日渐成为全市支柱性产业和重要的经济增长点。通过开展矿产资源整合，全市矿山企业"多、小、散"的局面得到进一步改观，矿产资源开发结构及产业升级得到进一步优化。同时，逐步建立和完善了外排废水全天实时在线监控系统，安装了 pH 酸碱度、流量、COD 等监测设备，24 小时实时监控外排废水污染排放指标。在此基础上，企业还通过科技开发和新技术应用，将大部分用水进行循环利用后排放，并采用尾矿脱水处理技术，将其作为水泥用配料使用，切实做好了矿山废弃物资源化利用工作。据介绍，煤矿煤炭生产排放的固体废弃物主要是煤矸石，建成两座矸石砖厂，制造矸石砖。这既解决了环境污染问题，也成为国家推广的变废为宝的综合利用项目。

贵港市金地矿业通过对原来双层浓密基础上增加一台单层中心浓密机，并且在新增的浓密机参数进行优化调整，排入污水的尾矿浆浓度提高了5%，减少了尾矿浆中的废水量。广西华锡集团旗下的佛子矿业公司，通过开展科研攻关，优化选矿工艺流程，采用"铜铅混浮—分离—锌悬浮"生产工艺，实现了每处理 1 吨原矿可节约电耗 1~2 度。田林高龙黄金矿业有限责任公司的金矿生产，为了让生产水完全循环重复利用，在堆场附近建了 1 个 300 立方米容量的蓄水池，此外还配有 3 个防洪备用水池，用于储存场地流出的含氰水；在堆场储备工业漂白粉，用于中和氰化物，以预防雨季持续降雨可能造成的含氰污水外流，同时，在堆场周围开挖防洪沟，防止地表水直接冲刷堆淋场。①

岑溪市推广花岗岩矿山复垦和废料综合利用工作，通过引进外部资金和技术对废料废渣进行综合利用和合理开发——对花岗岩石材废料废渣进行破碎后，提取废料废渣中的钾、钠等元素作为制作陶瓷的原料。梧州佛子矿业古益尾矿库，通过科技开发和新技术应用，改变了选矿用的添加化学制剂，大部分用水经回收循环利，使排放的污水不再含有毒物质；对于废水的排放，还专门在坝底的排水口排放监测站，监测系统与环保部门相连，24 小时实时监测外排废水的 COD 等污染物指标。此外，尾矿砂经过脱水处理后，提供给水泥厂用于水泥的配料；为了防止尾矿砂堆积沉放久后可能形成的地质灾害，公司进行标准的三级拦坝建设，每层拦坝建有溢流口，防止坝压过大垮塌。②

广西有色金属集团汇元锰业有限公司，制定了《固体废弃物综合利用实施方案》，即从高端产品入手，按照高、大、新、好的要求，充分发挥人力资源、锰矿资源、电力资源、交通便利、政策导向等优势，把广西的锰深加工业做大做强，并成为全国有影响的锰深加工产品的生产基地。为解决锰废渣的综合开发利用，建造了蒸压砖生产线一条、锰渣烧结砖生产线一条，以及建筑粉体材料（工业硫石膏或建筑板材）生产线一条，可消除锰渣堆存，减少电解二氧化锰废渣中硫酸根、氨氮、可溶性锰和重金属离子等对环境的

---

① 雷倩倩.矿区复垦消除"伤疤"，综合利用变废为宝［N］.南国早报，2014 – 06 – 30.

② 陈江.佛子矿：努力与环境和谐共存［EB/OL］.广西新闻网，2014 – 06 – 25.

污染；锰渣烧结砖是国家提倡发展的新型墙体材料，具有保温、轻质、高强、隔热等优点，是替代实心黏土砖的最好材料之一。这符合建材工业"循环经济的新模式"——节约土地，节约水源，变废为宝，吸收、消化富余劳动力，提高就业率。柳州市鱼峰集团响应国家节能减排和循环经济政策、调整产品结构，所采用的生产技术、生产工艺和技术装备，一年可吃掉各种工业废渣81.84万吨，可产低成本高附加值的矿粉60万吨，而每顿矿粉的经济效益比原有产品水泥或熟料提高3倍以上，使得公司从传统三高企业向环保型企业转型；该项目还运用了具有自主知识产权的科研成果，可降低能耗25%~40%，提高水泥产量20%左右①。

来宾高新区的广西福美新材料有限公司遵循循环经济"减量化、再利用、资源化"原则，实现废弃物的"零排放"：一是使用建筑垃圾制造新型建材，建材业走上循环经济之路；构建"三废"及物料综合利用、产业衔接紧密的区域大循环系统，形成有色金属、氯碱化工、硫化工等五大循环产业链，实现了上下游企业间的"无缝对接"；二是被视为废料的粉煤灰、石粉、建筑垃圾等，经过分类、分色加工、复合改性后，变成MCM（改性土）生态材料，根据客户的"私人订制"，可复合成各种仿石材、仿陶土砖、仿木、仿金属等产品。MCM生态新材料不仅抗紫外线、耐腐蚀，还广泛用于装修、日用品、艺术品制造等领域，该产品拥有全球自主知识产权，一半出口美国及东盟地区，包括多项美国、欧盟、中国发明专利等。②

中铝广西有色崇左稀土开发有限公司，引进原地浸矿工艺，采取了防渗措施防渗水泥进行人工假底防渗，采取HDPE膜防渗；采场采取清污分流措施，工艺增加了注水检漏、清水清洗、封孔闭矿工序；增设了地下水监控井等措施，母液回收率更高，对地下水和地表水的污染更小。这些新技艺不但

① 广西鱼峰水泥粉磨资源综合利用节能技改工程投产［N］.柳州日报，2010-12-21.
② 朱柳融."广西煤都"来宾变粉煤灰为生态材料［EB/OL］.中国新闻网，2016-01-15.

提高了资源回收利用率和产量，而且减少了对矿山植被和地形地貌的破坏，达到采矿"无痕"的效果。中铝广西有色崇左稀土开发有限公司、广西新振锰业集团有限公司、中信大锰矿业有限责任公司、广西华银铝业有限公司、广西德保铜矿有限责任公司等一大批公司在"绿色矿山"建设中取得明显成效，实现了较好的生态效益、经济效益和社会效益。

2. 产业园区的经济循环

华润在广西贺州富川县莲山镇建立了循环经济产业示范区。在这 11.14 平方公里的土地上，坐落着发电厂、水泥厂和啤酒厂，电力、水泥和雪花啤酒互补。水泥厂向电厂、啤酒厂提供建设用的水泥，并向电厂提供脱硫用的石灰石粉；电厂则将脱硫产生的石膏、煤炭燃烧产生的粉煤灰和炉渣再供给水泥厂，分别用作水泥缓凝剂和添加料，还向水泥厂、啤酒厂供电，短距离、直供电，大大降低了供电投资费用及运营损耗；电厂发电产生的蒸汽供给啤酒厂，后者无须另外再建锅炉房，从而减少原煤消耗及二氧化硫、烟尘排放；啤酒厂则将每年产生的中水，供给电厂作为循环水的补充水；啤酒厂的废硅藻土和酒糟供给饲料厂作为饲料原料，废硅藻土还连同水泥厂、电厂、啤酒厂产生的工业、生活垃圾一起被投入水泥窑燃料综合利用。[1] 华润示范区也带动了当地电子、再生资源、现代农业、物流等循环产业链的发展，促进了贺州市社会层面循环经济大循环的进程。此外，华润电力贺州电厂的模拟发电原理、华润水泥富川公司的水泥生产流程以及华润雪花啤酒厂的酿酒技术，使得三家企业之间开展的产业协作就如同在一个无形的工业大循环中，各司其职，整套机制环环相扣，紧密配合。企业都严格遵循"减量化、再利用、资源化"的循环经济发展要求，不仅实现了绿色园区要求的"零排放"目标，也将资源循环利用，达到"变废为宝"式的理性境界。

还有的工业园区发展分布式能源，支持新能源企业为园区配套建设综合应用光伏、天然气热电联产、风能、低位热能（地源热泵、光热）、LED、

---

[1]　张焕. 探路绿色发展 华润打造循环经济产业链［N］. 第一财经日报，2013 - 07 - 03.

储能等"六位一体"分布式能源项目。如来宾河南工业园区以能源企业集中供热和资源综合利用为主线，建设区域性大型热电联产与多产业链接的生态工业示范园区。①

梧州市抓住东部产业转移，建设再生资源循环利用园区，发展再生资源的深加工、精加工，初步建立起上下游企业相互衔接的再生资源综合利用产业链，吸纳大批再生铜、再生铝项目到此间升级，回收、拆解、加工、交易一体化，成为国家级行业"圈区管理"样板。并逐步打造成第二批国家"城市矿产"示范基地。该基地形成了以园区为主体，以再生不锈钢集中区、苍梧社学工业园再生塑料深加工集中区为产业配套，统一建设集污水处理、中水回用、雨水收集、废弃物处理等为一体的综合节能环保系统。广西柳州钢铁集团有限公司建成工业废水集中处理、烧结球团、高炉烟气干法除尘等多项技术先进的节能环保项目，工业废水处理后循环利用、废渣全部综合回收利用，废气均净化处理，余热余能均回收利用。

广西玉林（福绵）节能环保产业园，是水、电、汽、热供给，第三方治污，治污设施先于企业建设的综合类环保产业园，以环保和成本优势，发展服装、机械制造、配件生产与表面处理、环保建材四大产业集群；还有个"城市矿产"示范基地，包括废钢铁、报废汽车、废五金电器、废电线电缆、废电机、废塑料等，分门别类进行再生利用，基地年回收各类再生资源可达160万吨。

鹿寨经济开发区以现有园区为依托，建设新型工业生态链网，打造国家级循环经济发展典范。田东石化工业园区氯碱化工向氟化工、氟、硅材料延伸发展，建设新型氟制冷剂、含氟高分子材料、有机硅新材料等高新技术化工新材料基地。梧州松脂生态产业园以"全国知名品牌创建区"为契机，打造国家级的林脂生态产业基地。推动东兴边境经济合作区、凭祥边境经济合作区、灵川八里街工业园及田林桂、黔两省合作生态产业园区资源整合，发

---

① 陈武. 政府工作报告——在自治区十二届人大五次会议上 [N]. 广西日报, 2016 - 01 - 25.

展现代生态产业。

要以循环经济的理念改造提升传统工业和工业园区。在来宾电厂，一根根蜿蜒外奔的供热管道形同大网，将电厂锅炉的过剩热气源源输送给其他企业，同时化解别人用热量成本过高、自己过剩热气浪费的难题——厂区的造纸厂每年少用 10 万吨燃煤，省下 2000 万元费用。贵港是"热电循环经济产业区"，初步形成制糖、造纸、建材、热电联产等循环经济体系，废纸实现再造，工业"垃圾"就地消纳。打造纸业的绿色循环经济，以"清洁生产、节能减排"为基础的小循环以及"林浆纸一体化"为理念。许多优秀的浆纸企业，已经用实践证明现代造纸业可以实现社会、环境、经济三大效益和谐发展的绿色行业。进而，发展以木浆为基础的产业模式，将林、浆、纸三个环节有机整合，不但能帮助造纸业摆脱国际纸浆原料市场的掣肘，增强国际竞争力；也将在增加森林碳汇，减缓气候变暖方面起到积极的效用，是实现纸业可持续发展的必由之路。

柳钢集团近年全面治理废气、废水、废渣，先后实施 50 多个环保项目，形成"水→废水→处理→回用水"封闭循环，实现零排放。烧结、球团生产线也"以废治废"，配套建设烟气脱硫项目，每年减少二氧化硫排放约 2.5 万吨。广西汽车集团建立汽车座舱数字化生产线，整体制造成本下降约 20%；玉柴集团对数字化铸造车间进行智能化改造，营运成本下降 20% 以上，生产效率提升 20% 以上，能源利用率提高 10% 以上。

宁夏打响"贺兰山生态保卫战"，彻底关停保护区内所有煤矿、非煤矿山、洗煤储煤厂等。在陕西，秦岭北麓成群的别墅已不见踪迹，保护区里的小水电站也在逐步退出。内蒙古着力推进供给侧结构性改革，退出煤炭、钢铁产能，煤炭、火电、化工行业占规模以上工业增加值的比重下降，稀土新材料、光伏发电等新材料、新能源产业则强劲增长。内蒙古发展现代农牧业，主要农作物、牲畜良种率达 96% 以上，有机食品产量占全国的 1/3 以上。

三、发展低碳经济

能源转型的过程，也是对涉及能源结构、生产利用方式以及相应的社会经济结构、生活方式与消费观念在内的整个庞大体系重整和优化的过程。从某种意义上说，能源转型没有旁观者，政府、企业、社会团体乃至每个个体都是能源转型的推动者、参与者、受益者。

（一）节约能源

推广节能新产品，对高能耗的计算机、打印机等用能设备淘汰，对办公建筑的楼梯、走廊、卫生间等公共场所的照明，安装节能装置。[1] 推进无纸化办公，复印纸及草稿纸要双面使用；减少一次性签字笔的使用，硒鼓、墨盒等办公耗材要实行修旧利废。[2]

我国建筑运行能耗约占我国全社会总能耗的30%。数据显示，每年我国新建建筑18亿平方米，其中99%都属于高能耗建筑；达到节能50%的建筑，它的采暖耗能，每平方米仍为欧洲国家的1.5倍。[3] 这就要求，我国在建筑设计上应引入低碳理念，利用自然采光，使用高效节能照明灯具，推广应用智能调控装置；严格执行建筑节能标准，加快推进既有建筑节能和供热计量改造，从标准、设计、建设等方面大力推广可再生能源在建筑上的应用，鼓励建筑工业化等建设模式；进而优先发展公共交通，优化运输方式，推广节能与新能源交通运输装备，发展甩挂运输。进而，采用先进适用节能低碳环保技术改造提升传统产业，发展壮大服务业，合理布局建设基础设施和基础产业；推动传统能源安全绿色开发和清洁低碳利用，发展清洁能源、可再生能源，不断提高非化石能源在能源消费结构中的比重。

---

[1] 廖庆凌. 公共机构节能"大有可为"专家提出七大措施 [N]. 广西日报，2010 - 09 - 25.

[2] 佚名. 太阳风发电或可满足全人类用电需求 [J]. 发明与创新（综合科技），2010 (11).

[3] 胡文强. 提高建筑中能源利用效率的探讨 [J]. 经营管理者，2012 (9).

此外，加强工业节能减排，健全能源消费总量控制和预警监控机制，组织实施节能技术改造、清洁生产、循环经济等项目；培育工业循环经济示范企业、先进企业和园区，创建清洁生产企业，清洁化园区示范。例如，广西方元电力股份公司来宾电厂打造电力、热力、冷链、固体废弃物利用等循环经济产业链，热电联产循环经济生态产业园建设取得显著成效。

发展节能环保产业，以推广节能环保产品拉动消费需求，以增强节能环保工程技术能力拉动投资增长，以完善政策机制释放市场潜在需求，推动节能环保技术、装备和服务水平显著提升。实施节能环保产业重大技术装备产业化工程，规划建设产业化示范基地，规范节能环保市场发展，多渠道引导社会资金投入，形成新的支柱产业。

（二）开发可再生能源

可再生能源，有生物质能源、核电、风电、太阳能、沼气、地热、浅层地温能、海洋能等。开发这些能源，需要相关的技术设备先行，如发展分布式能源，建设智能电网，完善运行管理体系；打造光伏发电等新材料、新装备的研发和推广。进而，从制度上看，需要完善新能源定价机制，实行统一的分类固定定价制度，简化上网电价落实程序；加强对新能源技术创新、规模化发展的投资补贴、产量补贴或贴息贷款。[1]

生物质能源的开发涉及工业、农业、科技、环保、能源、税收等多部门，鼓励和扶持企业及农户积极开展利用，推进生物质能源的产业发展。探索秸秆还田利用、秸秆饲料化利用、秸秆能源化利用、秸秆收储运体系建设、把秸秆制成炭基肥，制作成青贮饲料，秸秆生物氧化造纸，秸秆到纤维地膜转变等，使之"饲料化、肥料化、能源化、基料化"，最大限度挖掘其经济价值和市场价值。广西蔗糖产量占全国糖产量的60%多，以甘蔗为原料

---

① 辜胜阻. 新能源引领新科技革命和产业革命［EB/OL］. 人民网–理论频道，2010–05–18.

开发生物质燃料的成本是相当低廉的，具有很强的价格竞争优势。① 除此，还有丰富的农作物秸秆和畜禽养殖和工业有机废水，除部分作为造纸原料和畜牧饲料外，可建成大型畜禽养殖场沼气工程和工业有机废水沼气工程，沼气技术已从单纯的能源利用发展成废弃物处理和生物质多层次综合利用，并广泛地同养殖业、种植业相结合，成为发展绿色生态农业和巩固生态建设成果的一个重要途径。② 如，南宁糖业股份有限公司与其他公司联合研发的蔗渣锅炉烘干喷燃系统极大地降低了入炉蔗渣的水分，让燃料的热能得以充分利用，有效降低了污染物的排放；环保方面排放烟气的总量也下降了15% ~20%。

水能发电还有极大的提升空间。青藏高原多条大江大河流经高山峡谷，蕴藏着丰富的水能资源、太阳能、地热能等绿色能源。所在各省区基本构建了以水电、太阳能等为主体的可再生能源产业体系，保障区域经济发展与环境保护的协调推进。西藏建成了多布、金河、直孔等中型水电站。青海建成了龙羊峡、拉西瓦、李家峡等一批大型水电工程。广西的水能主要集中于红水河上游，从南盘江天生桥到黔江大藤峡，全长1050 公里，河床落差760米，可开发的水能资源约占广西可开发水力资源的70% 左右。国务院批准了红水河综合利用规划，规划建设十个梯级水电站，即天生桥一级、天生桥二级、平班、龙滩、岩滩、大化、百龙滩、恶滩、桥巩，以及黔江的大藤峡等。2013 年通过的《广西壮族自治区水能资源开发利用管理条例》确立了"水能资源的开发利用管理应当在保护生态环境的前提下，坚持统一规划、合理开发、分级管理"的基本原则；突出"优先考虑保护生态环境""与防洪、供水、灌溉、耕地保护、渔业、航运、生态用水以及水土保持等方面的需要相适应"的内容。

此外，西部地区各省市区都在积极推进风能发电。其中广西壮族自治区

---

① 沈明. 绿色植物资源开发：资源利用的一个新视角 ［N］. 广西日报，2010 - 12 -
30.

② 孟海波. 农村是生物质能应用的广阔市场 ［N］. 经济日报，2010 - 08 - 17.

印发《关于促进广西风电健康发展的实施意见》中认为，广西全区 70 米高度年平均风功率密度 250W/m 以上的陆上风能资源技术开发量为 1317 万千瓦，其中南宁市正在积极开发绿色能源产业有：横县六景风电场、马山的杨圩风电场二期工程、横县六景二期、宾阳马王风电场、龙源南宁青秀风电场、上林县凤凰山 10 万千瓦风电场、武鸣安凤岭 10 万千瓦风电场、华能新能源马山状元风电开发运营。

西部地区各省区市也都在积极发展光伏发电，尤其是西北地区。青海省在柴达木盆地实施数个光伏电站群建设工程，打造国际最大规模的光伏电站。由此，实施农牧区被动式太阳能暖房建设工程，推广太阳灶、太阳能热水器、太阳能电池、户用风力发电机，推动"以电代煤""以电代粪"等项目。推进新能源多元化利用，以太阳能为主的新能源已广泛应用于取暖、做饭、照明、灌溉、通信等生产生活的各个方面，逐步替代了燃烧牛粪和煤块的传统方式，减少了污染排放，改善了生活环境，提高了生活水平，同时降低了对草地的过度索取，促进了草地生态系统的恢复和改善。随着生态文明建设的不断深入，发展有机农业、生态农业，以及特色经济林、林下经济、森林旅游等林产业，进而农牧民"人畜混居"等生活方式逐步被现代的绿色建筑、绿色能源、洁净居住、绿色出行所取代。

由于广西拥有靠北部湾出海口，因而其所具有的海洋潮能理论蕴藏量年 47 亿度，可开发装机容量 38 万千瓦，年发电量 10.8 亿度；沿海的波能资源约 52 万千瓦，其中沿海岸波能蕴藏量为 23.1 万千瓦，岛屿波能蕴藏量 29.2 万千瓦，可供开发利用的波能约为 5.2 万千瓦；沿海的年有效风能约为 2464 千瓦时/平方米至 3022 千瓦时/平方米，以白龙半岛、涠洲岛风能资源最丰富。

四、走垃圾资源化之路，即坚持绿色发展

垃圾就是放错地方的资源。庞大的人口消费以及快速发展的经济活动，必然带来巨量的废弃物。推进这些废弃物资源化，也将是巨量的资源。正如未来学家托夫勒说过，未来的经济，将是垃圾经济。可要推动资源化，不仅要有相应的技术，还需要相应的制度安排。党的十九大报告指出："构建政府为主导、企业为主体、社会组织和公众共同参与的环境治理体系。"

（一）推动农村垃圾资源化，美化环境

鉴于经济发展水平的差异，农村地区环境基础设施建设滞后于城市，西部落后于东部。因而在垃圾处理的方式方法以及后果都是不一样的。但现在都在想方设法实施生活污水处理、生活垃圾处理、饮用水源地保护专项工程，推进资源化。

许多省区都初步建立起"村收镇运县处理""村收镇运片区处理"和边远乡村"就地就近处理"的农村垃圾收运处理体系。该体系因地制宜，不照搬城市建设模式，采用低成本、易维护、可推广的农村垃圾处理技术路径。首先，加强村庄规划管理，建立、健全农村垃圾处理法规和管理制度，加大对农村环境保护的资金投入，开展农房及院落风貌整治和村庄绿化美化。据初步统计，广西有77%的自然村屯组建了保洁员队伍，78%的自然村屯成立了清洁乡村自治组织，95%的自然村屯制定了清洁乡村村规民约，多数村屯配备了垃圾收集、转运设备，部分县乡建立了垃圾、污水处理设施。①

加大畜禽养殖废弃物和农作物秸秆综合利用力度。养殖业与种植业、农产品加工业、生物质能业、农林废弃物循环利用产业、高效有机肥产业、休闲观光农业等产业循环链接；与此同时，实施农业洁净能源建设工程、节水节肥节药示范工程、种养业废弃物综合利用工程、废旧农膜回收利用工程、农村清洁工程等五大工程，推动城镇污水和生活垃圾无害化处理，切实保障对农村垃圾进行低成本、资源化、减量化、无害化处理。

垃圾分类处理的同时，加强生态理念建设。建立餐厨垃圾处理工程和收运系统，垃圾同步分类投放、分类收集、分类运输、分类处理，直接将生活垃圾分为"可回收物、有害垃圾、厨余果皮、其它垃圾"四类，将其中的有

---

① 熊春艳．描绘"美丽广西"乡村建设的迷人画卷［J］．当代广西，2016（1）．

机肥料，用于小区绿化。引导企业和消费者精简工艺包装，实现包装垃圾源头减量；通过立法、税收等行政和经济杠杆，从源头减少废弃物的产生，取得良好的综合效益。

广西推进农村垃圾分类减量，果皮、枝叶、厨房剩余等可降解有机垃圾就近堆肥，或利用农村沼气设施与畜禽粪便以及秸秆等农业废弃物合并处理，发展生物质能源，基本实现农村畜禽粪便资源化利用，农作物秸秆综合利用率达到85%以上。这要求提倡选择符合农村实际和环保要求、成熟可靠的终端处理工艺，推行卫生化的填埋、焚烧、堆肥或沼气处理等方式，实现农村地区工业危险废物无害化利用处置率达到95%，农膜回收率达到80%以上，逐步取缔二次污染严重的简易填埋设施、小型焚烧炉等。①

广西在污泥产物土地改良和和矿山生态修复综合利用方面处于国内领先的水平。南宁市埌东污水处理厂、江南污水处理厂及南宁市下辖5县污水处理厂所产生的12万吨污泥，大部分转化成了土地改良用营养土，用于双定砂石地的调理改良和百色平果废弃矿场的修复。在污泥土地利用探索上打通了"水、泥、土"的全产业链，实现生态效应与经济效应的"双赢"。广西的蓝德再生能源有限责任公司与南宁市5000多家餐饮单位签订合作协议，预期每天可处理500吨的餐饮垃圾。对每天收集来的餐饮垃圾进行无害化处理之后，可做成生物柴油、润滑油、有机肥等延伸产品，同时可产生沼气进行发电，充分让垃圾"变废为宝"，这种模式也被业内称为"南宁模式"。②

广西横县基本形成了农户源头处理、村屯收集处理、片区集中处理、县处理四种模式，校椅镇石井村因地制宜，实现了农户、经联社、村委会三级分类，统一收取保洁费、统一收运垃圾、统一分类、统一集中焚烧的"石井模式"。据介绍，现有生活垃圾无害化处理设施80座，其中，填埋场71座、

---

① 周骁骏，童政. 广西将建千个农村垃圾集中处理设施［N］. 经济日报. 2016 – 05 – 28.

② 叶焱焱. 广西探索污泥、餐厨垃圾处理新途径 修复矿山生态［EB/OL］. 广西新闻网，2016 – 11 – 30.

焚烧厂8座，堆肥厂1座，总处理能力达2.25万吨/日，焚烧处理能力为1670吨/日。① 广西2015年通过采用先进成熟的垃圾焚烧技术，实现县县建有生活垃圾无害化处理设施的目标，确保全区14个市的生活垃圾无害化处理率达到95%，其中南宁市和桂林市要达到100%，县城达到85%以上。②

兴业县推广"网床+益生菌"生态养殖模式，解决农村环境污染问题。兴业县成立了民众种养合作社，对猪场实行统一管理，统一防疫，统一消毒。规划特定区域建设集中养殖区，将养殖区附近贫困村的扶贫产业资金集中到村民合作社，由村民合作社就近或易地入股到养殖龙头企业，集中发展生态养殖，并以"股权证"的形式，让贫困户知道扶持资金去向和分红预期数。通过引导禁养区和限养区内的养殖户搬迁到适养区内继续养殖，或将"养殖"变为"种植"，整治禁养区和限养区养殖污染乱象。推行"抱团养殖"模式，通过将多个村的扶贫资金整合起来，建设养殖基地，以村民合作社为依托，入股农业龙头企业，抱团发展养殖。龙头企业负责提供种苗、饲料、技术指导以及出栏回收等一条龙服务；村民合作社负责投资建设和日常管理维护工作，通过"公司+园区+合作社+贫困户"的模式发展"抱团养殖"。将适养区内效益低、污染大的传统养殖场进行改造升级，通过建设网床养殖场，辅助添加益生菌喂养的方式，以"网床+益生菌"模式发展生态养殖，粪便经发酵后用于周边的经济林果施肥消纳，提高了养殖效益，实现源头治污，走上了生态绿色养殖道路。

忻城把村屯绿化与发展林果经济、庭院经济结合起来，引导群众在房前屋后种植果树、鲜花、蔬菜，发展庭院经济，实现增绿、增收"双促进"。例如，红渡镇雷洞村群众利用废旧砖头和木头围建房前屋后的空地种植桂花树，搭架种植葡萄，群众种花种果积极性越来越高；除此，各村屯定期组织

① 昌苗苗. 广西今年建9座垃圾焚烧厂，处理能力将提高35% ［N］. 中国环境报，2015-02-17.
② 昌苗苗. 广西建9座垃圾焚烧厂，处理能力将提高35% ［N］. 中国环境报，2015-02-17.

开展清洁卫生整治活动，促使乡村面貌焕然一新。① 在横县校椅镇石井村，"三级分类、变废为宝"的垃圾处理模式形成了良好的示范效应：农户一级按干、湿两类垃圾放两个垃圾桶，经联社一级按厨房剩余垃圾类、可燃烧类、可回收类、有毒有害类四类进行第一次分类处置，村委一级建立垃圾处理中心进行第二次四类垃圾分类。垃圾、污水的科学处理和清洁能源的使用与"村屯绿化"专项活动、农村住宅建设管理行动相得益彰，② 为乡村经济发展带来了新的契机。

简言之，推进完善再生资源回收体系，实行垃圾分类回收，开发利用"城市矿产"，推进秸秆等农林废弃物以及建筑垃圾、餐厨废弃物资源化利用，发展再制造和再生利用产品，鼓励纺织品、汽车轮胎等废旧物品回收利用。

（二）积极推进养殖粪污资源化，有效解决农村养殖业面源污染问题

积极推动农村污水处理池的建设，有利于生态环境修复，加大农村水资源保护，保障农村居民生活质量。

健全农村网络管道，将农村居民生活污水通过分散在各个位置的配套管网入口，利用地势直接输送到这个处理站，在这里经过格珊井、初沉池、水解酸化池、生态滤槽、氧化池、二沉池、人工湿地七个程序处理之后使污水变清水③。要实现这一目标，就必须建立健全专项考评管理办法，实行每月"一考评一排名一通报"制度，将考核结果作为统筹安排"以奖代补"专项补助资金、评优评先及工作问责的重要依据。

养殖业是广西农村经济的重要支柱，随着养殖业的快速发展，其所产生的粪便的污染也日益严重。为解决这一问题，广西探索出了"广西模

---

① 蓝艳青. 忻城："双增""双造"促"双化"乡村处处美如画［N］. 广西日报，2015 - 11 - 05.

② 南宁. 南宁市全力开展生态乡村建设纪实：宜居城市 醉美乡村［N］. 广西日报，2015 - 11 - 04.

③ 李铨晶，钟警长. 灵山污水处理用上太阳能［N］. 广西日报，2015 - 12 - 25.

式"——以应用微生物技术为核心，通过"利用微生物技术，依托龙头企业，创建养殖示范"等举措全力推行标准化生态养殖。广西全面推行清洁养殖、生态养殖模式，畜禽水产养殖业推广"饲料微生物化＋固液分流"等养殖模式，即通过实施养殖饲料微生物化、养殖环境生态化、养殖产品有机化、养殖粪污资源化、养殖投入品无害化和养殖设施标准化的生态养殖"六化"，达到动物、植物和微生物"三物"平衡、和谐、共生。

现代生态养殖是依托微生物技术手段，使动物、微生物和植物在同一环境中共同生长、互相利用，保持生态平衡，实现生产过程生态、环境生态、产品生态三重目的和生态效益、经济效益、社会效益三赢目标的一种养殖方式。立足于中小型养殖场居多的实际，广西科学划定养殖区域和规模，加快畜禽养殖场标准化改造，指导养殖业粪污资源化利用和加强病死畜禽无害化处理监督，推动渔牧加工副产物和废弃物的综合利用，探索出了以乳酸菌、酵母菌、枯草芽孢杆菌等益生菌利用为核心，涵盖"微生物＋固液分流""微生物＋高架网床""微生物＋生物垫料"等多种生态养殖模式。

这种生态养殖模式不仅有力助推了畜禽粪污的资源化利用，还为养殖业提供了典型的循环经济模式。广西沿海浅海滩涂采用浮筏、吊笼吊养或底播大蚝、文蛤等，以浮游动植物为食；在水产养殖全过程中，益生菌覆盖了饲料、池塘环境处理、水质处理等所有环节。

广西利用微生物发酵秸秆、果蔬残渣等养殖牛羊，合作社采取"合作社＋基地＋农户"运作模式，每年收取固定收益。同时，合作社优先解决农户就业，定向收购甘蔗尾梢叶，多渠道增加农户收入；探索出了以乳酸菌、酵母菌、枯草芽孢杆菌等益生菌利用为核心，涵盖"微生物＋固液分流""微生物＋高架网床""微生物＋生物垫料"等生态养殖模式。合浦县为水牛黄牛"量身定制"牛栏，一牛一个单间，围栏不留转身空间，牛头朝向料槽，屁股下方设计为排粪网格，粪便自然掉落底层。在"果粮残渣—优质饲料—牛粪便—生物有机肥"的连环转换中，微生物全程发挥关键作用。① 这套发明并应用成熟的新技术，可杜绝抗生素添加，使肉蛋奶增产提质，节水省工降成本，实现粪污零排放。

2015 年 11 月，全国第二次改善农村人居环境工作会议在桂林市恭城瑶族自治县召开。黄岭村在恭城进行沼气能源探索，兴建沼气池 120 座，不仅解决了生活能源问题，人畜粪便也可入池化作生产肥料。2016 年 1 月 3 日，全区 33 个农村有机垃圾沼气化处理试点，即以沼气化方式有效处理以畜禽粪污、果皮菜叶、废弃秸秆为主的农村生产生活有机垃圾，并将沼气管道化集中供气、生态循环农业等有机结合在项目建设中。②

富川县福利镇茅厂屋村每家每户都发展的"猪－沼－果"生态农业循环模式，有效整治了脏、乱、差的村容村貌，让农民过上"走平坦路、下干净厨、上卫生厕"的生活。在果园内建养猪场，猪排出来的粪便通进沼气池里，通过沼气池发酵就产生了沼液、沼渣和沼气；沼液和沼渣有丰富的养分，可用来浇果树；沼气可以用来点灯、烧水煮饭，形成一个良性的循环链。另外沼气灯用来照明和杀虫，虫又可以养鱼、喂鳖，增加收入。猪沼果农业循环模式改善了村容、环境，也增加了经济收入。"猪—沼—果"农业循环模式是整村推进，每家每户都有一个果园，比如茅厂屋村每家每户都拥有 8—10 亩的果园，把各家各户零散的土地重新划分，小地块变大地块，统一种植水果，变成大果园之后容得下大猪场。在果园内这一片属于猪的"别墅"区，家养猪全部迁到果园里。猪沼果农业循环模式提高了群众的养殖水平，扩大了养殖规模。

---

① 黄启健. "微"风催发生态养殖"广西模式"［J］. 农家之友，2015（12）.
② 张文卉. 广西半数农户建有沼气池 受益人口达到 2000 万［N］. 南国早报，2016 –01 –05.

第二节　积极发展生态农业

从"生产发展、生活宽裕、乡风文明、村容整洁、管理民主"为内容的社会主义新农村建设，到以"产业兴旺、生态宜居、乡风文明、治理有效、生活富裕"为总要求的乡村振兴战略，都是让农业成为有奔头的产业，农村成为安居乐业的美丽家园，农民成为有吸引力的职业。这需要发展生态农业——符合生态学原理和生态经济规律的农经生产经营体系。富硒农业、休闲农业、生态循环农业成为农业"新兴产业"。南宁"美丽南方"、玉林"五彩田园"等为代表的生态产业园区，坚持现代农业与建设新农村、发展新产业深度融合，推动生态经济发展。

一、发展生态农业，演绎"一村一品""一村一景"

生态农业实际上就是充分利用农业资源，遵循生物圈生态链规律，实现无废弃物的农业深处模式。新疆策勒县锲而不舍的治沙人硬是将昔日不毛之地"染"成绿色，将绿洲向沙漠推进15至20公里。在改善生态环境的同时，当地选择能固沙致富的特色种植业——红枣产业。从修剪枝条、清理枣园，到采摘和加工红枣的社员及其成立的合作社，借助企业提供的销售渠道、种植管理技术以及成本价清洗分选加工红枣增收致富。一行行铺满防风林带（结满硕果的红枣树）围成的方格，将黄沙与村庄远远分隔开来。

云南省大理州漾濞彝族自治县平坡镇的高发村，除了核桃产业，还有生猪产业和辣椒产业。村里组建核桃加工合作社，并与核益科技开发有限公司签订核桃收购协议，以全县核桃市场价为基准，上浮10%的价格收购古树核桃、娘亲核桃。由村党总支牵头，推行"党支部＋公司＋农户"的模式种工业辣椒，拓宽了村民增收渠道。还通过开展对群众砌砖、电焊、修理、烹饪、种植、养殖等实用技能培训，增加外出务工人数，增加群众收入。

西藏自治区推动地理标志产品认证，如帕里牦牛、岗巴羊、隆子黑青稞、察隅猕猴桃、波密天麻等获得国家有关部门认证的地理标志产品，进而发展特色农牧业，培育绿色、有机农畜产品品牌，建设生态农牧业试验区。青海省打造东部特色种养高效示范区、环湖农牧交错循环发展先行区、青南生态有机畜牧业保护发展区和沿黄冷水养殖适度开发带"三区一带"农牧业发展格局——粮油种植、畜禽养殖、果品蔬菜和枸杞沙棘产业。甘肃省甘南州实施藏区青稞基地及产业化工程和高原优质油菜、高原中药材（含藏药材）基地建设，加快发展特色种植业、经济林果业和林下产业。四川省打造特色农牧业和特色林果业，以及花椒、森林蔬菜、木本药材等特色种植基地。四川彝区、藏区因地制宜，利用自然条件，发展特色杂粮种植、优质畜牧产业等，实现每个村至少有一个新型经营主体。

广西壮族自治区政府在《广西生态经济发展规划》中提出推进"产业发展生态化、生态建设产业化"，创造更多绿色财富，提升社会绿色福利，统筹解决发展与生态两大问题；进而在《关于营造山清水秀的自然生态实施金山银山工程的意见》提出将"绿水青山"打造为"金山银山"。广西以土地确权颁证为基础，按照依法、自愿、有偿的原则，出现了土地互换流转的"龙州模式"、连片流转的"富川模式"、集体股份合作的"横县朝南村模式"、土地托管的"桂越香蕉合作社模式"等多种代表先进经营理念的土地流转模式。在此基础上，形成了以糖料蔗、蚕桑等为代表的广西特色的农业支柱性产业。乐业县同乐镇央林村火卖生态旅游屯，屯内有形态各异的洞穴奇观，木瓦结构的民居与四周青峰相映成趣；火卖人与野生动植物和谐相处，随乐业独特的喀斯特世界地质奇观——大石围天坑群为世人所熟知，并因全村联合经营"农家乐"集体致富而远近闻名。①

南宁市西乡塘区石埠街道忠良村忠良屯毗邻邕江河畔，整洁平坦的沥青道路，花木葱茏的院落庭园，崭新整齐的房屋，生动的历史文化宣传栏，清

---

① 覃雄，凌聪，金翔义．乐业火卖农家"乐"成富裕村［EB/OL］．广西新闻网，
　2013－07－03．

澈碧绿的观光池塘，基本形成具有壮乡特色的农村住宅建筑风貌，是"美丽南方"乡村旅游核心景区。忠良屯以市场化运作方式引进广西润展企业等农业龙头企业落户"美丽南方"片区发展休闲农业，利用旧房改造打造农家乐，新建的标准农家示范院落也为村民收入扩宽渠道。在那学坡，村民在自家房前屋后开辟菜园、果园，形成一道独特的风景；抬眼望屋檐之下的石雕木刻，工艺精细，雕刻的花鸟鱼虫栩栩如生，颇有些江南水乡的韵味；除了葡萄，还种植有台湾杨桃、无核黄皮、黑皮冬瓜等蔬果，周末也常有市民组队来到葡萄园进行采摘。忻城县城关镇隆光村周边的渡江、范团、古尧、都乐等几个村屯或果蔬采摘，或水库垂钓，或是依托薰衣草庄园餐饮，使每个村屯的改造建设接地气、具个性、富特色，形成"一村一品、一村一韵"的生态乡村新格局。兴宾区组织别样"农家乐"吸引城里人来摘草莓、窑红薯、烤土鸡。象州开展生态乡村"选美"活动，村屯间互评互学，交流特色发展之路。

把生态农林业资源优势转化为产业优势，促进农林业转型升级，培育龙头企业，延伸产业链。玉林市把生态养殖与现代生产、现代农业结合起来，引导支持企业主动牵头，带动周边群众通过生态养殖增收致富，形成"猪+沼+果+灯+鱼+捕食螨+生物有机肥""猪+沼+果+灯+鱼+黄板""猪+沼+鱼+果（菜）+灯""猪+沼+稻+鱼+灯""猪+沼+淮山"等生态循环农业模式；同时，还通过实施农业生产废弃物清捡、农业清洁生产技术推广、清洁田园综合培训等工程，田间生产废弃物得到有效清除，实现全市废弃农资及包装物回收处理率70%以上。① 全州县依托湘江战役红色文化资源，致力于将全州打造成湘江战役红色文化传承基地、爱国主义教育基地——湘江战役纪念园、觉山阻击战纪念园、凤凰嘴渡江纪念园、红三十四师突围战纪念园、红七军纪念园等"一馆四园"建设。全州县根据市场需求，因地制宜，不断培育具有地方特色的优势产业，试种、试养一批适合本

---

① 玉林市生态农业快速发展［N］．玉林日报，2015－12－21．

地的"名特优"农产品，加强新产品和新技术的研发推广，推进如金槐、油茶、柑橘、禾花鱼、东山猪等特色优势产业规模化、标准化和集约化经营，极大地丰富了原来的"一乡一业""一村一品"的固定模式，促进特色产业的快速发展和群众增收。

广西加大支持力度，推动现代化的稻渔生态综合种养，实现新发展。支持相关县（市、区）以"企业＋贫困户"或"合作社＋贫困户"的方式建设稻田生态综合种养示范基地，使更多的贫困户分享到发展稻田生态综合种养业带来的成果，充分显现稻田生态综合种养业在产业扶贫脱贫中的主导地位。上林县立足自身优势，充分发挥生态环境等优势，将优势资源与脱贫攻坚工作结合起来，培育发展"5＋X"扶贫产业（发展高值渔、山水牛、生态鸡、旅游、光伏电站五个产业），涉及能源开发、健康养生、文化旅游、休闲农业等产业，有力推进县域经济发展。林业部门加快发展特色经济林，以油茶、核桃为重点，创建木本油料示范基地，集中资金和力量建设一批集新技术推广、经营模式创新于一体的高产高效示范园。永福立足资源优势，将绿色理念贯穿始终，大力发展循环农业、绿色种植、富硒农业等生态农业，建成一批农作物病虫害综合防治示范基地，探索出一条产业兴、百姓富、环境美的绿色发展道路。推广"猪—沼—果""猪—沼—菜"等全程无公害标准化生产技术循环农业模式，促进生态农业功能互补、产出互用、效益互高，农作物副产品回收利用率达90%以上。

根据广西壮族自治区提出的经营组织化、装备设备化、生产标准化、要素集成化、特色产业化的"五化"要求，修仁镇柘村，推进农业规模化生产，鼓励农户规模经营、连片种植;① 农作物栽培管理全部进行规模化、产业化发展，实施"三避技术""太阳能杀虫灯＋性诱剂"模式等科学技术种植达100%；且村子四周是连片的水果示范基地。恭城山多地少，形成"养殖＋沼气＋种植"三位一体生态农业"恭城模式"。兴安枧塘镇建设万亩巨

---

① 李春生．荔浦县："四化农业"奏响"生态乡村"进行曲［N］．广西日报，2015－12－24．

峰葡萄种植核心示范基地，打造集休闲、观光、采摘、销售于一体的生态农业观光走廊。兴安镇荣获"中国十大魅力名镇"，溶江镇荣获"全国文明镇"，界首镇荣获"中国历史文化名镇"；界首镇、湘漓镇分别列入自治区"百镇建设"示范工程；严关镇、界首镇、华江瑶族乡均列入桂林市新型城镇化示范乡镇；漠川乡榜上村、高尚镇山湾村分别荣获"中国历史文化名村""自治区特色生态（农业）名村"；严关镇马头山村、华江瑶族乡同仁村荣获"全国文明村"。

推进农业品牌化建设，鼓励企业、合作社积极申报中国名牌农产品、广西优质农产品、无公害农产品认证、农产品地理标志保护产品认证等，如荔浦马蹄等3个农产品获得了绿色食品认证，花篢镇荔浦芋基地获得国家有机食品认证；马山县环弄拉生态旅游、西乡塘区"美丽南方"休闲农业旅游等特色品牌。党委政府顶层设计，各地各部门有序推进，社会积极行动，出现了一批要素集中、产业聚集、技术集成、经营集约的现代特色农业示范区。大新县以生态资源和民族风情为依托，积极发挥财政资金的杠杆作用，实施村屯道路、民宅风貌改造、沿途美化绿化等建设，把散落在青山绿水间的一座座古朴村庄串点成线，达到"让美丽回归家园，让群众直奔小康"目标。大新县推行"景点＋公司＋农户""支部＋农户入股＋公司运作"等多种经营模式，实现规模化经营和专业化管理。据统计，大新县已有浓沙、新屯、新兴、乔苗等旅游专业村40多个，区域内"处处是景点，人人是导游"，涌现出特色家庭旅馆、农家乐公司等800多家，避暑休闲农家1000多家，乡村旅游接待床位6000张，通过旅游扶贫直接脱贫人口达1万多人。①

广西发展有特色的食用菌休闲产业园。在阳台种蘑菇，到野外采摘蘑菇等，都让市民很向往。将食用菌文化普及、观光采摘、休闲美食体验及产品深加工融为一体，做体验式高科技食用菌生态产业园；将食用菌文化展示馆分成蘑菇史话、蘑菇家族、蘑菇培育和蘑菇文化等主题；把食用菌和文化结

---

① 广西大新县全域旅游带动全域脱贫［EB/OL］. 广西文明网，2016－09－25.

合起来，融知识性和科学性于一体，让人们对食用菌的健康知识有所了解。防城区把生态优势转化为产业和产品优势，以金花茶生态原产地产品为契机，不断完善相关体系建设；同时，鼓励林农发展金花茶，提供足够的优质原生态原材料，形成更大的产业集群。不断挖掘、发挥现代农业的生活、生态功能，推动常规农业向都市农业转变，大力发展休闲农业，满足广大市民体验乡村、回归自然的需求，使乡村旅游成为农村经济中最快的增长点。

利用中央、自治区、市县层层安排林下经济扶持资金，在自然生态系统稳定的前提下，发挥林业资源大区的优势，不断扩大森林资源总量；促进林产品从低级粗加工型向高级精深加工转变，打造林浆纸一体化、木材深加工、林产化工、油茶、花卉五大优势产业；推动林浆纸、家具制造、木地板加工、林化、香料、野生动植物的繁育利用等林产业集群发展，提高林产品附加值，延长产业链，不断提高林业经济总量；挖掘林产业的生物质能源、保健食品、森林观光、生态疗养等新型功能。① 全区实施"千万林农千元增收"工程，打造出岑溪"古典三黄鸡"、宁明"八角香鸡""东兰孟"黑山猪等一批林下经济品牌。② 林业厅还联合广西药用植物园等科研单位，组建了广西林下经济科技服务中心。据林业部门初步统计，广西林下经济迅速发展成为新兴绿色产业，"千万林农千元增收"工程、"林下经济十百千万亿"活动有声有色，林果、林草、林菌、林药、林禽、林畜、林菜等多种模式异彩纷呈，立体林业、循环林业、集约林业大显神通。③ 因地制宜发展林下经济、油茶、核桃等名特优经济林和花卉苗木等绿色产业，连片带动山区群众致富。

二、延长农业产业链，推进现代农村建设

现代农业是一个综合性产业，既离不开种养，也离不开农产品精深加工，

---

① 郭声琨. 加快推进生态文明示范区建设 [J]. 求是，2010（2）.
② 全区林下经济 5 年增 4 倍总面积达 5000 万亩 [N]. 广西日报，2016－01－20.
③ 广西过半农民投身林下经济 [N]. 广西日报，2015－12－16.

同样也离不开市场营销。培育龙头企业，通过"公司＋合作社（基地）＋农户"的组织形式，想方设法引领和拉动农民进入市场。无论对上游的农业物联网、下游的互联网营销来说，还是就农业增效、农民增收而言，中间的"二产"加工都是至关重要的环节。现代农业就是通过延伸农业产业链，构建农产品生产、营销、服务综合体系，形成产业链的发展模式。而农业延伸到的第二产业、第三产业驻足点就是农村。农村现代化进而是农民现代化，是农业现代化的必然归宿。

为此，一方面引进先进的新品种、新技术、新成果，提高科技成果转化率，培育以农产品加工为主业的农业产业化龙头企业，通过"企业＋基地＋农户""合作组织＋农户""企业＋协会＋基地"模式，建设农产品的产、加、销产业化服务体系，确保高效设施农业产业化进程；通过采取设立农业产业化信用担保公司和开展"财政惠农信贷通"等创新金融支农手段的办法，扶持企业做大做强。另一方面，不断加快农业企业转型升级步伐，以发展农产品精深加工为突破口，全面提升粮食、油茶、畜牧、畜禽、水产、果蔬、茶叶和黑芝麻等农产品加工水平，打造具有较强竞争力的特色农产品及深加工产业群，延长产业链；抓好农村剩余劳动力转移和土地流转，健全农业服务体系，全面提升农业发展质量和农业综合生产能力，稳定提高农民群众的收入水平。

广西农产品加工企业积极推广了"公司＋基地＋农户""公司＋合作组织＋农户""公司＋规模养殖场＋农户""协会＋公司＋农户""股分制公司＋农户土地入股＋入股农户分红"等产业化模式，进而发展订单农业，推行最低保护价机制，根据订单户的交易量进行利润二次返还，让农户分享到农产品流通加工环节的增值效益。①

马山县东部的大石山区，采取"基地＋专业合作社＋农户""公司＋农户"等经营方式，加快土地流转，种植金银花、百香果、桑叶等特色优势产

---

① 我区农产品加工占规模工业 1/4 强成支柱产业之一［N］．广西日报，2014－10－23．

业，发展生态农业。种植金银花既可保护生态环境，又带来可观的经济收入。农村产业转过来又助推生态乡村建设，两者已经形成良性循环，把村庄变成了旅游景点。新村永和水稻种植专业合作社，社员以农业机械入股，为种植大户和农业合作社提供"代整地、代育秧、代插秧、代收割、统一田间管理"服务，进而投资建设了一条日烘干稻谷能力120吨的生产线，使得合作社的服务项目也发展到稻谷烘干、加工、购销、贮运等各方面，机械化逐步贯穿到农业的每一个环节。

灵川县的柏林芳果蔬种植专业合作社根据不同季节、各种物候期不定期开展专家现场指导、示范，组织果农进行技术交流，取长补短；随着果农的生产管理技术水平普遍提高，加之增施麸肥、农家肥等有机肥，合作社社员种植的柑桔在产量及品质上都得到了大幅提升，有效促进本村的标准化生产、品牌化经营。在产业化进程中，荔浦县强化扶持19家农业产业化重点龙头企业、210家农民专业合作社采取"公司＋合作社＋农户＋基地"的发展模式，辐射带动了一批生态示范乡村的建设。①

天等县一家供销社企业借助"万村千乡市场工程"和"新网工程"的平台，建立自己的销售经营网络，形成县有配送中心、乡有中心店、村有农家店的格局。供销社系统建成144个农资配送中心、7988个农资连锁网点，基本构建覆盖市、县、乡、村的农资经营服务网络。放心农资的配送及时、准确、可靠受到农民的广泛认可，且与国内和自治区著名农资厂家有着紧密、长期的合作关系。② 在玉林市玉州区，当地供销社将"农超对接"从城区延伸到北流、陆川等县（市）的超市，从"农超对接"扩大到"农校对接""农企对接"，农民的蔬菜走进了众多学校和企事业单位的食堂。

2014年4月，南宁市隆安县金穗香蕉产业（核心）示范区等12个示范区被授予自治区级的现代特色农业（核心）示范区。创建现代特色农业（核

---

① 韦继川. 看广西供销社如何发挥服务"三农"网络作用 [N]. 广西日报，2015－02－25.
② 韦继川. 联结带动369万农户 [N]. 广西日报，2015－02－25.

心）示范区，"企业＋合作社＋农户"的利益共同体有了更大载体和发展平台。加强了农业基础设施建设，有效整合带动了各级支农资金投入，促进了各地特色产业发展，有力推动了美丽乡村建设。皇氏乳业公司奶牛养殖基地、"双高"糖料蔗示范基地、甘蔗间套种基地、高产高效桑蚕生产示范基地、生态立体养殖基地等，依托"桂中治旱"和"土地整治"两大工程建设成果，大力实施包括甘蔗优质高产、桑蚕优质高产、休闲生态观光农业、农业科技创新等在内的现代农业发展。

都安县结合实施石漠化综合治理项目，以"合作社＋基地＋农户"的方式，引进国外优良品种，组织技术人员指导项目示范户，按照人畜分开原则，把羊舍建在避风、向阳、地势高、排水良好的地方，在其外部建有运动场，设有饲槽、饮水槽、青贮池和种植牧草，以使山羊膘情好，毛色光亮，群体健康，同时大大缩短了饲养周期，一般喂养7—10个月即可出栏。昭平的生态网箱养鱼与一般的养殖方式不一样，利用桂江优质的水和科学的养殖方式，控制饲料的投放量和次数——生态网箱养鱼采取无公害养殖，控制用药；通过生态循环经济养殖，鱼品质好了，价格也就提高了，水箱养殖和水塘养殖的鱼价格差别非常大，同类产品价格不到生态网箱养鱼的50%。

横县云表镇朝南村通过"公司＋合作社＋农户"的新农村建设方式，探索出一个发展现代农业的"朝南模式"：横县朝南村蔬菜基地采取由新时代大棚蔬菜种植合作社统一规划，种彩色辣椒、青瓜等，统一安排生产，群众承包种植，合作社负责销售的形式，充分发挥集约化经营的优势。村子里一幢幢漂亮的小洋楼映入眼帘，水泥路宽敞平坦，房前屋后干净整洁，村道和院子栽绿种花，标准游泳池旁村而建，一条清澈干净的"护村河"环绕村庄，整个村落自成体系。

广西集盛食品有限责任公司通过隧道发酵、空调种植的技术，在朝南村实现了全天候生产蘑菇，村民不用背井离乡，在家门口就实现就业；在村里建起植物根系、菜叶都是原料来源的肥料厂——这些有机肥，不但成本低，能让土壤疏松肥沃，肥力上升，使农作物产量好品质高，而且作物的食用口

218

感特别好，除了满足自己需要以外，还能对外销售。①

　　陆川县珊罗镇长纳村综合服务社以"党建带社建，社村共建"的模式——既有开架式经营的日用消费品自选超市，又有农资经营物肥料厂——蘑菇基地的废料、糖厂的滤泥、污水处理厂的沉积泥乃至蔬菜收获后丢弃的菜点。推动经济与生态共发展。陆川县通过由供销合作社牵头组建的"农民专业合作社联合社"，使之与供销合作社结成经济利益共同体，充分利用供销合作社的资源，依托供销合作社的网络平台，进一步扩大农产品销路，降低交易成本和费用，从而推动专业合作社向规模化、标准化发展。进而通过农民专业合作社、联合社（农合联）以"菜单式""承租型合作"等多种模式开展土地托管服务，为实现农业社会化经营创出一条新路，促进土地规模化发展，解决土地撂荒问题；通过多次重组和整合，由县日杂公司、马坡供销合作社、珊罗供销合作社等企业成功组建起陆川县第一农业生产资料有限公司，上联广西富满地农资配送有限公司、各生产厂家，下联面向千家万户农资销售终端网点的现代农资连锁经营服务网络，积极投身农业产业化服务。②

　　天等县先后出台了《关于推进就业"扶贫车间"发展的实施方案》《返乡创业优惠政策暂行办法》等文件，激发了致富能人等群体就近创办"扶贫车间"的热情。"扶贫车间"让农民尤其是贫困户实现了家门口就业。除了加工业，还发展了"扶贫养殖车间""扶贫种植车间"等模式。以"公司＋贫困户"形式的龙茗镇扬翔公司养猪基地吸纳贫困户用扶贫贴息贷款参股，并优先雇用贫困户。"扶贫车间"的出现，旨在充分利用农村人力资源，如文化水平不高、技能要求较低的老人妇女，以及一些返乡的外出务工人员。政府也给"扶贫车间"一定的财政投入，提供人员技能培训、良好的基础设施和相关的优惠政策，使之享受到资金奖补、融资担保等多项红利。

　　广西壮族自治区党委政府先后实施"绿满八桂"造林绿化工程、"村屯

---

　①　朱晓琳．科技让横县向现代农业产业化迈进［N］．南宁日报，2012－08－10.
　②　李春伟．陆川：紧扣"三农"促改革［N］．广西日报，2015－12－24.

绿化"专项活动、"金山银山"工程、"绿美乡村"等一系列重点生态工程，持续擦亮"山清水秀生态美"的金字招牌，巩固"广西生态优势金不换"的核心竞争力。广西各级林业部门将造林和管护有机统一，开展石漠化综合治理，坚持植树造林、封山育林和沼气池建设相结合。在村屯绿化方面，扶持各村屯因地制宜地营造护村林、护路林、护宅林，建设休闲林区、生态小区和乡村绿道，注重突出乡村特色，充分利用村屯现有树木、建筑、水系、山体等生态资源，不复制城市绿化的人工模式，努力打造让居民记得住乡愁、原汁原味的美丽村屯。

　　集体林权制度改革能让老百姓真正受益。也就是说，通过改革（林地能流转，林权可抵押），促使林农把山当作田来耕，把树当儿来养；让林农放下斧头，让荒山变为绿山，不砍树也能致富，捧上金山。"明晰产权、放活经营权、落实处置权、保障收益权"，达到"山定权、树定根、人定心"。培育绿色生活方式，推动全民在衣、食、住、行等方面向节约适度、绿色低碳、文明健康的方式转变，建设天更蓝、地更绿、水更净的美丽家园，让人民群众切实感受到环境改善带来的生态红利。在这一系列努力下，广西农民收入增幅快于城镇居民，城乡收入差距继续缩小（见下表），实现经济发展与生态环境建设双赢。

	2013 年	2014 年	2015 年	2016 年	2017 年	2018 年	2019 年
城镇居民人均可支配收入（单位：元）	22689	24669	26416	28324	30502	32436	34745
农村居民人均可支配收入（单位：元）	7793	8683	9467	10359	11325	12435	13676

　　数据来源：根据广西壮族自治区近年国民经济和社会发展统计公报统计而得。

第七章

西部打造"绿水青山就是金山银山"
的路径（下）

西部地区要和全国人民一道进入全面小康社会，既要在经济快速发展上下功夫，也要在生态环境上下功夫。绿水青山，既是经济发展所需要的原材料的发源地，也是人们美好生活的基本条件。而要达到美好生活，还需要其中的原材料转换为满足人们需要的产品。

2017 年 4 月 20 日，习近平总书记在南宁考察那考河生态综合整治项目时指出："要坚持把节约优先、保护优先、自然恢复作为基本方针，把人与自然和谐相处作为基本目标，使八桂大地青山常在、清水长流、空气常新，让良好生态环境成为人民生活质量的增长点、成为展现美丽形象的发力点。"

第一节 积极发展旅游产业

旅游是关联度高、带动性强的综合性产业。西部地区，旅游资源极为丰富，从地理环境到人文气息，从沙漠到绿洲。况且旅游业虽与一、二、三产业紧密相连，但对不可再生资源的消耗是极少的，使 GDP 变轻、变绿。乡村依托广阔农业空间，进行景观设计、设施配置，融入特色功能，兼顾生态、游憩、居住、历史文化、景观品质的发展。发展海洋旅游产业，建设巴马长寿养生国际旅游区，积极参与国际国内区域合作，打造国际文化旅游交流合作平台。

一、因地制宜发展壮大旅游业

西部地区独特的自然与人文景观，提供了丰富的旅游资源。以旅游产业为平台，旅游发展带动了餐饮、住宿、交通、文化娱乐等产业的发展，促进了文化遗产保护、传统手艺传承和特色产品开发；促进旅游业与文化、体育、康养等产业深度融合。这些在推动经济发展的同时，也促进环境的保护。

西藏自治区依托自然保护区、国家森林公园、国家湿地公园建设发展生态旅游，打造全域旅游精品路线。四川省开发大九寨、大草原等旅游经济圈。甘肃省培育山水生态游、草原湿地游等。甘南州开展全域旅游无垃圾示范区建设，实现旅游业发展与生态环境保护双赢。

广西利用天然的自然风景和民族风情，把旅游业——自然观光休闲度假游、少数民族风情游、滨海休闲度假游、长寿养生旅游、中越边境游——培育成为广西国民经济的战略性支柱产业和现代服务业。一是推进全域旅游发展。广西按照全域旅游理念统筹规划产业发展，坚持"点、线、面"结合，在区、市、县三级推动全域旅游发展，打造南宁、桂林、梧州、北海旅游集散地为支撑的旅游产业区域。二是实施桂林文化旅游产业城、北部湾滨海旅游休闲度假、巴马长寿养生等景区景点项目，将红水河流域打造成为国家生态旅游基地，完善涠洲岛路、水、电等建设，开展巴马国际旅游区旅游基础设施建设大会战、盘阳河流域环境整治与综合治理。三是推进北部湾国际旅游度假区建设，将北部湾建设成为特色鲜明、生态良好的中国—东盟旅游枢纽。四是释放县域旅游资源、潜力和意愿，打造一批特色旅游名县、乡镇、村寨，共同提升广西旅游发展整体水平。

广西深入挖掘丰富的山水、滨海、边关、民族风情和历史文化等旅游资源优势，拓展旅游产品生态内涵和外延，整合各类资源，发展森林旅游、滨海旅游、民族风情文化体验游、红色旅游、边关文化和历史文化旅游、康疗养生和农业休闲旅游等具有广西特色、竞争力强的生态旅游产品。也就是说，广西是一个充满民族风情的地方，它的山歌、服饰、饮食都有着浓浓的民族特色。广西通过多渠道全力推广"遍行天下，心仪广西"整体旅游形象品牌，推动旅游业与相关产业互动发展，发挥旅游业在扶贫开发中的重要作用。广西旅游呈现多样化特点，节庆展会精彩纷呈，一些独具特色的地方活动充分展示了广西各地美丽的城市和乡村风貌，激发了广大市民"出游"和"乐游"的热情，推动了旅游业发展，因此也是广西走生态经济的一条重要道路。

　　平果县把生态文明家园建设、民居改造与发展乡村旅游结合起来，以公路主干线两侧、城市郊区、景区景点为依托，建设独具特色的乡村旅游示范点；以发展火龙果为抓手开展石漠化治理，减少水土流失，不仅让光秃秃的山头重新恢复生机，而且发展旅游。荷花基地、马头同仁观光采摘园、驮湾的睡莲休闲观光基地、新安那梧农家乐、四塘明江葡萄采摘园等，覆盖种养面积两万余亩，旅游点农民人均增收颇丰。① 广西天峨县地处石漠化山区，因地制宜推广龙滩珍珠李、油桃等"特优质""特早熟""特晚熟"水果，已成为全县经济增长的新亮点。龙胜是多民族聚居区，多彩的民族风、醉人的民族情是旅游经济的鲜明特色，因此打造"民族百节旅游县"，组织龙脊梯田文化旅游节、泗水乡瑶族红衣节、伟江乡苗族跳香节、龙脊镇红瑶晒衣节、乐江乡侗族祭萨节等节庆活动。河池环江县在壮大桑蚕、甘蔗等原有的传统产业的基础上，推进红心香柚、核桃等新兴产业发展，形成了红心香柚、核桃、甘蔗、桑蚕产业发展格局，拓宽群众增收致富渠道。蒙山县鼓励群众在房前屋后、村前村后"见缝插绿"，科学搭配栽种紫荆花、三角梅、坚果、黄皮果、红叶石楠等树种，把村屯绿化与发展林果经济、庭院经济、旅游经济相结合，形成了一批知名"农家乐"，还有村民发展农产品加工、工艺品制作，形成家庭农场融合乡村旅游发展的新态势。② 简言之，广西建设了一大批一村一品、一村一景、一村一韵的绿色村屯、生态村屯，把丰富

① 平果发展特色产业助推生态乡村建设［N］. 广西日报, 2015 - 2 - 12.
② 蒙山县推进绿化工程促进生态乡村优化升级［N］. 梧州日报, 2015 - 11 - 19.

的民族文化、边关文化、海洋文化和岭南文化融入进去，把独特的山、水、田、林、路凸显出来，使一个个壮乡村屯成为一道道靓丽风景。①

恭城县的矮寨村在生态改造建设中，发挥自主性创造性，突出表达"凝聚故土情节、记忆乡愁思绪"意愿，挖掘当地乡土建筑文化，采用传统工艺实施房屋建设，突出"人字坡屋面，砖挑檐门头，扇形屋檐口，方门圆窗顶，红墙白线条"的本土建筑特色和传统材料、工艺，以较少的投入对村内存量房屋进行乡土化改造，使传统文化和建筑工艺、风格得到有效传承，进而，引导村民发展生态循环产业，建成了污水处理项目、垃圾处理点，实行垃圾分类存放，村民自发建立环境卫生保洁制度，划分清洁小区，聘请保洁员对垃圾进行收集处理，确保村容村貌干净整洁；实行沼气全托管模式，初步形成了产业、能源、环境生态化的新格局——矮寨村已建成独具桂北乡土风格，村史室、村民议事场所、农家书屋、污水处理站等基础设施和公共服务设施完善的村落。②

南宁常年温暖湿润，阳光雨量充沛，生物多样，旅游资源非常丰富。青秀山、大明山、昆仑关等旅游景点以及武鸣"三月三"歌圩暨骆越文化旅游节、宾阳"炮龙节"、横县茉莉花节等节庆旅游资源闻名全国，每年吸引千万游客来南宁游览。③ 柳州市打造"生态花园·五彩画廊"，"花园城市"效果更加彰显。④ 贺州有"华南地区最大天然氧吧"美誉的姑婆山国家森林公园、"中国最具旅游价值古城镇"之称的黄姚古镇等优秀旅游景区景点，被誉为"粤港澳后花园"。⑤ 梧州立足于"科学规划、生态立村、示范带动、经营乡村"理念，按照"一片网格责任区、一个网格责任人、一套活动机制"的原则，建立政府主导、群众主体、社会参与的有效机制，建立了县、

---

① 村屯绿化饮水净化道路硬化 [N]. 贺州日报，2015 – 03 – 04.
② 恭城. 绿色乡村更宜居 [N]. 广西日报，2015 – 11 – 21.
③ 孙志平，胡俊凯，王仁贵，等. 广西生态蓝图的"美"与"富" [J]. 瞭望，2015 – 06 – 01.
④ 肖文荪. 柳州市：加快打造西江经济带核心城市 [N]. 柳州日报，2015 – 01 – 21.
⑤ 肖洁琳. 贺州旅游"升级版"呼之欲出 [N]. 贺州日报，2014 – 11 – 18.

乡镇、村、屯四级联动管理模式，让群众在潜移默化中改变观念、摒弃陋习，推进生态乡村建设。

通过旅游与相关产业相"嫁接"，构建"旅游＋"产业体系，带动生态建设和产业提升：让城镇居民通过旅游共享乡村的好山好水，使绿水青山变为金山银山，让全体人民从旅游业发展中获益；加快城市休闲群及环城带建设，促进城镇化跨越发展；发展各种类型的生态旅游，延伸旅游产业链条，提升社会就业吸纳能力，优化旅游产业结构，优化旅游消费结构，与生态文明建设相对接。

广西推进地域文化元素与旅游产品的有机结合，促进旅游与农业、工业、环保、医药保健等相关行业融合，优化旅游产业结构，开发旅游市场和特色旅游文化产品，推动旅游业发展，带动整个经济社会的发展：① 打造自然文化遗产旅游品牌，培育民族旅游文化品牌，建设一批具有浓郁民族特色的旅游基地。推荐红色旅游精品线路，可进一步挖掘红色旅游资源，深化红色旅游经典景区、精品线路、教育基地，加大对红色旅游基础设施投入，把握红色文化资源的时代价值，兼顾红色文化资源的多样性、整体性，将红色文化资源与人文熏陶、生态休闲等结合起来，丰富红色旅游产品体系，从而把文化内涵贯穿到旅游产业各环节和发展全过程。

广西通过发展生态休闲产业，以促进旅游业和农林水等产业的融合，推动农业现代化建设。一是拓展乡村养生度假、生态休闲、农事体验等旅游新业态——以休闲为主的自驾游、自行车游、徒步游、攀岩、潜水、漂流等，转移农村剩余劳动力，增加农民收入；二是培育一批文化旅游产业园区以及特色文化旅游街区、民族文化生态旅游村寨。

二、进一步推进广西旅游业发展的条件

2016 年，中央一号文件强调要大力发展乡村休闲旅游产业，壮大新产业

---

① 中共广西壮族自治区委员会 广西壮族自治区人民政府．关于加快旅游业跨越发展的决定：桂发〔2013〕9 号［A／OL］．广西壮族自治区人民政府网，2013－06－27.

新业态，拓展农业产业链与价值链。换言之，要在保持和发展农业生产的同时，又利用农业生态、生产、生活场所及自然环境开发乡村旅游观光产业，形成乡野民宿、农产品销售、观光休闲为主线的旅游系统。也就是说，依托农村绿水青山、田园风光、乡土文化等资源，发展生态休闲农业，拓展农业多种功能，推进农村一、二、三产业融合发展。2016 年，全国休闲农业和乡村旅游从业人员 845 万，全国休闲农业和乡村旅游从业人员人均年收入超过3 万元。

据此，广西应根据自身的独特优势，为旅游业发展打造更好的平台。可根据《中华人民共和国旅游法》《国务院关于加快发展旅游业的意见》《国务院关于进一步促进广西经济社会发展的若干意见》《国民旅游休闲纲要（2013—2020 年）》和《桂林国际旅游胜地建设发展规划纲要》等，在推出一批旅游精品景区和旅游精品线路的基础上，打造与推进乡村旅游和生态休闲产业发展。如，扶持十大特色农家乐、推广十大金牌旅游小吃、评数百名旅游服务之星、培育千名乡村旅游带头人、培训万名旅游从业人员。此外，还需着力构筑交通网络主动脉，打通通往景区景点的"最后一公里"，以及景区公共设施和公共服务配套建设，消除旅游产业发展瓶颈。

具体而言，广西立足各地县域资源优势和产业特色，合理选择示范区主导产业。一是发展休闲农业类型，利用荒山、荒坡、荒滩等土地农村闲置资源，开发休闲农业设施建设，促进休闲农业发展。二是坚持植根农业，遵循农业自然规律，依靠植物、动物和景观的自然能力，运用先进技术，发展绿色有机特色农业，实现生态效益、经济效益和社会效益有机统一。三是发展生态循环农业，扩大无公害农产品、绿色食品、有机食品和森林食品生产。四是利用农村森林景观、田园风光、山水资源和乡村文化，发展特色的乡村休闲旅游业，形成以重点景区为龙头、骨干景点为支撑、"农家乐"休闲旅游业为基础的乡村休闲旅游业发展格局。

玉林市玉东新区茂林镇的五彩田园示范区从"山水田林路、一产二产三产、生产生活生态、创意科技人文"多个维度规划，主导产业有南药、花卉苗木、特色林果、休闲体验农业。容县依托"中国沙田柚之乡""中国铁皮石斛之乡""中国长寿之乡"等品牌影响力，培育发展沙田柚、铁皮石斛等特色农业产业。依托这一优势，通过开发乡村旅游、特色农业等优势资源，持续推进休闲农业与旅游业的融合发展。马山县古零村、弄拉屯属于典型大石山区，成立的旅游专业合作社，村民们以土地承包经营权和林地入股，依托文化资源带动旅游。巴马瑶族自治县被誉为"世界长寿之乡"，地处滇桂黔石漠化连片特困地区，主要发展长寿文化游，游客通过与村民一起制作特色小吃、品尝百家宴，以及了解长寿老人日常生活来感受长寿文化，村民多借此开设农家客栈。大化瑶族自治县大山林立、土地贫瘠，用生态美食引领旅游业发展，河鱼、黑山羊等特色生态食材带动了全县养殖业发展。

龙州县采用"旅游＋公司＋农户"模式开发喀斯特天然溶洞。大新县通过旅游经营、劳务等形式，发挥明仕田园和德天跨国大瀑布的资源优势，以旅游为载体，建设惠民的幸福产业。三江程阳八寨的风雨桥、吊脚楼、鼓楼，构筑了别具一格的侗族风情画卷。宁明县推出花山岩画"栈道游"以及山歌表演、"簸箕宴"等民俗文化体验活动，让游客感受壮族文化的魅力。巴马依托"山清、水秀、洞奇、物美、民淳、人寿"的旅游资源，辐射东兰、凤山、大化、天峨、都安、右江、田阳、凌云、乐业等，有着"长寿圣地·养生天堂"的知名度。

广西借助"长寿之乡"品牌，发展健康养生旅游。依据养老服务业的空间布局，建设南宁中医药健康旅游核心区、桂西中医药养生养老长寿旅游区、桂北中医药养生养老休闲旅游区、北部湾国际滨海健康旅游区、西江生态养老旅游区。除此，还打造南宁、桂林、玉林、巴马、金秀、靖西六大中医药健康旅游城镇，盘阳河流域、左江流域、桂东北、桂东、北部湾沿海地区、大瑶山六大康养旅游板块，以及巴马—东兰—凤山—凌云—乐业、扶绥—龙州—大新—天等—靖西、马山—上林—忻城—象州—金秀、宜州—罗城—融水—三江—龙胜—永福、阳朔—恭城—富川—昭平—蒙山等健康旅游线路。在此基础上，推出医药型、滨海型、山水型养生休闲、疗养康复基地，在桂林、北部湾、巴马等旅游景区、沿海地区及长寿之乡区域的养生养老机构、养生保健特色酒店以及集休闲、养生、保健、疗养和旅游功能为一体的健康养老产业集聚区，以及一批以休闲养老、康体保健、中草药养生食品加工为特色的健康旅游产业和产品。①

利用广西独特的区域优势，用足中国—东盟自由贸易区、北部湾开放开发、沿海开放、边境开放和桂林国际旅游胜地建设等多重叠加政策，推进环北部湾旅游圈，利用国家给予边境地区的优惠政策，打造边关风情旅游带；发展中国桂林—防城港（东兴）—越南芒街—下龙湾沿线城市旅游业；打破区域限制和行业隐形壁垒，促进各类旅游要素和市场向社会资本全面开放，强化旅游与文化等产业融合，打造跨界融合的产业集团和产业联盟，提升广西文化软实力。②

第二节　推进城乡基本公共服务均等化

生态文明是一种高于工业文明的人类发展形态，是人与自然和谐相处的社会状态。从人类的发展史看，当人类追求生存即"活着就好"的时候，生态环境能适应人的生存发展需要；当人们追求"活得比别人好"的时段，人与自然的关系逐步紧张起来；当人们认识到"大家好，才是真的好！"的时候，人和自然的关系逐步改善到"共存""共荣"的状态。这里的"大家"，不仅指人，实际上也包括人的周围环境。也就是，真正资源的高效的开发利用，就是资源放在最需要的人手中。如果说放在谁的手里所体现出来的效益与效率相差不大，这意味着人们之间在生活质量、发展空间上差别不大。否

---

① 吴丽萍. 借助"长寿之乡"品牌优势 广西着力发展康养旅游 [N]. 广西日报，2017 – 04 – 16.
② 陈发明，李琛奇. 破解资源富集但开发落后困局 甘肃集约化开发旅游资源 [N]. 经济日报，2014 – 12 – 24.

则，贫富差距的存在，也就意味着人与自然之间就不会真正存在和谐相处。通过集中精力改善最贫困地区人民的生存和生活条件，推动城乡要素自由流动、平等交换，促进公共资源城乡均衡配置，缩小最富裕者与最贫穷者之间的差距。因此，着力运用"互联网＋"等新模式，使边远地区享有更多优质教育、医疗资源，提高西部地区就业、养老等公共服务水平，推动基本公共服务均等化，也是生态文明建设的有效路径。

一、推进解决农村基本公共服务薄弱问题

西部地区是后发展地区，城乡整体发展水平不高，城乡差距具体表现在城乡收入与消费差距扩大、城乡基础设施和基本社会保障差距大、农村产业结构和劳动力文化程度差异大、财政金融支持农村力度弱、农村规划管理水平落后、城乡生活环境差距大等方面。可西部地区占据突出的地理位置——边境地区、民族地区，以及历史上对中国革命起过重大作用的革命老区。这就要求我们加倍努力推进边境建设，推动民族事业发展，从而确保边疆稳定、民族团结。

西部地区尊重自然格局，发展绿色建筑和低碳、便捷的交通体系，推进绿色生态城区建设，提高城镇供排水、防涝、雨水收集利用、供热、供气、环境等基础设施建设水平，依托现有山水脉络、气象条件等，加强农村基础设施建设，强化山水林田路综合治理，保护自然景观，支持农村环境集中连片整治，传承历史文化，提倡城镇形态多样性，保持特色风貌。

构建多功能大循环农业体系，发展农业循环经济，不仅要着眼于农业自身的循环，还要推进农业产业系统中各子系统的统筹协作，加强农业与第二产业、第三产业的循环链接，拓宽农业增值空间；推进农业结构调整，推行"九节一减"，即节地、节水、节肥、节药、节种、节电、节油、节煤、节粮、减少从事一产农民，增加农业整体效益；通过采用先进技术和管理方法，提升农产品质量安全水平，提高农产品国际竞争力。

保证城乡之间的资金、技术、人才、文化、旅游等要素流动顺畅，实现

工农互助、城乡互补、城乡融合、共同繁荣。培育各类专业化市场化服务组织：组织农民专业合作社、创办家庭农场或兴办现代农业生态园。在合作社的带动下，探索出"景区＋企业＋贫困户"等多种新生态旅游模式，发展乡村生态旅游业，带动农户增收。加强小型农田水利建设，推进县乡公路建设，推进农村公路乡镇"通畅"和乡村"通达"工程，推动医疗卫生、教育培训等公共服务向农村延伸；实施农村饮水安全工程，提高乡村自来水普及率①；推进农田水利建设与清洁生产、农村饮水工程、生态搬迁和种植养殖产业发展，推广绿色植保、水肥一体化、土壤有机质提升等清洁生产技术。

各地农业资源禀赋差异很大。通过激活"人、地、钱"要素，延长产业链，促进产业融合，发展多种形式的适度规模经营；也有单个生产的"现代小农"，如依托精耕细作的特长和丰富的耕种经验，在承包地里种植绿色作物、有机作物，收获后经过初加工，卖给农家乐、民宿经营者或者自驾游客。

加快推进信息化和农业现代化深度融合，用信息技术助推农业现代化发展，解决服务农村"最后一公里"问题。这需要将小农生产与社会化服务对接起来，改善小农生产设施条件，提升小农户的抗风险能力。如电子商务在网上卖水果，既放大了山区的生态优势，又缩小了交通不便的劣势，让果农与消费者直接对接，让果农和消费者都能受益。

根据城镇化率较低、农村地区人口集中程度不高、建设用地资源稀缺等实际情况，选择"因地制宜"的策略，即通过整合，把文体基础设施建设和新农村建设，统筹协调文化、体育、卫生等部门的资源，创造后发展地区农村公共文化服务体系建设新模式。②

例如，贵港市供销合作社立足实际，推进组织体系、服务体系、经营体系"三大体系"建设。基层合作社通过吸纳农民专业合作社、农产品加工龙

---

① 国务院. 国务院关于进一步促进广西经济社会发展的若干意见：国发〔2009〕42号[A/OL]. 中国政府网，2009 - 12 - 11.
② 广西农村公共文化服务体系建设走出新路子［N］. 中国民族报，2016 - 04 - 02.

头企业等，吸引社会经济能人投入资金合作，增强与农民的利益联结，将系统内外的农民专业合作社联合统领起来，推动生产、加工、流通、销售等领域的合作，壮大服务规模和经济实力；整合组织、民政等部门资源，建设城乡综合服务平台，拓展电子商务、实用技术培训、快递、保险、助农存取款、土地托管等服务功能，利用供销合作社经营服务网点探索开展政策性农业保险业务等；发展农村电子商务，在镇、村建立电子商务服务站，通过主动对接苏宁易购、淘宝等知名电商平台，开展茶叶、富硒米、莲藕等本地特色农产品网上推介、销售，拓宽了农产品销售渠道；推进经营服务网络升级，新建农资配送中心、农资超市、综合超市、物流中心、商业步行街、加油站、酒店、建材城等项目①，打造与城市一样便捷、方便的农村生活。

二、增强西部地区可持续发展空间，加大致富能力供给

贫穷是生态问题的最大污染源，也是治理生态的最大问题。换言之，贫穷问题不解决，生态问题也就不可能得到解决。各级党委和政府一定要坚持扶贫与扶智、扶志相结合，引导群众摒弃"等、靠、要"的思想，树立"脱贫光荣"的理念。要从根子上加大资源开发力度，即西部地区增强自我造血、自我致富的能力。

一是教育增强后劲。青海省立足教育、医疗、文化等基本公共服务，组织各级政府部门和社会力量实施基础设施、教育扶贫、医疗保障等行动，补齐民生领域短板。四川省通过改建校舍、招录教师、安排内地上千所学校对口帮扶深度贫困县学校，落实"县长、乡长、村主任、校长、家长"共同负责的"五长责任制"；进而开办"农民夜校"，开展技能培训等职业教育力图阻断贫困代际传递的各项教育政策逐步落实。

广西也推进义务教育阶段的质量提升。110个县（市、区）全部纳入"全面改善贫困地区义务教育薄弱学校基本办学条件项目"范围，以集中连

---

① 韦继川. 贵港：创新"三大体系"［N］. 广西日报，2015－12－24.

片特困县、自治区级贫困县、边境县、少数民族自治县为主，兼顾其他县市区；以农村义务教育学校为主，兼顾城市和县镇义务教育薄弱学校；把教育放在优先发展的战略地位，灵活运用"加、减、乘、除"四种方法——增"加"教育资源，"减"轻招生压力，发挥优质资源"乘"数效应，逐步消"除"教师资源配置差距来消除城乡、贫困地区教师之间的差距——推动教育资源的均衡配置，真正解决市区学校"择校热"和农村学校"质量弱"问题。

通过幼儿园帮扶、高中阶段教育帮扶、县级中专帮扶，通过学生学业帮扶、教师队伍帮扶等计划，实现贫困学生全程帮扶、全程资助——义务教育阶段，让贫困户子女有学校可上，满足基本需要，帮助贫困生无障碍就学，确保"一个对象也不能少""一分钱也不能少"，即贫困家庭孩子无论在哪里接受义务教育都可享受"两免一补"；高中阶段，全免学杂费并补助生活费；大学阶段，完善贫困家庭大学生学费减免制度，高校内公益岗位优先安排贫困家庭大学生。还建立面向农村的职业教育——采取"群众点菜、专家主厨"的方式，使农民朋友一看就懂、一学就会、一干就有效益；落实至少"一次个体咨询、一次优先推荐、一次技能培训、一项就业补贴"等措施；让农民拥有一技之长，阻止贫困代际传递。

二是发展旅游，增加财富。立足资源特色发展乡村旅游，拓宽西部地区农民创业就业途径实现增产增收致富。引导和扶持一大批农户参与乡村旅游开发经营，创建了一批特色旅游名镇（村）、休闲农业与乡村旅游示范县和示范点、生态旅游示范区、星级乡村旅游区与农家乐、渔家乐、森林人家等，通过发展乡村旅游增加村（屯）的创业和就业，增加贫困人口、贫困户的收入，实现脱贫致富。发挥扶贫工作队的作用——各级旅游、扶贫等部门积极贯彻落实自治区党委、政府决定，以派出新农村建设指导员、挂职副县长、驻贫困村"第一书记"等形式，选派工作人员到落后地区帮助开展工作，在村屯旅游发展规划、引进项目资金、开展旅游从业人员培训等各方面给予具体指导和帮扶，带动和引领周边村的旅游发展。打造乡村旅游与文化体验、观光农业。

广西以政府主导推动、市场主体开发、全民主动参与、部门积极服务及产业融合"四位一体"的旅游开发工作模式。根据国家统计局广西调查总队2015年对南宁、柳州、桂林等7市51个乡村旅游扶贫重点村的33542户人家调查显示，其中从事乡村旅游的为3740户，占11.2%；户均旅游收益36700元，比同年广西农民户均纯收入25570元高出43.5%。① 据测算，"十二五"期间，通过旅游扶贫的乘数效应，实现脱贫人数达73.32万人，约占全区脱贫人口的13%。② 2013年以来，广西以创建特色名县，旅游与扶贫等部门以国定、区定贫困县来推进旅游扶贫试点工作，安排旅游发展专项资金近3亿元扶持重点乡村旅游区和旅游点的发展，其中2015年安排了1.75亿元支持上林、三江、巴马等25个贫困县的38个旅游项目的建设，争取中央专项资金约4.3亿元，用于支持贫困地区旅游景点基础设施建设。③ 据测算，"十三五"期间，将会有近100万人通过旅游发展脱贫。

三是异地安置，获得发展空间。那些住在深山、石山、高寒、荒漠化、地方病等生存环境差、不具备基本发展条件，以及生态环境脆弱、限制或禁止开发地区的经过精准别识建档立卡的农村人口。实施易地搬迁扶贫，把移民安置与园区建设、集镇商贸、乡村旅游、特色产业发展结合起来，落实土地、产业、就业、户籍和社保政策，确保搬得出、稳得住、能致富。④ 移民安置与园区建设、集镇商贸、乡村旅游、特色产业发展结合，落实土地、产业、就业、户籍和社保政策，真正实现搬得出、稳得住、能致富。发展劳务经济，实行"订单式""定向式"培训，确保搬迁人口至少接受一次职业培训，掌握一项就业技能；或发挥县城、小城镇、中心村等区位优势，扶持搬

---

① 潘强，孙腾.广西旅游扶贫助力百姓拔"穷根"［N］.新华社，2016-01-21.

② 邝伟楠."美丽中国行"聚焦桂西旅游扶贫［N］.中国旅游报，2016-02-26.

③ 庞革平，王云娜.广西：乡村旅游的致富经［N］.人民日报海外版，2016-09-07.

④ 彭清华.加快走出一条具有广西特色的绿色转型绿色崛起之路［N］.广西日报，2015-07-29.

迁人口从事农副产品营销、餐饮等服务业；或发展物流服务业等，实现收入来源多样化；或采取补贴补助、技能培训等措施，发展特色种植等，确保每个家庭都有产业。

四是维护健康，确保获得收入。因病致贫，看病难、看病贵与看病远是阻碍他们发展的最大障碍。只有重获健康，才能创造财富。国家卫生计生委、国务院扶贫办等15个部门曾联合印发《关于实施健康扶贫工程的指导意见》，提出新农合、大病保险、大病救助这三项最基本的健康扶贫工作力度。新农合政策范围内住院费用报销比例将再提高5个百分点以上。与此同时，国家对贫困地区医卫建设投入不断倾斜，中央专项投资支持贫困地区11万个卫生计生机构基础设施建设，医院对口帮扶覆盖832个贫困县，努力做到"小病不出乡，大病不出县，疑难杂症再转诊"，通过分级诊疗和新农合报销级差引导群众就近诊疗，有效解决。

五是产业发展。产业发展，是人民群众致富的必由之路。对流转农民土地等予以补助，鼓励和引导企业、合作社、家庭农场等发展设施农业，并通过不断增加农业科技含量、发展农业多种经营等提高农民收入。通过有偿转让、租赁等办法，盘活村级资产；通过"党支部＋合作社＋基地＋农户"模式，村依托观光农业等集体资源优势创收；借助村级土地、矿业等优势，村入股成立了村级"小微企业"，按照企业效益和村集体入股份额分红模式，企业所得收入全面纳入村级集体经济。设立发展壮大村集体经济循环资金，县市给予配套，扶持集体经济薄弱村发展特色种养殖、土地改良、庭院经济等产业，并将专项资金管理、使用、收益情况纳入乡（镇）党建扶贫考核指标。建立"定人定向联系指导"制度，整合党建资源，采取"人才＋项目""人才＋基地""人才＋产业"等形式，培养各项致富带头人。制定出台税收减免、农业扶持、金融支持、科技帮扶等政策措施，为村级经济发展建立"绿色通道"。组织龙头企业与扶贫村签约结对，建立"龙头企业＋基地＋农户"结对合作帮扶平台，由企业结合联系村实际，提供资金、技术、物资帮扶，结对发展特色农产品加工生产，解决村农产品生产、销售和村民就业等问题，实现"村企共赢"。

　　产业发展须因地制宜，打造自己的特色与优势，破除"产业难选、规模难上、市场难找、群众难动"的窘境。广西西南部的贫困群众，分布在条件恶劣、缺水少土的偏远山区。在产业上，曾鼓励村民规模种植冬瓜，但由于没打通市场销路，导致冬瓜烂在地里；曾种植砂仁，但因没技术、产量低以及市场波动而失败；猪价涨了号召养猪，跟风上，结果是"开头一哄而上，后头一拍两散"。而当下，把蔗糖产业转型与产业发展融入甘蔗生产种植、加工、综合利用的全过程，形成"全产业链"态势，让一、二、三产业互动融合；以"政府＋糖企＋合作社＋贫困户"等模式参与"双高"基地建设，通过土地流转、基地务工、亩产增收等方式，分享红利；引进龙头企业，引导农民成立专业合作社，持续造血，鼓起群众的钱袋子。甘蔗种植是"第一车间"，甘蔗种植实现经营规模化、生产机械化、水利现代化、甘蔗良种化。制糖企业是"第二车间"，发展酵母、造纸、生物有机肥等糖业循环经济，拉长产业链条；引导企业通过蔗区道路建设、结对帮扶、优先聘用贫困户到企业工作等方式，反哺"第一车间"，即针对甘蔗"双高"基地项目，蔗农的肥料蔗种、机械化种植和管理，病虫害防治等制定一系列扶持政策，让蔗农普遍受益。甘蔗综合利用的"第三车间"变废为宝，甘蔗尾梢经过切割、发酵、降解后，做成饲料。大唐、大华、益兴等农业企业纷至沓来，搞起了生物饲料和肉牛、肉羊等草食性动物养殖。广西政府依托既有的产业集群和通过产业转型，充分调动了企业的积极性、农户自我发展的主动性，走出一条富有特色的产业发展新路。①

　　通过光伏发电等，引导农户增收。利用自身的优势条件，如日照充足的条件，鼓励农户通过政府补贴入股光伏企业。光伏发电企业则按照农户优先的原则给农户提供固定的分红，例如，可以让光伏发电设施分布在道路两旁、村民的房顶和空旷的荒地上，通过光伏发电这一新的方式推动经济和环

---

①　谢振华．一根甘蔗 甜了乡亲——广西崇左江州区全产业链扶贫调查［N］．人民日报，2016－12－01．

境保护的双赢，实现产业的稳定发展。

广西结合石山区实际发展特色产业，并通过合作社、电商等方式精准对接大市场。如开展"千企扶千村"活动，构建"村企空中超市"，搭建平台招商引资，合作开发扶贫产业；成立秸秆食用菌种植、富硒茶种植与加工、中药材种植、生态黄牛养殖、植保服务、农机服务等农民专业合作社；通过建立"龙头企业+专业合作社+养殖基地+养殖户""专家顾问团技术服务+龙头企业金融扶持+代理商精准扶贫"模式，带动主导产业发展。如拓展农业经营领域，发展富硒农业、休闲农业、生态循环农业和农产品加工业，推广稻田养鱼（养螺）等综合种养模式；天峨打造山区现代高效生态循环产业示范带，砂糖橘、桑树、板蓝根、山猪等种养业得到发展。田阳县鼓励村民在石山上种植芒果树，给予苗木和化肥补助，发展生态循环农业，培育发展绿色农业产业，推广可持续、可循环的发展模式。

武宣县组建合作社，通过"专业合作社+农户+基地"模式，免费提供种苗和技术，统一销售成品，使经营规模化、种植良种化、水利现代化、生产机械化。正大畜牧有限公司入驻武宣樟村物流园，正大集团、鑫广安公司等采取"公司扶持+农户自筹+政府补贴"的方式扶持农户建设养殖场：农户与企业签订规模养殖合同，企业负责种畜或畜苗、饲料、防疫、技术指导、回收出栏成品畜"五统一"。金秀瑶族自治县发挥资源禀赋和产业基础的优势，种茶果，搞养殖，集中力量发展特色农业产业，以差异化竞争来获得市场空间：巩固食品加工、旅游养生、机电制造、新型轻纺、竹产品加工传统优势产业，发展生物医药、文化创意、现代物流新兴产业；同时积极推动食品加工、旅游、现代农业等产业的兴起，带动农民创业就业。

大化瑶族自治县着力发展核桃、山葡萄、特色水果、食用菌、山羊、七百弄鸡以及淡水养殖等主导产业，兼顾发展其他特色优势产业，实现长、中、短三种产业相结合，带动生态特色农业规模化发展；不断加大长寿特色美食资源开发，打造文化品牌来推动旅游、农业、电商等产业，实现"联动融合"发展。为了更好地推动产业兴盛，加大基础设施建设，全面实施屯屯通道路建设，同步推进农村水电、网络、危改等项目建设，提供基础保障；加大技能培训力度，尤其依托生态民族新城农民工创业园及电子商务基地，加强转移就业引导培训，提供人力资源保障；加大教育扶持、医疗救助、生态补偿等政策扶持。乐业县以基地带农户、大户带小户等发展猕猴桃、刺梨、核桃、芒果等特色产业。通过"公司＋基地＋合作社＋贫困村（贫困户）"的模式，采取网格化形式挂牌划分，以股份的形式落实到村到户。农户以股份合作、自主参与种植、养护等，享受相应的收益。通过这样的利益联结机制，把贫困群众"粘"在产业链中，共享大产业发展效益全面落实产业的奖补、小额信贷、惠农扶持等政策。兴业县采取"抱团养殖"①的方式——龙头企业负责提供种苗、饲料、技术指导以及出栏回收等一条龙服务；村民合作社负责投资建设和日常管理维护工作。兴业县通过将扶贫产业资金入股到专业公司，推广"网床＋益生菌"生态养殖模式，即建设网床养殖场，辅助添加益生菌喂养的方式；产业园配套建设沼气池等处理设施，配合益生菌降解技术，有力改善农村生态环境。

广西林业以增加流域区森林植被能为目标，实施人工造林和封山育林；保存林木的所有权、经营权按比例分成。属于宜林荒山的，土地所有者占保存林木所有权、经营权；属于非基本农田撂荒地的，土地所有者占保存林木所有权、经营权。引导和扶持农民发展林下种植、养殖、森林景观利用、林产品采集加工等，培育主导产业和龙头企业，实现"生态受保护、农民得实惠、产业得发展"的主要目标——从保土蓄水、封山育林、恢复植被、涵养水源到因地制宜搞"种养加"，发展林、果、桑、茶、油药和多种养殖等石

---

① 通过将多个村的扶贫资金整合起来，建设养殖基地，以村民合作社为依托，入股农业龙头企业，抱团发展养殖。规划特定区域建设集中养殖区，将养殖区附近贫困村的扶贫产业资金集中到村民合作社，由村民合作社就近或易地入股到养殖龙头企业，集中发展生态养殖，并以"股权证"的形式，让贫困户知道扶持资金去向和分红预期数。

山地区经济。① 林业部门通过积极探索，在石山区林业工程建设中总结出石漠化治理的经验：封山育林，人工造林、退耕还林，林木管护、建沼气池、生态补偿、资源利用。据2012年公布的全国第二次石漠化监测结果及近年来广西开展的石漠化综合治理定点监测记录，广西现有石漠化土地中，中度、重度、极重度石漠化土地面积分别为56.6万公顷、99.9万公顷、8.6万公顷，比2005年分别减少9.2万公顷、30.5万公顷、9.4万公顷。②

广西百色市田阳县、河池市东兰县贫困户分散居住在基础设施差、自然条件恶劣的大石山区，应坚持生态治理与林产发展有机结合，形成特色的林业生态产业——河池推广种植耐旱、保持水土与涵养水源功能的核桃树，还发展桑蚕、油茶、茶叶、火龙果、竹子等高效经济作物，走出了一条既能治理石漠化、促进生态建设，又能使山区农民脱贫致富奔小康的双赢之路；③田阳县种植竹子近6.5万亩，每年为果菜业提供400多万只竹制包装筐及泥箕、泥筐，部分竹材售给造纸厂做原料，每年竹业产品收入超过2000万元；此外，还大种苏木、豆树等。④

生态乡村建设在持续深入推进"清洁家园""清洁水源""清洁家园"3个专项活动的基础上，推动"村屯绿化""饮水净化""道路硬化"3个专项活动，"三化"与生产、生活和生态结合起来，把每一个片区、每一条带、每条流域都作为一个生态系统来规划，建设成一个个绿色生态长廊，培育成一项项生态农业、一片片综合发展小区域，形成集群效应，达到以点带面、形成经验、示范全区、百姓受益的效果。

广西是少数民族聚居区，世代住着壮、瑶等民族，拥有大量的非遗物质文化遗产。利用非遗传承体系，鼓励非遗传承人收徒传艺向贫困人口倾斜；

① 白鸿滨. 山西生态建设助脱贫，增绿增收拔穷根［EB/OL］. 人民网山西频道，2016－08－17.
② 陆志星，蒋卫民. "地球之癌"正回春［N］. 广西日报，2014－06－27.
③ 彭清华. 加快走出一条具有广西特色的绿色转型绿色崛起之路［N］. 广西日报，2015－07－29.
④ 陆志星，蒋卫民. "地球之癌"正回春［N］. 广西日报，2014－06－27.

一发展"非遗衍生品电商"，推进"互联网＋传统工艺"。在充分发掘和保护古村落、古民居、古建筑、古树名木和民俗文化等历史文化遗迹遗存的基础上，优化美化村庄人居环境，把历史文化底蕴深厚的传统村落培育成传统文明和现代文明有机结合的特色文化村。突出"一村一韵"的建设主题，修复优雅传统建筑、弘扬悠久传统文化、打造优美人居环境、营造悠闲生活方式，开展特色建筑的修复与置换、特色风貌的保持与延续、优秀传统文化的发掘与传承、村庄环境和基础设施的整治与建设。村道修建做到因地制宜，在无通车需求的路段，提倡使用青石、砖片、鹅卵石等乡土材质硬化路面；民居村落体现传统元素，立面改造统一使用小青瓦、白粉墙、坡屋面、花格窗等；村屯废弃房屋全部植绿，在空地和庭院发展水果蔬菜农家园，辅以竹篱笆小木栏，营造乡土气息。更为重要的是，挖掘传统农耕文化、山水文化、人居文化中丰富的生态思想，挖掘保护和开发利用红色、民族、民间文化资源，进而发挥优秀传统文化精神滋养作用，弘扬孝亲敬老的中华民族传统美德，教化群众互帮互助，结合本地的传统手工艺、戏曲、美术等非遗资源，推动各类文化要素资源聚集、开放和共享，营造文明习俗，为经济发展集聚精神力量。

进而，提高农民群众生态文明素养，形成农村生态文明新风尚，加强生态文明知识普及教育，积极引导村民追求科学、健康、文明、低碳的生产生活和行为方式，增强村民的可持续发展观念，构建和谐的农村生态文化体系。一是开辟生态文明橱窗等生态文化阵地，运用村级文化教育场所，开展形式多样的生态文明知识宣传、培训活动，形成农村生态文明新风尚。开展群众性生态文明创建活动，引导农民生态消费、理性消费。二是把建设农村文化礼堂作为打造农民精神家园的重要平台。三是充分利用农村自然资源，挖掘和传承农村优秀传统文化资源，注重传统民俗文化与现代文明的融合创新，从资源分割向资源整合提升，建设好农民的精神家园。

总之，按照"政府主导，群众主体、融入市场"的要求，运用政府采购、市场运作等方式，充分调动社会各方积极性、主动性、创造性，推进生态、宜居、幸福乡村建设有序进行。换言之，完善长期稳定的乡村建设投入保障机制，建立完善各级多元化、多层次的投融资平台，通过财政列支、有关项目资金安排、引导吸收社会投资与捐赠等办法。健全群众依法持续参与活动的机制，切实保障群众的知情权、参与权、表达权和监督权，引导农民群众出资出智、投工投劳，规范"一事一议"筹资筹劳运作程序，建立"民办公助、市场参与"的工作机制，使活动真正成为群众自我管理、自我教育、自我服务、自我约束的过程。

结束语

推动经济健康快速发展与生态文明建设是中国特色社会主义现代化建设进程中的一个问题的两个方面。换言之，美丽中国也就是由"绿水青山"与"金山银山"构成的。

作为美丽中国建设篇章，西部践行"绿水青山就是金山银山"的理念，不仅是生存的需要，更是发展的需要。进入新时代，人民群众的需求，从最初衣食住行的满足，发展到旅游、娱乐等服务需求的提升和对干净的水、清新的空气、安全的食品、优美的环境等的要求。

紧跟时代的步伐，我国将生态文明建设纳入经济、政治、文化、社会发展的全过程，积极发展生态经济、低碳经济和循环经济，促进经济社会发展与人口资源环境相协调——既要创造更多物质财富和精神财富以满足人民日益增长的美好生活需要，也要提供更多优质生态产品以满足人民日益增长的优美生态环境需要，也就是让天更蓝、山更绿、水更清、环境更优美。①

为此，必须坚持和贯彻新发展理念，实行"最严格的生态环境保护制度"和科学技术的发展，打造政府为主导、企业为主体、社会组织和公众共同参与的环境治理体系：健全市场机制，更好发挥政府的主导和监管作用，发挥企业的积极性和自我约束作用，发挥社会组织和公众的参与和监督作用。

---

① 习近平在中共中央政治局第四十一次集体学习时强调 推动形成绿色发展方式和生活方式 为人民群众创造良好生产生活环境 [N]. 人民日报，2017 – 05 – 27.

　　建设生态文明，必须依靠制度和法治。构建领导干部自然资源资产离任审计、生态环境损害赔偿、生态保护红线等制度体系并逐步完善。通过法律法规明确不同主体承担保护生态环境的不同责任，通过政府有效监管以控制生产与生活中的外部性。从产权界定与保护，到资源交易与使用、污染排放控制与生态修复，把生态文明制度建设——生态文明制度体系、自然资源产权体系、国土空间开发保护制度、空间规划体系、资源总量管理和全面节约制度、资源有偿使用和生态补偿制度、环境治理体系、生态保护市场体系、生态文明绩效评价考核和责任追究制度等纳入制度化、法治化轨道，把资源消耗、环境损害、生态效益纳入经济社会发展评价体系，建立体现生态文明要求的目标体系、考核办法、奖惩机制。

　　总之，利用市场经济发展生产力的社会主义国家，在资源利用和生态文明建设上体现出比资本主义国家更大的优越性，就应"把生态文明建设融入经济建设、政治建设、文化建设、社会建设各方面和全过程，着力树立生态观念、完善生态制度、维护生态安全、优化生态环境，形成节约资源和保护环境的空间格局、产业结构、生产方式、生活方式"①。

---

①　习近平．中共中央政治局第四十一次集体学习时讲话［N］．经济日报，2017－05－27．

参考文献

［1］坚定不移沿着中国特色社会主义道路前进为全面建成小康社会而奋斗［M］. 北京：人民出版社，2012.

［2］中共中央关于全面深化改革若干重大问题的决定［M］. 北京：人民出版社，2013.

［3］中共中央国务院关于加快推进生态文明建设的意见［N］. 人民日报，2015－05－06.

［4］中共中央国务院印发《生态文明体制改革总体方案》［N］. 人民日报，2015－09－22.

［5］国务院办公厅. 国务院关于进一步促进广西经济社会发展的若干意见：国发〔2009〕42 号［A/OL］. 中国政府网，2009－12－07.

［6］广西壮族自治区人民政府办公厅. 广西壮族自治区主体功能区规划：桂政办发〔2007〕138 号［A/OL］. 广西壮族自治区人民政府网，2012－11－03.

［7］中共广西壮族自治区委员会，广西壮族自治区人民政府. 关于大力发展生态经济深入推进生态文明建设的意见：桂发〔2015〕9 号［A/OL］. 广西壮族自治区人民政府网，2015－09－30.

［8］广西壮族自治区人民政府办公厅. 广西壮族自治区人民政府办公厅关于建设生态产业园区的实施意见：桂政办发〔2015〕67 号［A/OL］. 广西壮族自治区人民政府网，2015－09－30.

[9] 环境保护部．关于加快推动生活方式绿色化的实施意见：环发〔2015〕135 号［A/OL］．中国政府网，2015 – 10 – 21.

[10] 中共广西壮族自治区委员会，广西壮族自治区人民政府．广西生态文明体制改革实施方案［N］．广西日报，2017 – 09 – 21.

[11] 彭清华．在全区实施"双核驱动"战略工作会议上的讲话［N］．广西日报，2014 – 10 – 31.

[12] 陈武．2014 年政府工作报告：在广西壮族自治区第十二届人民代表大会第三次会议上［N］．广西日报，2014 – 01 – 22.

[13] 马飚．2013 年政府工作报告：在广西壮族自治区第十二届人民代表大会第一次会议上［N］．广西日报，2013 – 03 – 13.

[14] 中共广西壮族自治区委员会，广西壮族自治区人民政府．关于推进生态文明示范区建设的决定：桂发〔2010〕4 号［A/OL］．广西壮族自治区人民政府网，2010 – 01 – 26.

[15] 陈武．"双核驱动"战略工作会议上的讲话［N］．广西日报，2014 – 11 – 01.

[16] 广西壮族自治区人民政府办公厅．关于广西新能源产业发展规划的通知：桂政发〔2009〕84 号［A/OL］．广西壮族自治区人民政府网，2009 – 12 – 25.

[17] 广西壮族自治区人民政府办公厅．关于加快旅游业跨越发展若干政策的通知：桂政发〔2013〕35 号［A/OL］．广西壮族自治区人民政府网，2013 – 06 – 29.

[18] 中共广西壮族自治区委员会，广西壮族自治区人民政府．关于加快旅游业跨越发展的决定：桂发〔2013〕9 号［A/OL］．广西壮族自治区人民政府网，2013 – 06 – 27.

[19] 朱剑红．我国循环经济发展成效明显（人与自然·数据）［N］．人民日报，2015 – 03 – 20.

[20] 陈宗兴．生态文明：绿色变革带来的深刻调整［N］．光明日报，

2016 – 01 – 22.

［21］谢高地，曹淑艳，王浩，等．自然资源资产产权制度的发展趋势［J］．陕西师范大学学报（哲学社会科学版），2015，44（05）：161 – 166.

［22］李楠．资源依赖、技术创新和中国的产业发展［J］．经济社会体制比较，2015（04）：56 – 67.

［23］薛继亮．资源依赖、混合所有制和资源型产业转型［J］．产业经济研究，2015（03）：32 – 41.

［24］薛继亮．资源型产业集聚、技术溢出与资源富集地区经济增长［J］．工业技术经济，2015，34（05）：49 – 55.

［25］陈军，成金华．中国矿产资源开发利用的环境影响［J］．中国人口·资源与环境，2015，25（03）：111 – 119.

［26］黄建欢，杨晓光，成刚，等．生态效率视角下的资源诅咒：资源开发型和资源利用型区域的对比［J］．中国管理科学，2015，23（01）：34 – 42.

［27］广西壮族自治区人事社会保障厅与武汉工程大学人才发展研究中心．广西人才资源发展报告（2010—2012）［M］．南宁：广西人民出版社，2013.

［28］张清宇，秦玉才，田伟利．西部地区生态文明建设指标体系研究［M］．杭州：浙江大学出版社，2011.

［29］张英，余婉丽，谢华．广西生态文明建设理论与实践［M］．南宁：广西人民出版社，2009.

［30］陈润羊，张贡生．清洁生产与循环经济：基于生态文明建设的理论建构［M］．太原：山西经济出版社，2014.

［31］兰思仁．生态文明建设背景下的水土流失治理模式创新［M］．厦门：厦门大学出版社，2013.

［32］王舒．生态文明建设概论［M］．北京：清华大学出版社，2014.

［33］赵凌云．中国特色生态文明建设道路［M］．北京：中国财政经济

出版社，2014.

［34］沈满洪．生态文明建设 从概念到行动［M］．北京：中国环境科学出版社，2014.

［35］李龙强．生态文明建设的理论与实践创新研究［M］．北京：中国社会科学出版社，2015.

［36］邓翠华，陈墀成．中国工业化进程中的生态文明建设［M］．北京：社会科学文献出版社，2015.

［37］李浩淼．西部地区生态文明建设与经济发展关系研究［M］．成都：西南财经大学出版社，2013.

［38］国务院发展研究中心课题组．生态文明建设科学评价与政府考核体系研究［M］．北京：中国发展出版社，2014.

［39］周鑫．西方生态现代化理论与当代中国生态文明建设［M］．北京：光明日报出版社，2012.

［40］杨启乐．代中国生态文明建设中政府生态环境治理研究［M］．北京：中国政法大学出版社，2015.

［41］严耕．中国省域生态文明建设评价报告（ECI 2011）［M］．北京：社会科学文献出版社，2011.

［42］严耕，吴明红，林震．中国省域生态文明建设评价报告（ECI 2014）［M］．北京：社会科学文献出版社，2014.

［43］严耕．中国省域生态文明建设评价报告（ECI 2015）［M］．北京：社会科学文献出版社，2015.

［44］张新平，谭徽在，吴祖梅．生态文明建设与湖北少数民族地区经济发展问题研究［M］．北京：科学出版社，2014.

［45］张良悦．现代农业发展、城乡一体化与生态文明建设［M］．北京：经济科学出版社，2013.

［46］王仲颖，张有生．生态文明建设与能源转型［M］．北京：中国经济出版社，2016.

［47］比尔·盖茨. 中国为解决全球发展不平等带来曙光［N］. 人民日报，2019－10－01.

［48］李春发，李红薇. 促进生态文明建设的产业结构理论及应用［M］. 北京：科学出版社，2015.

［49］李佐军、张佑林. 我国西部地区环境保护的难点与对策（下）［N］. 中国经济时报，2012－09－25.

［50］袁琳. 自治区第十次党代会以来广西生态文明建设成就综述［N］. 广西日报，2016－11－13.